食品安全分析
及检测技术研究

王德国　肖付刚　张永清　编著

中国水利水电出版社
www.waterpub.com.cn
·北京·

内 容 提 要

本书内容包括食品安全导论、食品安全的危害种类、食品检测的基础知识、食品添加剂的检测、农药残留检测、兽药残留的检测、生物毒素的检测、有害金属的检测、有害加工物质的检测、有害微生物的快速检测技术、转基因食品的检测、食品安全控制体系 HACCP。

本书适用于从事食品质量检验和食品安全管理的人员学习、考核与培训，也可供食品生产企业管理和检验人员、大专院校的师生参考学习。

图书在版编目（ＣＩＰ）数据

食品安全分析及检测技术研究 / 王德国，肖付刚，
张永清编著. -- 北京 : 中国水利水电出版社，2016.10（2022.10重印）
ISBN 978-7-5170-4736-0

Ⅰ．①食… Ⅱ．①王… ②肖… ③张… Ⅲ．①食品安
全－食品分析－研究②食品安全－食品检验－研究 Ⅳ．
①TS207.3

中国版本图书馆CIP数据核字(2016)第221100号

责任编辑:杨庆川　陈　洁　　　　封面设计:崔　蕾

书　　名	食品安全分析及检测技术研究　SHIPIN ANQUAN FENXI JI JIANCE JISHU YANJIU
作　　者	王德国　肖付刚　张永清　编著
出版发行	中国水利水电出版社
	（北京市海淀区玉渊潭南路 1 号 D 座　100038）
	网址：www.waterpub.com.cn
	E-mail:mchannel@263.net(万水)
	sales@mwr.gov.cn
	电话：(010)68545888(营销中心)、82562819（万水）
经　　售	全国各地新华书店和相关出版物销售网点
排　　版	北京鑫海胜蓝数码科技有限公司
印　　刷	三河市人民印务有限公司
规　　格	184mm×260mm　16 开本　16.25 印张　395 千字
版　　次	2016年10月第1版　2022年10月第2次印刷
印　　数	1501-2500册
定　　价	56.80 元

前　　言

食品是人类最基本的生活物资,是维持人类生命和身体健康不可缺少的能量源和营养源。食品安全是关系到人民健康和国计民生的重大问题。食品的原料生产、初加工、深加工、运输、储藏、销售、消费等环节都存在着许多不安全卫生因素,例如,工业"三废"可污染土壤、水、大气;一些食品原料本身可能存在有害的成分(如马铃薯中的龙葵素、大豆中胰蛋白酶抑制物);农作物生产过程中由于使用农药,产生农药残留问题(如有机氯农药、有机磷农药);食品在不适当的贮藏条件下,可由于微生物的繁殖而产生微生物毒素(如霉菌毒素、细菌毒素等)的污染;食品也会由于加工处理而产生一些有害的化学物质(如多环芳烃、亚硝胺)等。

随着人类社会的发展和生活水平的提高,消费者对食品的要求更高,食品除营养丰富、美味可口外,还要安全、卫生。

食品质量安全检测技术发展至今,已成为全面推进食品生产企业进步的重要组成部分。它突出地体现在通过提高食品质量和全过程验证活动,并与食品生产企业各项管理活动相协同,从而有力地保证了食品质量的稳步提高,不断满足社会日益发展和人们对物质生活水平提高的需求。

本书分为 12 章,包括食品安全导论、食品安全的危害种类、食品检测的基础知识、食品添加剂的检测、农药残留检测、兽药残留的检测、生物毒素的检测、有害金属的检测、有害加工物质的检测、有害微生物的快速检测技术、转基因食品的检测、食品安全控制体系 HACCP。

本书主要特点:力求条理清晰、逻辑严密、内容详略得当、深度和广度适宜,注重理论联系实际,极力贯彻基础性、系统性、科学性等原则。

全书由王德国、肖付刚、张永清撰写,具体分工如下:

第 1 章~第 6 章:王德国(许昌学院食品与生物工程学院);

第 7 章、第 8 章、第 10 章、第 11 章:肖付刚(许昌学院食品与生物工程学院);

第 9 章、第 12 章:张永清(许昌学院食品与生物工程学院)。

本书在撰写过程中,尽可能采用最新研究结果及资料,尽量增加相关内容的先进性与前瞻性。但是,由于食品安全分析及检测技术正处于快速发展与完善过程中,新型检测技术也在不断涌现,有些内容难免会出现相对陈旧的现象。另外鉴于作者水平与学识所限,加之时间仓促,本书中存在错误、疏漏之处在所难免,恳请读者批评指正。

作者

2016 年 5 月

目　　录

第1章 食品安全导论

1.1 食品安全概述

食品是人类赖以生存的物质基础,在商品社会,食品作为一类特殊商品进入商品生产和流通领域(图 1-1)。

图 1-1 食品

食品安全(food safety)指食品无毒、无害,符合应当有的营养要求,对人体健康不造成任何急性、慢性和潜在性的危害(《中华人民共和国食品安全法》)。

食品安全有绝对安全性和相对安全性两种不同的概念。绝对安全性指确保不可能因食用某种食品而危及健康或造成伤害,也就是食品应绝对没有风险。相对安全性是指一种食物或成分在合理食用方式和正常食用量的情况下,不会导致对人体健康造成损害。由于在客观上人类的任何一种饮食消费都是存在风险的,绝对安全或零风险是很难达到的,因此在大多数情况下食品安全具有相对意义,是食品质量状况对食用者健康、安全的保证程度,即对食品按其原定用途进行食用是不会使消费者受害的一种担保。

食品安全是个综合概念,它包括食品卫生、食品质量、食品营养等相关方面的内容和食品(食物)种植、养殖、加工、包装、储藏、运输、销售、消费等环节。随着人民生活水平的日益提高,人们对食品安全问题越来越重视。

食品安全也是一个发展的概念,甚至在同一国家的不同发展阶段,由于食品安全系统的风险程度不同,食品安全的内容和目标也不同。下面介绍食品安全学的一些基本概念及无公害食品、绿色食品、有机食品的区别。

(1)标准上的差异

目前,无公害食品执行的是相关的国家标准、行业标准和地方标准(图 1-2 所示为无公害农产品标志图案);绿色食品执行的是相关的行业标准(图 1-3 所示为绿色食品注册的 4 种形式);有机食品执行的是根据国际有机农业联合委员会有机食品生产加工基本标准而制定的相关标准,具有国际性(图 1-4 所示为有机食品、绿色食品与无公害食品的级别)。

图 1-2　无公害农产品标志图案

图 1-3　绿色食品注册的 4 种形式

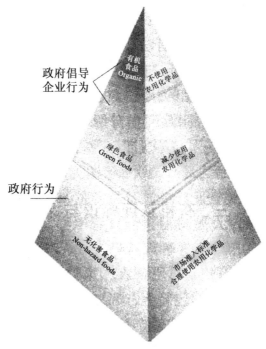

图 1-4　有机食品、绿色食品与无公害食品的级别

（2）运作方式的区别

运作方式的区别如图 1-5 所示。

> 无公害食品的认证组织是农业部和各省农业厅

> 绿色食品的认证组织是中国绿色食品发展中心，绿色食品是推荐性标准，政府引导，市场运作

> 有机食品的认证组织是国际有机食品认证委员会，或其委托的国家环境保护总局有机食品发展中心

图 1-5　运作方式的区别

（3）标识使用不同

标识区别如图 1-6 所示。

> 无公害食品在某程度上是一种政府强制性行为

> 绿色食品和有机食品是工商注册证明商标，属知识产权范围，实行有偿使用

图 1-6　标识区别

（4）技术要求不同

技术要求区别如图 1-7 所示。

> 无公害食品和A级绿色食品在生产过程中允许使用限定的化学合成物质，接纳基因产品

> AA级绿色食品和有机食品在生产过程中禁止使用任何化学合成物质，不接纳基因产品

图 1-7　技术要求区别

（5）质量目标不同

质量目标区别如图 1-8 所示。

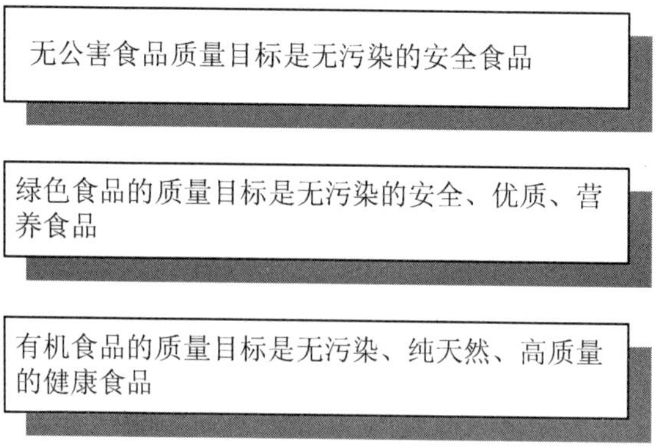

图 1-8　质量目标区别

1.1.1　食品安全危害

食品安全危害(Food Safety Hazard)指食品中所含有的对健康有潜在不良影响的生物、化学或物理的因素或食品存在状况,食品安全危害包括过敏原。对饲料和饲料配料而言,相关食品安全危害是指可能存在或出现于饲料和饲料配料中,再通过动物消费饲料转移至食品中,并由此可能导致人类不良健康后果的因素。对饲料和食品的间接操作(如包装材料、清洁剂等的生产者)而言,相关食品安全危害是指按所提供产品和(或)服务的预期用途,可能直接或间接转移到食品中,并由此可能造成人类不良健康后果的因素。

食源型疾病指食品中致病因素进入人体引起的感染性、中毒性疾病以及其他疾病(中华人民共和国食品安全法)。

1.1.2　食品安全性与目标消费者

在食品的生产、加工和销售等过程中,目标消费者是企业赖以存活的根本,他们处于整个食品链条的最终位置,也是中心地位。保证最终消费者的食用安全是每个企业的最终使命与责任。不同消费者所面临的食品安全问题不同,他们对食品安全性的要求也不同。

①普通大众。

②婴幼儿。

③弱势群体。

④食品零售商。

⑤食品加工商。

1.1.3　食品安全的重要性

食品安全是保障人们身心健康的需要,也是提高食品在国内外市场上竞争力的需要,同时也是保护和恢复生态环境,实现可持续发展的需要。

人类社会的发展和科学技术的进步,正在使人类的食物生产与消费活动经历巨大的变化。一方面是现代饮食水平与健康水平普遍提高,反映了食品的安全性状况有较大的甚至是质的改善;另一方面则是人类食物链环节增多和食物结构复杂化,这又增添了新的饮食风险和不确定因素。社会的发展提出了在达到温饱以后如何解决吃得好、吃得安全的要求,食品安全性问题正是在这种背景下被提出,而且它所涉及的内容与方面也越来越广,并因国家、地区和人群的不同而有不同的侧重。

食品安全的重要性日渐受到重视是不争的事实。今日,食品安全的责任也不单是政府在立法和执法方面的责任,而是每位参与食物供应链的人员的责任。由此看来,食品安全问题是一个系统工程,需要全社会各方面积极参与才能得到全面解决。

1.2　食品安全检测技术

1.2.1　食品中有害物质、有害生物

食品中有害物质的来源分为两大类。

①固有的。

②污染的。

由于人类生活历史性选择的缘故,日常食品中固有有害物质的种类、数量较少,常见的包括:

①食品原料本来就存在的有害物质。

②生物体在应激条件下生成的有害物质。

1.2.2　检测技术分类

目前应用于食品安全方面检测技术主要有:

①仪器分析方法。

②现代分子生物学方法。

·核酸探针检测技术。

·基因芯片检测技术。

③酶联免疫吸附技术(ELISA)。

其中 ELISA 将成为一种很重要的检测技术手段,主要应用在如下几个方面。

①在农药残留方面的检测应用。

②在兽药残留方面的检测应用。

③在食品微生物检测应用。

④在食品中转基因成分的检测应用。

1.2.3　现代高新技术在食品安全检测上的发展应用

伴随着现代科学技术的飞速发展,分析仪器的更新和分析技术的进步是必然趋势。

①大量采用高新技术,仪器性能不断改善,新方法、新技术不断涌现。

②仪器的微型化、自动化与智能化发展。

③对仪器的检测灵敏度要求愈来愈高。

④分析仪器中的仿生技术发展。

⑤多维数硬件技术及多维软件数据采集处理技术发展。

⑥各种联用技术发展应用。

1.2.4 食品安全检测技术的重要性

在食品领域,检测技术的重要性主要体现在以下几个方面。

①食品安全检测技术是生产经营企业开展产品质量安全评价的技术保障。

②食品安全检测技术是政府开展市场监管的重要技术支撑。

③食品安全检测技术是应对国际贸易技术壁垒、对民族企业进行必要的技术保护的工具之一。

1.3 食品安全的现状及未来展望

1.3.1 食品安全的现状

1. 我国食品安全主要问题

食品安全主要问题如图 1-9 所示。

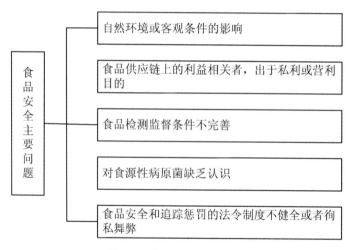

图 1-9 食品安全主要问题

近年来,我国在食品安全立法和组织体系建设方面做出了巨大的努力,但由于监管模式不清晰和法制松弛,尚未对食品安全事故频发的现象产生实质性的遏制作用。

2. 中国食品安全现状

中国食品安全问题不容乐观,食品加工业还存在严重违法生产的现象,一些生产企业受利益驱使,以假充真,以次充好,滥用食品添加剂,甚至不惜掺杂有毒、有害的化学品。如苏丹红事件、三聚氰胺事件等。

中国食品安全水平的提高可以从以下几方面体现出来。

①构建"从种植到餐桌"的技术、质量、认证全程质量监控标准体系,形成符合国情的安全食品生产和加工体系。

②产业整体水平显著提高。

· 食品卫生检测合格率大幅度上升。

· 出口食品质量显著提高,市场份额逐年增大。

· 注重学习国外食品质量控制技术。

· 中国食物中毒总体发生数量和中毒人数呈下降趋势。

③食品质量安全市场准入制度与"QS"(Quality Safety)标志开始实施。

④食品质量与安全教育人才培养体系初步形成。

3. 国外食品安全状况

国际上食品安全恶性事件时有发生,如英国的疯牛病、比利时的二噁英事件等。随着全球经济的一体化,食品安全已变得没有国界,世界上某一地区的食品安全问题很可能会波及全球,乃至引发双边或多边的国际食品贸易争端。因此,近年来世界各国都加强了食品安全工作,包括机构设置、强化或调整政策法规、监督管理和科技投入:各国政府纷纷采取措施,建立和完善食品管理体系和有关法律、法规。美国、欧洲等发达国家和地区不仅对食品原料、加工品有较为完善的标准与检测体系,而且对食品的生产环境,以及食品生产对环境的影响都有相应的标准、检测体系及有关法律、法规。

1. 3. 2 展望

人类食品的安全性正面临着严峻的挑战,解决目前十分复杂而又严重的食品问题需要全社会的共同努力。同时,这些问题解决将极大地丰富食品安全与卫生学的内容,并推动它向新的高度发展。

目前,肠出血性大肠杆菌感染、甲型肝炎等疾病在多个国家暴发流行,并且危害严重。随着全球性食品贸易的快速增长,战争和灾荒等导致的人口流动,饮食习惯的改变、食品加工方式的变化,新的食源性疾病会不断出现,食品安全的形势会变得更加严峻。因此,无论从提高中国人民的生活质量出发,还是从加入世界贸易组织(WTO)、融入经济全球化潮流考虑,都要求中国尽快建立起食品安全体系,以保证食品安全。

(1)建立食品安全专门机构

目前,中国参与食品安全监督方面的工作人员涉及工商、卫生、农业、药监、商务等十几个部门。因此,中国应建立食品安全专门机构,负责协调各主管部门对食品安全的监管,并为政府制定食品安全政策提供建议。

(2)健全食品安全应急反应机制

食品安全事件具有突发性、普遍性和非常规性的特点,影响的区域非常广泛,涉及的人员也很多。

(3)建立统一协调的法律法规体系

根据中国食品安全法律目前存在的问题以及与国际上的差距,应该以现有国际食品安全法典为依据,建立中国的食品安全法规体系的基本框架,完善已有法律法规体系,赋予执法部门更充分的权力,加强立法和执法监督。

(4)提高食品安全科技水平

基于中国经济的发展水平以及现有科技基础,应优先研究关键技术和食源性危害危险性评估技术;采用可靠、快速、便携、精确的食品安全检测技术;积极推行食品安全过程控制技术等。

(5)自我完善,积极认证

为了提高食品安全水平,在食品原料生产、加工、运输、销售中大力推广 ISO 9001、ISO 9002、ISO 14000、HACCP 体系和 GMP、无公害食品、绿色食品、有机食品等体系认证。同时,积极推进认证机构社会化改革,加强对认证机构的监督管理,规范认证行为。

(6)积极开展新技术、新工艺、新材料加工食品的安全性评价技术研究。

第 2 章 食品安全的危害种类

2.1 生物性危害

生物性危害、化学性危害和放射性危害被认为是影响食品安全的最主要危害因素。生物性危害包括细菌、霉菌及其毒素、病毒、寄生虫等引起的食源性疾病最为普遍,由此而引起的食品安全性事件时有发生,已发展为世界性关注的食品安全问题;由甲醛、甲醇、亚硝酸盐、重金属、有机磷农药、苏丹红、瘦肉精、三聚氰胺、化学防腐剂等引发的化学性污染屡见不鲜;由于科学技术的进步,出现了转基因食品、辐照食品等,这些食品的安全性至今仍存有争议。因此,对于从事食品质量检验、监管的工作人员来说,深入地研究分析影响食品安全的危害因素并加以防范控制是至关重要的。

2.1.1 细菌

细菌是单细胞原核生物,不仅种类多,生理特性多种多样,而且适合各种环境的细菌都有。

细菌性食物中毒是指摄入含有细菌或细菌毒素的食品而引起的。细菌性食物中毒占食物中毒的 7% 以上,在公共卫生上占有重要地位。常见的致病菌有:沙门氏菌、副溶血性弧菌、变性杆菌、致病性大肠杆菌、蜡样芽孢杆菌、李斯特菌、空肠弯曲杆菌、金黄色葡萄球菌肠毒素及肉毒梭菌毒素等。常见食源性致病菌的生物学性状、流行病学特点及食品安全危害等如表 2-1 所示。

表 2-1 常见细菌生物学性状、流行病学特点及食品安全危害

名称	生物学性状	流行病学特点	食品安全危害
沙门氏菌	沙门氏菌属肠杆菌科,为革兰氏阴性短杆菌,好氧或兼性厌氧,无芽孢,无荚膜。依其菌体抗原结构不同可分为 A、B、C、D、E、F 及 G 7 大组,有 2000 多种血清型。沙门氏菌生长繁殖的最适温度为 20℃ ~ 37℃,在水中可生存 2~3 周;在粪便和冰水中可生存 1~2 个月;在冰冻土壤中可过冬,在 100℃立即死亡	沙门氏菌广泛分布于自然界,在人和动物如家畜中的猪、牛、犬以及家禽中的鸡、鸭、鹅等均有广泛的宿主。沙门氏菌食物中毒的发病率较高,一般为 40% ~ 60%,最高达 90%,活菌数量、菌型致病力强弱、个体易感性高低是影响它的因素。如世界上最大的一起沙门氏菌食物中毒是 1955 年在瑞典发生的由于吃猪肉而引起的鼠伤寒沙门氏菌食物中毒,中毒 7717 人,死亡 90 人	引起沙门氏菌食物中毒的食品主要为家畜肉、蛋类、家禽肉和奶类及其制品。患有沙门氏菌病的家畜、肉尸、内脏中带有大量的沙门氏菌,在加工烹调中如果杀菌不彻底,就可引起人沙门氏菌食物中毒。此外,蛋类可因家禽带菌而污染;水产品可因水体污染而带菌;带菌奶牛的奶有时带有沙门氏菌,奶挤出后也可被牛粪中沙门氏菌污染,所以鲜奶和奶制品,如果消毒不彻底,也可引起沙门氏菌食物中毒。 沙门氏菌中毒一般认为是由活菌和内毒素的协同作用所致。沙门氏菌食物中毒临床表现有不同的类型,尤以急性胃肠炎型最为多见。潜伏期一般为 12~24h,中毒初期表现为恶心头痛、发冷无力,以后出现呕吐、腹泻等症状。粪便呈黄绿色水样,有时带恶臭、脓血和黏液,重症病人出现惊厥、抽搐和昏迷。病程 3~7d,预后一般良好,但重症患者如不及时处理也可导致死亡

续表

名称	生物学性状	流行病学特点	食品安全危害
副溶血性弧菌	副溶血性弧菌是一种嗜盐性细菌,存在于近岸海水、海底沉积物和鱼、贝类等海产品中。它是革兰阴性多形态杆菌或稍弯曲弧菌,为需氧或兼性厌氧菌。最适生长温度为37℃,最适生长 pH 为 7.7。对醋酸更为敏感,在食醋中 5min 或是 1％醋酸 1min 即可致死。在淡水中存活不超过 2d,在盐渍酱菜中可存活 30d 之多,在海水中存活甚至能达 47d 之多	副溶血性弧菌是一种分布广的海洋性细菌,在海产品中大量存在,在肉类、禽类以及淡水鱼中也有存在。中毒多发生在沿海地区,尤以夏季多见,高峰在 5～9月,当年的 11月到次年的 3月很少发生,这与夏季温度、湿度高及微生物繁殖和水产品上市销售旺季有关。本病多集体发生,世界各地均有发生,在相同的暴露条件下,不同性别和年龄的发病率没有差别,但是新来沿海地区的山区、内陆居民若发病,发病率往往高于本地居民,且病情较重	引起副溶血性弧菌中毒的食物主要是海产品和盐渍食品,据报道,认为章鱼和乌贼是副溶血性弧菌最易感染的食品,它的带菌率达到 90％以上;其次为蛋类和肉类,多因食物容器、砧板、切菜刀等处理食物生熟不分时污染所致。副溶血性弧菌食物中毒是由于摄入带有大量活菌的食物引起的,一般认为是由副溶血性弧菌产生耐热性溶血毒素所致。一般表现为发病急,潜伏期短,主要症状为腹部疼痛或胃痉挛,有时还恶心、呕吐、腹泻,体温一般为 37.7～39.5℃,腹痛多为阵绞痛或是在脐部附近,这是本病的特点。病程 3～4d,恢复期较短,预后良好。近年来我国内报道的副溶血性弧菌食物中毒临床表现不一,可呈典型胃肠炎型、菌痢型、中毒性休克型或少见的慢性肠炎型
李斯特菌	目前国际上公认的李斯特菌共有 7 个菌株,其中单核细胞增生李斯特菌是唯一一种能引起人类疾病的人畜共患病的菌株,李斯特菌是革兰氏阳性菌,形状为圆尾带状,无荚膜,无芽孢,有鞭毛,兼性厌氧。生长温度为 1℃～45℃,最适生长温度为 37℃。具有嗜冷性,可在 3℃～4℃的温度下长期存活	李斯特菌广泛分布于自然界中,不易被冻融,能耐受较高的渗透压,在土壤、健康带菌者和动物的粪便、江河水、污水、蔬菜、储存饲料及多种食品中均可分离出该菌,并且在土壤、污水、粪便中存活的时间比沙门氏菌更长。单核细胞增生李斯特菌食物中毒春季可发生,而发病率在夏、秋季呈季节性增长	李斯特菌在土壤和腐生植物、人畜排泄物、污水等中都能检出。人类、哺乳动物和鸟类的粪便均可携带李斯特菌,如人类粪便的带菌率为 0.6％～6％,人群中短期带菌者占 70％,水产品占 4％～8％,肉制品占 30％以上。引起李斯特菌食物中毒的种类繁多,主要食品有乳及乳制品、肉类制品、水产品、水果及蔬菜。占 85％～90％的病例是由被污染的食品引起的,尤以在冰箱中保存时间过长的乳制品和肉制品最为多见。 李斯特菌进入人体后是否发病,与李斯特菌的毒力和宿主的年龄、免疫状态有关。无免疫缺陷的未怀孕的健康人对单核细胞增生李斯特感染具有很强的抵抗力,很少能感染此菌。但是患肿瘤、艾滋病、酒精中毒、糖尿病(尤其是Ⅰ型)、心血管疾病、肾脏移植者最容易诱发李斯特菌病,且死亡率很高。最常见的症状是引起脑膜炎和脓血症

续表

名称	生物学性状	流行病学特点	食品安全危害
葡萄球菌	葡萄球菌是革兰氏阳性兼性厌氧菌,少数可引起人和动物化脓性感染,是人畜共患病原菌。最适生长温度为 37℃,最适 pH 值为 7.4,对热具有较强的抵抗力。葡萄球菌有 8 个血清型,A 型毒性最强,B 型耐热性最强,破坏食物中的肠毒素需在 100℃ 加热 2h	葡萄球菌病全年皆可发生,尤其是在夏、秋两季。人和动物的鼻腔、咽、消化道带菌率均较高。健康人带菌率为 20%～30%,上呼吸道感染者的鼻腔带菌率可高达 83.3%。引起葡萄球菌肠毒素中毒的食物种类很多,国内以奶及其制品,如奶油蛋糕、冰激凌最为常见	葡萄球菌致病的物质基础是其产生的多种毒素和酶,其中金黄色葡萄球菌致病性最强,该菌在 20℃～37℃ 条件下能产生肠毒素,引起食物中毒。此外,因葡萄球菌为兼性厌氧菌,当通风不好氧分压降低时,也易产生肠毒素;食物受金黄色葡萄球菌污染越严重,繁殖越快也就越易形成毒素;另外,蛋白质较多,水分较多,同时含一定淀粉的食物受到其污染后也易形成毒素。 葡萄球菌食物中毒潜伏期短,一般为 2～4h,其主要症状为恶心、呕吐、上腹部剧烈疼痛、腹泻、水样便,体温一般正常。儿童发病率比成人高。葡萄球菌食物中毒病程一般较短,1～2d 即可恢复,预后一般良好
大肠埃希菌	大肠埃希菌俗称大肠杆菌,广泛存在于人和动物的肠道中,部分菌株对人有致病性,又称为致病性大肠杆菌或致泻性大肠埃希菌。它在自然界中生命力很强,能在土壤和水中存活数月,在 15℃～45℃ 可以繁殖,可从牛肉、奶牛或乳制品、蔬菜、饮料及水中分离到该菌	大肠杆菌食物中毒具有很明显的季节性,主要发生在夏秋季。大肠杆菌可随粪便排出,污染水源和土壤,受污染的水源、土壤及带菌者的手均可直接污染食物或通过食品容器再度污染食物,摄入被该菌污染的食品,易引起食物中毒	致病性大肠杆菌食物中毒是由于摄入大量致病性活菌引起的,一般摄入1～2 亿致病性大肠杆菌就能引起食物中毒型细菌性痢疾,菌株能侵袭肠黏膜上皮细胞,在上皮细胞内繁殖,引起菌痢。食物中毒又可分为三种类型:一种是不产生毒素。潜伏期一般为 3～4d,主要表现为血便、脓黏液血便、里急后重、腹痛、发热。另一种为急性胃肠炎型,菌株能产生肠毒素,引起腹泻,潜伏期一般为 10～15h,主要表现为水样腹泻、腹痛、恶心、发热 38℃～40℃。第三种是出血性肠炎,主要由肠出血性大肠埃希菌引起,表现为剧烈的腹痛和便血,重者出现溶血性尿毒症

续表

名称	生物学性状	流行病学特点	食品安全危害
肉毒梭菌	肉毒梭菌属于梭菌属,为革兰氏阳性、厌氧性杆菌。根据产生毒素的抗原性可分为4种引起人类中毒类型,其中A,B型最为常见。肉毒梭菌对人和动物有巨大的毒性,是目前已知毒素中,毒性最强的一种,对人的致死量为0.1~1.0μg,其毒力是氰化钾的1万倍	肉毒梭菌为肉毒中毒的病原菌,在自然界中分布广泛,土壤、江河、湖海沉积物中,水果、蔬菜、畜、禽、鱼制品中都有发现,偶尔也见于动物粪便中。一般认为土壤是肉毒梭菌的主要来源,其检出率可达到22.2%,未开垦荒地土壤带菌率更高。食物被肉毒梭菌污染,我国多发生在新疆、青海、东北或沿海等地区,一般多发生在青黄不接的冬季、春季	肉毒梭菌的致病性主要是肉毒毒素在适当营养的厌氧环境下产生的,肉毒毒素是迄今已知毒物中最毒的一种,毒素进入人体内被胰蛋白酶活化释放出神经毒素,主要作用位点为神经末梢和神经肌肉交接处,抑制神经传导介质——乙酰胆碱的释放,因而使肌肉发生弛缓性瘫痪,引起肌肉麻痹和神经功能不全。潜伏期数小时不等,潜伏期越短,死亡率越高。中毒症状初期表现为胃肠病,如恶心、呕吐、腹胀、腹痛、腹泻等。严重者出现瞳孔放大、伸舌等症状,最后因呼吸困难、呼吸麻痹引起功能衰竭而死

2.1.2 霉菌及其毒素

霉菌是菌丝体比较发达而又缺少较大的子实体的一种真菌,是丝状真菌的俗称。真菌食物中毒主要以霉菌性食物中毒为主。霉菌在自然界中分布极广,有45000多种,特别是在阴暗、潮湿和温度较高的环境中,更有利于它们生长。有许多霉菌对人类是有益的,但也有少数菌对人类是有害的,其产生的毒素致病性很强。能产生各种孢子,很容易污染食品。

霉菌毒素是霉菌产生的一种有毒的次生代谢产物,霉菌污染引起食品的食用价值降低,甚至不能食用。Bullerman(1986)曾列出了在各种食品中可能出现的霉菌毒素。据统计,目前已知的霉菌毒素大约有200多种,对人类危害较大、致病性霉菌毒素主要有黄曲霉毒素、赭曲霉毒素、杂色曲霉素、圆弧偶氮酸、3-硝基丙酸等。

1. 黄曲霉毒素

(1)黄曲霉毒素的来源与分布

黄曲霉毒素(AFT)是由黄曲霉和寄生曲霉等菌种在生长繁殖过程中产生的次生代谢产物,是20世纪最被人注目的一种霉菌毒素。黄曲霉毒素在化学上是蚕豆素的衍生物,已明确结构的有十多种,其中以B1毒性最强,产量最多。黄曲霉毒素对食品的污染及程度受地区、季节因素、作物生长、收获、储藏不同条件的影响,实验表明,黄曲霉毒素在温度28℃~32℃、相对湿度80%以上时,产生的量最高,所以我国南方及温湿地区在春夏两季易发生黄曲霉毒素中毒,有的作物甚至在收获前、收获期或是储存期就已经被黄曲霉毒素污染了。

黄曲霉毒素是分布范围最广的霉菌之一,在全世界几乎无处不在,其中玉米、花生和棉籽油最易受到污染,其次是稻谷、小麦、大麦和豆类。1966 年,美国衣阿华大学的 Seum 等人对当年从埃及市场上购买的坚果、调味品、草药以及谷物等进行了 AFT 污染情况调查,结果发现无壳花生检出率高达 100%,调味品检出率为 40%,草药检出率为 29%,谷物检出率为 21%。

黄曲霉毒素相对分子质量是 312～346,它难溶于水、己烷、石油醚,可溶于甲醇、乙醇、氯仿、丙酮、二甲基甲酰等有机溶液。它是目前最强的化学致癌物,致癌作用比已知的化学致癌物都强,是氰化钾的 10 倍。

(2)黄曲霉毒素的毒性与危害

黄曲霉毒素中毒症状可分为三种类型。

①急性和亚急性中毒,短时间内摄入量较大,迅速造成肝细胞变性、坏死,在几天或几十天内死亡。

②慢性中毒,少量持续摄入黄曲霉毒素可引起肝脏纤维细胞增生,甚至肝硬化等慢性损伤。体质量减轻,生长缓慢,母畜不孕或产仔减少等。

③致癌性,长期持续摄入较低剂量或短期摄入较大剂量的黄曲霉毒素,可诱发动物的原发性肝癌。

2. 赭曲霉毒素

(1)赭曲霉毒素的来源与分布

赭曲霉毒素(OT)是曲霉属和青霉属的一些菌种产生的一组次级代谢产物,包括赭曲霉毒素 A、B、C、D 和 α,赭曲霉毒素 A 是自然界中食品的主要天然污染物,能毒害所有的家畜家禽和人类,因此对人类的健康和畜牧业的发展都有很大的危害。赭曲霉毒素是一种肝脏毒和肾脏毒,能引起变性坏死等病理变化,毒素引起肾病的人的死亡率可达到 22%。

赭曲霉毒素的分布范围较广,国内外均有分布,几乎可在所有谷物中分离到,是谷物、大豆、咖啡豆和可可豆中常见的天然污染物。赭曲霉毒素 A 在食品中的污染率在一些国家为 2%～30%。在南斯拉夫的一项调查表明,在地方性肾病发病率为 7.3% 的地区,有 12.8% 的食品受到赭曲霉毒素 A 的污染;而在非地方性肾病流行地区,受到污染的食品只有 1.6%。赭曲霉毒素 A 在玉米中的含量为 $5～90\mu g/kg$,在猪肉中为 $5\mu g/kg$,而在猪肾中达 $27\mu g/kg$。

(2)赭曲霉毒素的毒性与危害

赭曲霉毒素的毒性较强,当人畜摄入被这种毒物污染的食品和饲料后,就会发生急性或慢性中毒。不同动物种属对赭曲霉毒素敏感性不同。如大鼠经口喂 20mg/kg 的赭曲霉毒素,就会产生急性中毒。鸡食含有赭曲霉毒素 1～2mg/kg 的饲料,种蛋孵化率会降低。赭曲霉毒素的毒性特点是造成肾小管间质纤维结构和机能异常而引起肾营养不良性病、肾小管炎症、肾小球透明样变等。

3. 杂色曲霉毒素

(1)杂色曲霉毒素的来源与分布

杂色曲霉毒素主要是曲霉属的杂色曲霉和构巢曲霉的最终代谢产物,也是黄曲霉和寄生曲霉合成黄曲霉毒素过程后期的中间产物。1954 年被分离出来,证明是一组化学结构相似的化合物,目前已知有十多种衍生物。产生杂色曲霉毒素的菌种有杂色曲霉、构巢曲霉、焦曲霉、两端芽离蠕孢曲霉和鲜绿青霉等。现已发现有 20 多种曲霉能够产生杂色曲霉毒素,其中杂色曲霉和构巢曲霉产毒菌株占 80% 以上,而且产毒量很高。杂色曲霉在自然界分布很广,如空气、土壤、腐败的植物体和储存的粮食中均能检出。

(2)杂色曲霉的毒性与危害

杂色曲霉毒素是一种毒性很强的肝及肾脏毒素,能引起动物肝和肾的坏死,有强致癌作用。它可通过污染食品使人发生中毒,产生对人和动物的急性、慢性毒性和致癌性。

4. 3-硝基丙酸

(1)食品中 3-硝基丙酸的来源与分布

3-硝基丙酸是曲霉属和青霉属的少数菌种产生的有毒代谢产物。黄曲霉、米曲霉、白曲霉、酱油曲霉、链霉菌、节菱孢等都能产生 3-硝基丙酸。此外,某些高等植物中也含有 3-硝基丙酸。如我国从变质甘蔗及中毒变质甘蔗中分离到的节菱孢能产生 3-硝基丙酸。3-硝基丙酸流行于我国河北、河南、山东及山西等省的变质甘蔗中。

(2)3-硝基丙酸的毒性与危害

3-硝基丙酸导致的甘蔗中毒在我国北方常有发生,1972～1987 年间变质甘蔗中毒共发生 183 起,中毒人数 825 人,死亡人数 78 人,其主要表现为发病急,潜伏期短;中毒者多为儿童;中枢神经系统受损,严重者 1～3d 内死亡。有的患者留有终生残废的后遗症,严重者生活能力受到影响。

2.1.3 病毒

它是一类比细菌更小,能通过细菌的过滤器,只含一种类型的核酸与少量蛋白质,仅能在敏感的活细胞内以复制方式进行增殖的非细胞生物。

病毒属于寄生微生物,只能在寄主的活细胞中复制,不能通过人工培养基繁殖。因此,人和动物是病毒复制、传播的主要来源。病人的临床症状最明显时是病毒传播能力最强的时候。病毒携带者多处于传染病的潜伏期,在一定情况下向外传播,因此具有更大的隐蔽性。受病毒感染的动物可通过各种途径传播给人,其中大多通过污染的动物感染给人的,我们经常听到的口蹄疫病毒、狂犬病病毒、禽流感病毒、H1N1 甲型流感病毒均如此。

2.1.4 寄生虫

它是指营寄生生活的动物,其中通过食品感染人体的寄生虫称为食源性寄生虫,主要包括原虫、节肢动物、吸虫、绦虫和线虫,其中后三者统称为蠕虫。食物在所存在的环境中有可能被寄生虫和寄生虫卵污染,食源性寄生虫病是由摄入含有寄生虫幼虫或虫卵的生的或未经彻底加热的食品引起的一类疾病,严重危害人类的健康和生命。常见寄生虫对食品污染来源、途径及人类的危害如表 2-2 所示。

表 2-2　常见寄生虫对食品污染的来源、途径及人类的危害

名称	食品污染的来源及途径	污染食品对人类的危害
隐孢子虫	隐孢子虫病是由隐孢子虫寄生于人、哺乳类、爬行类、鸟类、鱼类的消化道与呼吸道黏膜引起的一种常见人与兽共患病。隐孢子虫主要寄宿在消化道上皮细胞表面。隐形孢子虫有无性生殖、有性生殖和孢子生殖三个生殖阶段。当含子孢子的卵囊进入人体内，经消化液作用，子孢子脱囊而出，侵入肠上皮细胞，在细胞微绒毛区进行无性增殖，成为滋养体，再经三次核分裂发育为Ⅰ型裂殖体，释出裂殖子，侵入其他上皮细胞，重新发育为Ⅰ型裂殖体或Ⅱ型裂殖体，裂殖子再次释出后进入肠上皮细胞，发育为雌、雄配子，结合后形成合子，进入孢子生殖阶段	隐孢子虫可导致消化功能紊乱。虫体反复自体感染，引起肠黏膜大面积受损，出现凹陷、萎缩、脱落等变化，虫体毒素与其他有毒代谢产物作用，可引起腹泻。隐孢子虫常与其他肠道病原体联合感染。人感染后会严重腹泻，患者精神不振，食欲减退，恶心、呕吐，急性腹泻，便呈水样，或有头痛、低热、厌食、肌肉疼痛等症状。免疫功能缺损者、艾滋病患者的症状更为严重，往往出现类霍乱样腹泻、痉挛性腹痛和严重脱水。可引起咽喉炎、气管炎、肺炎、急性胆囊炎或硬化性胆管炎等，最终因全身衰竭而死亡
华支睾吸虫	华支睾吸虫病简称肝吸虫病，是由华支睾吸虫寄生于人、家畜、野生动物的肝内胆管所引起的人兽共患病。该虫寄生在人和肉食类动物的肝胆管内，产出的虫卵随胆汁进入消化道而排出	如果人吃进囊蚴的数量少时无症状，若吃进的数量多或反复多次感染，可出现腹痛、肝大、黄疸、腹泻、水肿等症状，重者可引起腹水。该病的潜伏期为 1～2 个月，多呈慢性或隐性感染。儿童和青少年感染后，临床症状严重，智力发育缓慢，死亡率较高
弓形虫	刚地弓形虫是一种广泛寄生于人和动物的原虫，是能引起人兽共患的弓形虫病。弓形虫属真球虫目、弓形虫科、弓形虫属，弓形虫整个生活史中可出现 5 种不同的形态，即在中间宿主体内的滋养体和包囊，也在终末宿主体内的囊殖体、配子体和囊合子。本虫呈世界性分布，宿主种类十分广泛，人和动物的感染率都很高，许多哺乳类、鸟类及爬行类动物均有自然感染。人群的平均感染率在 25%～50%，高者可达 80% 以上	弓形虫除了主要的细胞质内繁殖外，也能侵入细胞核内繁殖。弓形虫在病畜的肉、乳、泪、唾液、尿液中，人食用被卵囊污染的食物可感染弓形虫。不仅在消化道感染，引起消化道黏膜损伤、细胞破裂、局部组织坏死。还能在伤口和呼吸道感染，与病畜密切接触也可感染。孕妇感染该病，可能导致流产、早产和胎儿畸形。成人感染时，体温升高，精神萎靡，食欲减退，胃底部出血，有溃疡，便秘。中枢神经系统受侵害时，可表现为非化脓性脑膜炎，也可出现癫痫或精神症状
旋毛虫	旋毛形线虫简称旋毛虫，是一类细胞内的寄生性线虫，广泛发现于人、各种家畜以及哺乳动物中。旋毛虫的成虫与幼虫寄生于同一个宿主，宿主感染时，先为终末宿主，后变为中间宿主。目前我国已发现 12 种动物感染旋毛虫病，分别为猪、犬、牛、猫、羊、鼠、狐狸、黄鼠狼、貂、貉、熊及鹿。人类主要通过生食或半生食含有旋毛虫的肉类而得病。含有活的旋毛虫包囊的熏肉、腌肉、酸肉、腊肠等，因肉中心温度未能达到杀虫温度，也可引起感染	在摄入了大量含有幼虫的肉类 1～2d 后，毛线虫会穿过肠黏膜，导致恶心、腹痛、腹泻，有时呕吐。如果幼虫进入脑、脊髓，也可引起脑膜炎样症状。其幼虫不但寿命长，数目多，感染率高，致病力强，危害性大，而且能形成地方性流行病。旋毛虫还可引起被感染者终身带虫，通常表现为原因不明的常年肌肉酸痛，重者丧失劳动能力

2.2 化学性危害

随着化学合成食品添加剂、化学药品、化学试剂及其他一些化学物质的广泛使用,食品的化学性污染问题也越来越受到人们的普遍重视。由于一些化学物质在食品加工、储藏、运输等过程中可能进入人体而造成损害,因此,掌握化学物质性质、污染食品途径,进行有效的预防和控制,是提高食品安全与卫生和保证人体健康的重要手段。

2.2.1 食品添加剂

1. 食品添加剂的分类

美国在《食品、药品与化妆品法》(Food,Drug and Cosmetic Act)中,将食品添加剂分成以下 32 类:抗结剂和自由流动剂;抗微生物剂;抗氧剂;着色剂和护色剂;腌制和酸渍剂;小麦粉处理剂;成型助剂;熏蒸剂;保湿剂;膨松剂;润滑和脱模剂;非营养甜味剂;营养增补剂;营养性甜味剂;氧化剂和还原剂;pH 值调节剂;加工助剂;气雾推进剂、充气剂和气体;整合剂;溶剂和助溶剂;稳定剂和增稠剂;表面活性剂;表面光亮剂;增效剂;组织改进剂。

2. 常用食品添加剂

(1)防腐剂

防腐剂的主要作用是抑制微生物的生长和繁殖,以延长食品的保存时间,抑制物质腐败。

1)苯甲酸及其盐类

毒性:动物实验表明,用添加 1‰苯甲酸的饲料喂养大白鼠 4 代,对成长、生殖无不良影响;用添加 8‰苯甲酸的饲料喂养大白鼠 13d 后,有 50%左右死亡;还有的实验表明,用添加 5‰苯甲酸的饲料喂养大白鼠,全部都出现过敏、尿失禁、痉挛等症状,而后死亡。苯甲酸的大鼠经口 LD_{50} 为 2.7~4.44g/kg,最大安全剂量(MNL)为 0.5g/kg,犬经口 LD_{50} 为 2g/kg。

使用:苯甲酸类防腐剂可以用于酱油、醋等酸性液态食品的防腐,可配制 50%的苯甲酸钠水溶液,按防腐剂与食品质量 1:500 的比例均匀加到食品中。如苯甲酸与对羟基苯甲酸乙酯复配使用,可适当降低两者的用量,先用乙醇溶解,将生酱油加热至 80℃杀菌,然后冷却至 40℃~50℃,把混合防腐剂加入,搅拌均匀。

低盐酸黄瓜、泡菜,苯甲酸类防腐剂最大使用量为 0.5g/kg,可在包装与装坛时按标准溶解和分散到泡菜水中。低糖的蜜饯等,苯甲酸类防腐剂的最大使用量也为 0.5g/kg。该类产品应根据生产工艺,设计加入方案,一般在最后的工艺步骤中加入。由于有糖渍与干燥工艺,应防止添加量不够或添加过量。

苯甲酸与苯甲酸钠的使用标准如表 2-3 所示。

表 2-3　苯甲酸与苯甲酸钠的使用标准

名称	使用范围	最大使用量/(g/kg)	备注
苯甲酸	酱油、醋、果汁类、果子露、罐头	1.0	浓缩果汁不得超 2g/kg。苯甲酸与苯甲酸钠同时使用时,以苯甲酸计,不得超过最大用量
	葡萄酒、果子酒、琼脂软糖	0.8	
	汽酒、汽水	0.2	
苯甲酸钠	果子汽酒	0.4	
	低盐酱菜、面酱类、蜜饯类、山楂糕、果味露	0.5	

2)山梨酸及其盐类

毒性:以添加 4％、8％山梨酸的饲料喂养大鼠 90d,4％剂量组未发现病态异常现象;8％剂量组出现肝脏微肿大,细胞轻微变性。以添加 0.1％、0.5％和 5％山梨酸的饲料喂养大鼠100d,对大鼠的生长、繁殖、存活率和消化均未产生不良影响。山梨酸的大鼠经口 LD_{50} 为10.5g/kg,MNL 为 2.5g/kg。山梨酸钾的大鼠经口 LD_{50} 为 4.2～6.17g/kg。

使用:山梨酸与山梨酸钾的使用标准如表 2-4 所示。

表 2-4　山梨酸与山梨酸钾的使用标准

名称	使用范围	最大使用量/(g/kg)	备注
山梨酸	酱油、醋、果汁类、人造奶油、琼脂奶糖、鱼干制品、豆乳制品、豆质素食品、糕点馅	1.0	浓缩果汁不得超 2g/kg,山梨酸与山梨酸钾同时使用时,以山梨酸计,不得超过最大用量。1g 山梨酸相当于1.33g 山梨酸钾
山梨酸钾	低盐酱菜、面酱类、蜜饯类、山楂糕、果味露、罐头	0.5	
	果汁类、果子露、葡萄酒、果酒	0.6	
	汽酒、汽水	0.2	

(2)面粉增白剂

面粉增白剂的有效成分为过氧化苯甲酰(BPO),它是我国 20 世纪 80 年代末从国外引进并开始在面粉中普遍使用的食品添加剂,面粉增白剂主要是用来漂白面粉,同时加快面粉的后熟。2011 年 3 月 1 日,卫生部等多部门发公告,自 2011 年 5 月 1 日起,禁止生产、在面粉中添加食品添加剂过氧化苯甲酰、过氧化钙,同时设置两个月合理过渡期。

过氧化苯甲酰的急性毒性 LD_{50} 为 7710mg/kg(大鼠经口)。中国的国家标准中规定面粉中过氧化苯甲酰的最大使用量为 0.06g/kg。

各国的标准:中国批准的最大添加量,60mg/kg;美国批准的最大添加量,按生产需要添加(GMP),不限量;加拿大批准的最大添加量,150mg/kg;菲律宾批准的最大添加量,150mg/kg;日本批准的最大添加量,300mg/kg。不少国家的添加量都比中国高。

2.2.2　农药、兽药残留

农药残留是指农药使用后残存于生物体、农副产品和环境中的农药原体、有毒代谢物、降解物和杂质的总称。农药在现代农业生产中成为"双刃剑",一方面为减少农作物因受病虫害造成的损失作出巨大贡献;另一方面随着化学农药种类的不断增多,滥用农药问题日趋严重,造成食品中的农药残留大大超出国家或国际规定的标准,致使农药急性中毒和慢性中毒事件屡有发生。

兽药残留是指用药后蓄积或存留于畜禽机体或产品中原型药物或其代谢产物,包括与兽药有关的杂质的残留。一般以 mg/L 或 $\mu g/g$ 计量。随着生活水平的不断提高,人们对动物性食品的需求日益增长,给畜牧业带来前所未有的繁荣和发展。但是,由于普遍热衷于寻求提高动物性食品产量的方法,往往忽略了动物性食品的安全问题,其中最重要的是化学物质在动物性食品中的残留及其对人类健康的危害问题。兽药在减少疾病和痛苦方面起到了重要的作用,但是它们在食品中的残留使兽药的应用产生了问题。

1. 农药污染食品的途径

(1)直接污染

①农作物直接施用农药。为防治农作物病虫害而施用农药,直接污染施用作物。农药对农作物的污染有表面污染和内部污染两种。渗透性农药黏附于蔬菜、水果等作物表面,施药时向农作物喷洒的农药有 $10\%\sim20\%$ 附着于农作物的植株上。而内吸收性农药可进入作物体内,在粮食等作物体内运动、残留,造成污染,如甲拌磷、乙拌磷、内吸磷等。这些农药的杀虫剂机理就是通过植物的根、茎、叶等处渗入植物组织内部,遍布植物的全部组织之中,当害虫食用植物组织时将害虫杀死。一般来讲,蔬菜对农药的吸收能力是根菜类>叶菜类>果菜类。此外,施药次数越多,施药浓度越大,时间间隔越短,作物中的残留量越大。所以,农药在食用作物上的残留受农药的品种、浓度、剂型、施药次数、施药方法、施药时间、气象条件、植物品种以及生长发育阶段等多种因素影响。

②熏蒸剂的使用也可导致粮食、水果、蔬菜中农药残留。

③给饲养的动物使用杀虫剂、杀菌剂时,农药可在动物体内残留。

④粮食、水果、蔬菜等食品在储藏期间为防治病虫害、抑制生长、延缓衰老等而使用农药,可造成食品上的农药残留。

⑤运输和储存中混放。食品在运输中由于运输工具、车船等装运过农药未予以彻底清洗,或食品与农药混运,可引起农药对食品的污染。此外,食品在储存中与农药混放,尤其是粮仓中使用的熏蒸剂没有按规定存放,也可导致污染。

⑥果蔬经销过程中用药造成污染。水果商为了谋求高额利润,低价购买七八成熟的水果,用含有 SO_2 的催熟剂和激素类药物处理后,就变成了色艳、鲜嫩、惹人喜爱的上品,价格可提高 $2\sim3$ 倍。如从南方运回的香蕉大多七八成熟,在其表面涂上一层含有 SO_2 的催熟剂,再用 $30℃\sim40℃$ 的炉火熏烤后储藏 $1\sim2d$,就变成上等香蕉。

(2)间接污染

1)土壤污染

农药进入土壤的途径主要有三种:一是农药直接进入土壤,包括施用于土壤中的除草剂、防治地下害虫的杀虫剂、与种子一起施用以防治苗期病害的杀菌剂等,这些农药基本上全部进入土壤;二是防治田间病虫草害施于农田的各类农药,其中相当一部分农药进入土壤。研究证实,不同种类的蔬菜从土壤中吸收农药的能力是不同的。最容易从土壤中吸收农药的是胡萝卜、黄瓜、菠菜、草莓等,番茄、茄子、辣椒等果菜类吸收能力较差。此外,芋头、山药等也易从土壤中吸收农药。

2)水体污染

①大气来源。在喷雾和喷粉使用农药时,部分农药弥散于大气中,并随气流和沿风向迁移至未施药区,部分随尘埃和降水进入水体,污染水生动植物进而污染食品。

②水体直接施药。这是农药的重要来源。为防治蚊子、杀灭血吸虫寄主、清洗鱼塘等在水面直接喷洒杀虫剂,为消灭水渠、稻田、水库中的杂草使用的除草剂,绝大多数农药直接进入水环境中,其中的一部分在水中降解,另外部分残留在水中,对水生生物造成污染,进而污染食品。

③农药厂污染。农药厂排放的废水会造成局部地区水质的严重污染。

④农田农药流失是水体农药污染的主要来源。农业生产中,农田普遍使用农药,其用量很大,种类很多,范围很广,成为农药污染的主要来源。农药可通过多种途径进入水体,如降雨、地表径流、农田渗透、水田排水等。通常,对于水溶性农药,质地轻的砂土、水田栽培条件、使用农药时期降雨量大的地区容易发生农药流失而污染环境,反之则轻。

3)大气污染

根据距离农业污染点远近距离的不同,空气中农药的分布可分为三个带:第一带是导致农药进入空气的药源带,可进一步分为农田林地喷药药源带和农药加工药源带。这一带中的农药浓度最高。第二带是空气污染带,是指由于蒸发和挥发作用,施药目标上和土壤中的农药向空气中扩散,在农药施用区相邻的地区形成的。第三带是大气中农药迁移最宽和浓度最低的地带,此带可扩散到离药源数百里甚至上千公里。如:当飞机喷药时,空气中农药的起始浓度相当高,影响的范围也大,即第二带的距离较宽,以后浓度不断下降,直至不能检出。

2. 食品中农药残留及允许量标准

为了防治病虫草害,人们把农药洒入农田、森林、草原、水体,这些直接落到害虫上的农药还不到用量的1%,10%～20%会落在作物上,其余散布在大气、土壤和水体中,通过各种途径污染食品,最终造成对人体的危害。

(1)食品中有机氯农药的再残留限量标准

有机氯农药化学性质稳定,在外界环境中广泛残留,通过食物链最终进入人体,并在人体内蓄积。由于有机氯农药的半衰期长,有些品种的半衰期可达10年以上,所以目前世界各国虽然已广泛停用,但在一些食品中仍可能存在有机氯农药残留。因此,我国的食品安全国家标准中明确限定了有机氯农药在食品中的再残留限量,如表2-5所示。

表 2-5 食品中有机氯农药的再残留限量标准/(mg/kg)(部分)

食品类别		六六六	备注
谷物		0.05	GB 2763—2014
蔬菜、水果		0.05	GB 2763—2014
水产品		0.1	GB 2763—2014
肉	以原样计	0.1	GB 2763—2014
	以脂肪计	1	GB 2763—2014

续表

食品类别	六六六	备注
蛋类	0.1	GB 2763—2014
生乳	0.02	GB 2763—2014
茶叶	0.2	GB 2763—2014

(2)食品中有机磷农药的最大残留限量标准

有机磷农药为神经性毒剂,对人体健康有一定的危害,并且由于有机磷农药应用范围广,污染机会多,因此某些食品需要进行有机磷农药残留量的检验。我国的有机磷农药在食品中的最大残留限量应符合表2-6的规定。

表2-6 食品中有机磷农药的最大残留限量标准/(mg/kg)(部分)

农药名称及标准编号	谷物		蔬菜		水果	
乐果 (GB 2763—2014)	稻谷	0.05*	韭菜	0.2*	柑橘	2*
					橙	2*
	小麦	0.05*	洋葱	0.2*		
敌敌畏 (GB 2763—2014)	稻谷	0.1	瓜类蔬菜	0.2	柑橘类水果	0.2
	麦类	0.1	豆类蔬菜	0.2	仁果类水果	0.2
对硫磷 (GB 2763—2014)	0.1		0.01		0.01	
马拉硫磷 (GB 2763—2014)	稻谷	8	洋葱	1	柑橘	2
	麦类	8	葱	5	橙	4
甲拌磷 (GB 2763—2014)	小麦	0.02	叶菜类蔬菜	0.01	0.01	
	玉米	0.05	茄果类蔬菜	0.01		
杀螟硫磷 (GB 2763—2014)	大米	1	叶菜类蔬菜	0.5*	0.5*	
	稻谷	5	茄果类蔬菜	0.5*		
倍硫磷 (GB 2763—2014)	0.05		0.05		柑橘类水果	0.05
					仁果类水果 (苹果除外)	0.05
辛硫磷 (GB 2763—2014)	0.05		茄果类蔬菜	0.05	0.05	
			瓜类蔬菜	0.05		

续表

农药名称及标准编号	谷物		蔬菜		水果	
乙酰甲胺磷 (GB 2763—2014)	小麦	0.2	叶菜类蔬菜	1	0.5	
	玉米	0.2	茄果类蔬菜	1		
甲胺磷 (GB 2763—2014)	0.5		叶菜类蔬菜	0.05	0.05	
			茄果类蔬菜	0.05		
甲基对硫磷 (GB 2763—2014)	0.1		0.02		柑橘类水果	0.02
					仁果类水果 (苹果除外)	0.02
二嗪磷 (GB 2763—2014)	稻谷	0.1	结球甘蓝	0.5	仁果类水果	0.2
	小麦	0.1	球茎甘蓝	0.2	桃	0.2
甲基嘧啶磷 (GB 2763—2014)	稻谷	5	—		—	
	糙米	2				
水胺硫磷 (GB263—2014)	0.1		—		柑橘	0.02
					苹果	0.01
喹硫磷(GB 2763—2014)	0.2*				0.5*	
硫线磷(GB 2763—2014)	—		—		0.005	

注：* 该限量为临时限量。

（3）食品中氨基甲酸酯类农药的最大残留限量量标准

我国的食品安全国家标准中氨基甲酸酯类农药最大残留限量标准如表 2-7 所示。

表 2-7　食品中氨基甲酸酯类农药的最大残留限量标准（部分）

农药名称及标准编号	食品类别/名称		最大残留限量/(mg/kg)
涕灭威(GB 2763—2014)	花生仁		0.02
	食用油(花生油、棉籽油)		0.01
	水果		0.2
克百威(GB 2763—2014)	谷物		0.1
	水果		0.02
抗蚜威(GB 2763—2014)	蔬菜	洋葱	0.1
		羽衣甘蓝	0.3
	水果	桃	0.5
		油桃	0.5

（4）食品中杀菌剂的最大残留限量标准

我国食品安全国家标准中对杀菌剂类农药的最大残留限量标准如表2-8所示。

表2-8　食品中杀菌剂类农药的最大残留限量标准（部分）

农药名称及标准编号	食品类别/名称		最大残留限量/（mg/kg）
百菌清（GB 2763—2014）	谷物	稻谷	0.2
		小麦	0.1
	蔬菜	菠菜	5
		普通白菜	5
	水果	柑橘	1
		苹果	1
克菌丹（GB 2763—2014）	水果	柑橘	5
		仁果类水果（苹果、梨除外）	15
五氯硝基苯（GB 2763—2014）	谷物	小麦	0.01
		玉米	0.01
	蔬菜	结球甘蓝	0.1
		花椰菜	0.05
乙烯菌核利（GB 2763—2014）	蔬菜	番茄	3
		黄瓜	1
	调味料		0.05
多菌灵（GB 2763—2014）	蔬菜	韭菜	2
		抱子甘蓝	0.5
	水果	梨	3
		柑橘	5
稻瘟灵（GB 2763—2014）	大米		1
敌菌灵（GB 2763—2014）	谷物		0.2
	蔬菜		10
丙环唑（GB 2763—2014）	蔬菜		0.05
	谷物	糙米	0.1
		小麦	0.05

续表

农药名称及标准编号	食品类别/名称		最大残留限量/(mg/kg)
三唑酮(GB 2763—2014)	蔬菜	瓜类蔬菜	0.2
		豌豆	0.05
	水果	菠萝	5
		瓜果类水果	0.2
三唑醇(GB 2763—2014)	谷物	玉米	0.1
		高粱	0.1
噻嗪酮	谷物		0.3
	蔬菜	番茄	2

3. 兽药残留

(1)兽药残留的种类

兽药种类繁多,按用途分类主要包括:抗生素类、合成抗生素类、抗寄生虫药、生长促进剂、杀虫剂。抗生素和合成抗生素统称微生物药物,是主要的药物添加剂和兽药残留,约占药物添加剂的 60%。

(2)兽药残留的来源及其危害

造成兽药残留的原因是动物性产品的生长链长,包括养殖、屠宰、加工、储存运输、销售等环节,任何一个环节操作不当或监控不力都可能造成药物残留,而畜禽养殖环节用药不当是造成药物残留的最主要原因。另外,加工、储存时超标使用色素与防腐剂等,也会造成药物的残留。

有些兽药残留有致癌、致畸、致突变作用。

(3)兽药残留的监测和控制

食品中兽药残留的监控有几个目标,如下所示。

①符合国内或国际食品安全标准。

②建立有效的许可制度及其他的控制措施。

③兽药残留及违禁药物的检测及获取相关证据。

④评估消费者饮食中摄入的兽药残留量。

不同的目标决定不同的监控方法。

世界卫生组织已将兽药残留列入今后食品安全性问题中的重要问题之一。为了控制动物性食品中兽药残留,可采取以下措施。

①加强药物的合理使用规范。

②严格规定休药期和制定动物性食品药物的最大残留限量。

③加强监督检测工作。

④合适的食品食用方式。

2.2.3 化学污染物

食品化学污染物主要有:来自生活生产环境中的污染物,如有害元素、化合物毒素等,以及来自工具、容器、包装材料以及涂料等融入食品中的原料成分、单体、助剂等。

有害有毒金属元素及其化合物在自然界普遍存在,常称之为重金属。危害较大的有害元素有汞、镉、砷、铬、钼、铜等。重金属及其化合物侵入机体,与机体内某些成分结合,超过体内降解平衡能力后浓缩,并发挥其毒性作用。重金属对机体的毒性与其化学形态、侵入机体的途径、进入机体后的浓度、存在部位、与生物成分的结合状态、排泄速度、金属间的相互作用有关。

1. 有毒金属的污染来源及毒性

(1)汞

它有以下几个来源。

①土壤。其广泛存在于地质岩石中,由于物理化学分解作用,不断向地球海洋环境释放天然汞。土壤中汞的形态包括:离子吸附态和共价吸附态,分可溶性汞、难溶性汞。硫化汞是属于难溶性的,被认为是土壤汞化物转化的最终产物。土壤中的汞,在一定的土壤 pH 值范围内,能以零价态元素汞或金属汞形式存在。

②水源。海水中富含金属汞,其浓度随深度的增加而增加。经吸附和沉淀的作用,河湖中汞大部分保留在沉淀物中。水体中的汞主要来自制碱工业、塑料工业、电池工业和电子工业排放的废水。

③农作物。植物也含有汞,其中,根部要大于茎、叶和子实。

④空气。大气中的汞来源于金属矿物的冶炼、煤和石油的燃烧、工厂排放的废气。

毒性:汞中毒可导致出现功能代谢障碍,汞对组织的毒性还表现在汞与金属硫蛋白结合成复合物,当这种复合物达到一定量时,引起上皮细胞损伤,特别是对肾小管和肠壁上皮细胞的损伤,导致肾衰竭、内皮细胞出血,此外,汞对神经系统的影响表现在汞作用于血管及内脏感受器,抑制大脑皮质的兴奋,导致神经症状,出现运动神经中枢和反射活动的协调紊乱。

(2)镉

它有以下几个来源。

①自然界。镉广泛存在于自然界,可通过作物根系的吸收进入植物性食品,并通过饮水与饲料移行到动物,使畜禽类食品中含有镉,但由于自然本底较低,食品中镉的含量不高。

②工业污染。冶炼金属矿物会排出大量的镉,工业区冶炼厂附近空气中镉的沉积率远远高于非工业区域,随着工业活动不断地加强,镉扩散对环境污染的压力将越来越大。

③食品容器和包装材料的污染。镉是合金、釉彩、颜料和电镀层的组成成分,由这些材料制成的食品容器具,在盛放食品特别是酸性食品时容易移到食品中。

毒性:镉急性中毒可引起呕吐、腹泻、头晕、意识丧失甚至肺肿、肺气肿等症状;慢性中毒可对肾脏、呼吸器造成损伤;引起骨骼畸形、骨折等,导致病人骨痛难忍,并在疼痛中死亡;还可引起致癌致突变。

2. 亚硝酸盐类化合物的污染来源及毒性

亚硝酸盐除化工合成产品外,在自然生物界存留量较少,在特定的条件下主要由硝酸盐转化而来。硝酸盐的毒性较小,有毒的是亚硝酸盐,主要的亚硝酸盐包括亚硝酸钠、亚硝酸钾。

它有以下来源。

①氮肥的污染。化学合成的氮肥在作物农田的施用量要多于其他肥料,氮肥中的硝酸盐在土壤微生物的作用下能转化成亚硝酸盐。

②食品加工过程中产生的亚硝酸盐。这主要是微生物还原菌的作用,把硝酸盐转化为亚硝酸盐。这类微生物还原菌广泛分布在土壤、水域等自然环境中,一旦遇到有利于其滋生繁殖的条件,就将其中的硝酸盐转化为亚硝酸盐。如食物原料及其加工后的食品长期堆积或加工、运输、储存过程中,被硝酸盐还原菌侵染。在适宜温度下,硝酸盐还原菌得以大量繁殖,使食品内的硝酸盐转化为亚硝酸盐。

③动物体内的转化。动物采食的饲料或饮水中若含有较多的硝酸盐,也会引起亚硝酸盐的中毒。

毒性:亚硝酸钠有较强毒性,人食用 0.2～0.5g 就可能出现中毒症状,如果一次性误食3g,就可能造成死亡。亚硝酸钠中毒的特征表现为发绀,症状体征有头痛、头晕、乏力、胸闷、气短、心悸、恶心、呕吐、腹痛、腹泻,口唇、指甲及全身皮肤、黏膜发绀等,甚至抽搐、昏迷,严重时还会危及生命。此外,亚硝酸钠还是致癌物质。

亚硝酸钾中毒的特征表现有发绀、血压下降、呼吸困难、恶心、呕吐、头晕、腹痛、心率快、心律不齐、惊厥、昏迷,甚至死亡。亚硝酸钾对眼及皮肤有刺激性;吸入亚硝酸钾粉尘对呼吸道有刺激性;高浓度吸入会出现上述中毒特征。

3. 二噁英的污染来源及毒性

二噁英这个化学名词现在已经成为环境界和国际媒体关注的热点。这类毒性很大的有机物最初是在化工产品的副产物中发现的。

它的来源如下。

①二噁英基本上不会天然生成,主要来自城市垃圾和工业固体废物焚烧时生成。

②含氯化学品及农药生产过程可能伴随产生。

③在纸浆和造纸工业的氯气漂白过程中也可以产生二噁英,并随废水或废气排放出来。

④就目前来看,垃圾焚烧排放的二噁英类所占比例是很大的。

毒性:二噁英可经皮肤、黏膜、呼吸道、消化道进入机体内。大量动物实验表明,二噁英中毒可引起心力衰竭、癌症等。

4. 几种主要化学污染物的限量标准

(1)食品中砷、铅、镉和汞限量标准

表 2-9 列出了部分我国于 2013 年 6 月 1 日起强制实施的对食品中汞、铅、镉、砷等重金属污染限量的国家标准(GB 2762—2012)。食品法典委员会(CAC)制定的有关标准也列于该表中以便比较。

表 2-9　食品中某些重金属限量指标/(mg/kg)

食品类别(名称)		GB 2762—2012 限量					CAC 标准限量	
		砷[a]	铅	镉	总汞[b]	砷[a]	铅	镉
谷物		0.2	0.2~0.5	0.1~0.2	0.02	0.1~0.2	0.2	0.1~0.2
豆类		—	0.2	0.2	—	0.2	0.1	0.2
薯类		—	0.2	—	—	—	—	0.1
肉类		—	0.2	0.1	0.05	0.05	0.1	0.05
鱼类		0.1	0.5	0.1	—	0.1	0.2	—
新鲜蔬菜		—	0.1	0.05~0.2	0.01	0.05	0.1	0.05~0.2
新鲜水果		—	0.1	0.05	—	0.05	0.1	0.05
蛋类	蛋及蛋制品	—	0.2	0.05	0.05	0.05	—	—
	皮蛋、皮蛋肠		0.5					

注:a. 无机砷;b. 以 Hg 计;d. 根茎类蔬菜;* 稻谷以糙米计。

我国食品中重金属污染主要是铅污染。奶类高于国标,特别是我国传统工艺生产的松花蛋,全国铅的平均含量超过国家标准近两倍,最高值达到 336(mg/kg)。

(2)食品中铬、N-二甲基亚硝胺和多氯联苯限量指标

GB 2762—2012 对食品中铬、硒和铝的限量指标见表 2-10。

表 2-10　食品中铬、N-二甲基亚硝胺和多氯联苯的限量指标/(mg/kg)

食品类别(名称)		铬	N-二甲基亚硝胺	多氯联苯
谷物及其制品		1.0	—	—
蔬菜及其制品		0.5	—	—
豆类及其制品		1.0	—	—
肉及肉制品		1.0	3.0	—
水产动物及其制品		2.0	4.0	0.5
乳及乳制品	生乳、巴氏杀菌乳、灭菌乳、调制乳、发酵乳	0.3	—	—
	乳粉	2.0	—	—

(3)苯并(a)芘

食品中苯并(a)芘限量指标见表 2-11。

表 2-11 食品中苯并(a)芘限量指标

食品	熏、烧、烤肉类	油脂及其制品	谷物及其制品
苯并(a)芘限量/$\mu g \cdot kg^{-1}$	5.0	10	5.0

(4)亚硝酸盐

食品中亚硝酸盐、硝酸盐限量指标见表 2-12。

表 2-12 食品中亚硝酸盐、硝酸盐限量指标

食品类别(名称)		限量 mg/kg	
		亚硝酸盐(以 NaNOR2R 计)	硝酸盐(以 NaNOR3R 计)
蔬菜及其制品	腌渍蔬菜	20	—
乳及乳制品	生乳	0.4	—
	乳粉	2.0	—
饮料类	包装饮用水(矿泉水除外)	0.005mg/L(以 NO_2^- 计)	—
	矿泉水	0.1mg/L(以 NO_2^- 计)	45mg/L(以 NO_3^- 计)
婴幼儿配方食品	婴儿配方食品	2.0[a](以粉状产品计)	100(以粉状产品计)
	较大婴儿和幼儿配方食品	2.0[a](以粉状产品计)	100[b](以粉状产品计)
	特殊医学用途婴儿配方食品	2.0(以粉状产品计)	100(以粉状产品计)
婴幼儿辅助食品	婴幼儿谷类辅助食品	2.0[c]	100[b]
	婴幼儿罐装辅助食品	4.0[c]	200[b]

注:a 仅适用于乳基产品;b 不适合于添加蔬菜和水果的产品。c 不适合于添加豆类的产品。

2.3 物理性危害

物理性危害是指食品中的异物,可以定义为任何消费者认为不属于食物本身的物质,而有些异物与食物原料本身有关,如肉制品中的骨头渣,它是食物的一部分,还有糖和盐中的结晶时常被误认为是碎玻璃。所以,异物一般被分为自身异物和外来异物,自身异物是指与原材料和包装材料有关的异物;外来异物是指与食物无关而来自外界并与食物合为一体的物质。也可以如此描述物理性危害,即任何尖利物可引起人体伤害、任何硬物可造成牙齿损坏和任何可堵塞气管使人窒息之物。外来异物包括:昆虫、污物、珠宝、金属片(块)、木头、塑料、玻璃等。1991 年美国食品药品监督管理局(FDA)曾经收到 10923 项与食品有关的投诉,其中最多的是食品中存在的异物。

物理性危害——蟑螂。蟑螂是世界上最古老的昆虫种群,距今有 3 亿 5 千万年历史,蟑螂有边吃边吐边排泄的恶习并分泌臭液。蟑螂无所不吃:除人类的食物外,还有书籍、皮革、衣服、肥皂等;还吃粪便、死动物及腐败有机物。蟑螂无处不在:常出入阴沟、垃圾堆和厕所等处。蟑螂传播疾病和致癌物质,它至少携带 40 多种致病菌(包括麻风分支杆菌、鼠疫杆菌、志贺氏

痢疾杆菌等,也是肠道病重要的传播媒介)、10 多种病毒、7 种寄生虫卵、12 个种属的霉菌,携带黄曲霉菌的检出率为 29%～50%、其分泌物和粪便中含有多种致癌物质。

物理性危害——金属、玻璃等。据媒体报道,消费者曾经在某农贸市场和某超市购买的猪肉中吃出针头,致使上腭被扎破。某消费者在冰淇淋中吃到玻璃碎片,厂方辩称,玻璃片是来自冰淇淋顶部的花生配料,应该由花生供货商负责。

从很多食品生产商、零售商和政府相关机构得到的数据,消费者投诉最多的就是食品中的异物。尽管是在最佳管理模式下,产品中也难免会含有一些意外物质。所以,食品中的异物问题成为所有生产商和零售商都非常关心的一个问题。媒体对消费者权利的大量报道和民众越来越热衷于诉讼,使得人们越来越关注食品安全问题。

食品污染物是指非有意添加到食品中,会危及食品的安全性或适用性的任何生物物质、化学试剂、外来异物或其他物质。食品安全危害可能是食品本身所固有的,也可能是外来污染物。

食品的固有属性和加工方法涉及食品安全危害,如食品配方以及食品在加工过程中有可能产生食品安全危害或被污染。产品配方可能涉及食品安全的问题有:pH 值与酸度、防腐剂、水分活度和配料。加工技术中的热加工、冷冻、发酵、辐照和包装系统不当都有可能涉及食品安全危害。

第3章 食品检测的基础知识

3.1 常用的食品检测方法

在食品检测过程中,由于目的不同,或被测组分和干扰成分的性质以及它们在食品中存在的数量的差异,所选择的检测方法也各不相同。食品检测常用的方法有感官检验法、化学检验法、仪器检验法、微生物检验法和酶检验法等。

3.1.1 感官检验法

感官检验有两种类型,如图 3-1 所示。

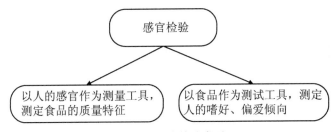

图 3-1　感官检验类型

食品检测的重要方法是感官检验法(通过人体的各种感觉器官(眼、耳、鼻、舌、皮肤)所具有的感觉、听觉、嗅觉、味觉和触觉,结合平时积累的实践经验,并借助一定的器具对食品的色、香、味、形等质量特性和卫生状况做出判定和客观评价的方法),该方法具有如下特点。

①简便易行。

②快速灵敏。

③不需要特殊器材等。

感官检验适用于目前还不能用仪器定量评价的某些食品特性的检验。

3.1.2 酶分析法和免疫学分析法(生物化学分析检测法)

酶分析法是利用酶作为生物催化剂进行定性或定量的分析方法。

酶分析法和免疫学分析法是属于生物化学检验范畴的。

酶分析法具有怎样的特点?

①具有高效性。

②具有专一性。

③干扰能力强。

④具有简便、快速、灵敏性等。

3.1.3 物理分析法

这里我们简单介绍下物理分析法,如密度法可检验牛奶是否掺水;折光法可测定果汁、番茄制品中固形物的含量;旋光法可测定谷类食品中淀粉的含量等。

3.1.4 化学检验法

化学检验法是食品检测技术中最基础、最重要的检测方法。

化学检验法分类如图 3-2 所示。

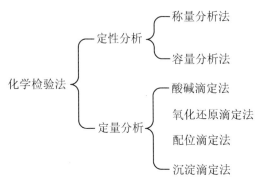

图 3-2 化学检验法分类

3.1.5 仪器分析法

仪器分析法灵敏、快速、准确,尤其适用于微量成分分析,但必须借助较昂贵的仪器,如分光光度计、气相色谱仪、液相色谱仪、原子吸收分光光度计等。

目前,在我国的食品分析检测方法中,常用的仪器分析检测方法分类如图 3-3 所示。

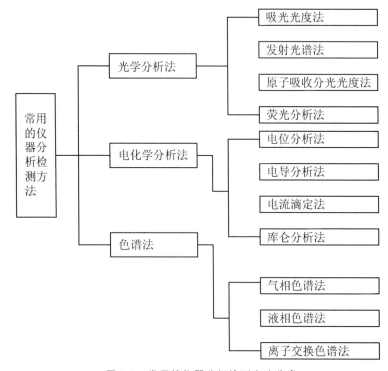

图 3-3 常用的仪器分析检测方法分类

3.2　样品的预处理技术

对大多数样品都需要进行预处理(也称前处理),将样品转化成可以测定的形态以及将被测组分与干扰组分分离。由于实际分析的对象往往比较复杂,在测定中最大的误差往往来源于前处理过程。

3.2.1　前处理的目的

①测定前排除干扰组分。

②对样品进行浓缩。

3.2.2　前处理的原则

①消除干扰因素。

②完整保留被测组分。

③使被测组分浓缩。

3.2.3　样品预处理的方法

样品的前处理要根据被测物的理化性质以及样品的特点进行。样品的前处理常用下列几种方法。

1. 有机物破坏法

在进行食品矿物质成分含量分析时,尤其是进行微量元素分析时,这些成分可能与食品中的蛋白质或有机酸牢固结合,严重干扰分析结果的精密度和准确性。破除这种干扰的常用方法就是在不损失矿物质的前提下破坏全部有机质。

有机物破坏法分类如图 3-4 所示。

2. 蒸馏法

蒸馏法是利用被测物质中各种组分挥发性的不同进行分离的一种方法。该方法可以除去干扰物质,也可以用于被测组分的蒸馏逸出,收集馏出液进行分析(如啤酒酒精含量的测定)。

(1)常压蒸馏

常压蒸馏为一般蒸馏方式,多数沸点较高、热稳定性好的成分采用这种方式。加热方式根据蒸馏物的沸点和特性不同可以选择水浴、油浴或直接加热。图 3-5 所示为常压蒸馏装置。

(2)减压蒸馏

有很多化合物,特别是天然提取物,在高温条件下极易分解,因此须降低蒸馏温度,其中最常用的方法就是在低压条件下进行蒸馏。在实验室中常用水泵来达到减压的目的。减压蒸馏装置见图 3-6。

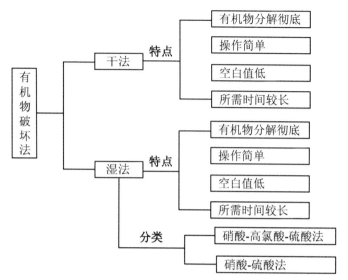

图 3-4 有机物破坏法分类

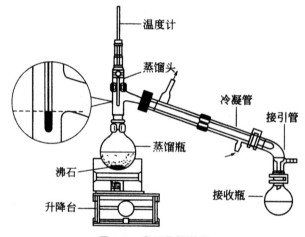

图 3-5 常压蒸馏装置

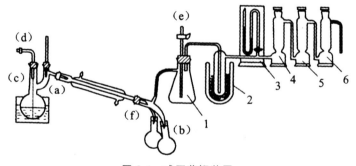

图 3-6 减压蒸馏装置

1—缓冲瓶装置;2—冷却装置;3、4、5、6—净化装置

(a)减压蒸馏瓶;(b)接收器;(c)毛细管;(d)调气夹;(e)放气活塞;(f)接液管

（3）水蒸气蒸馏

某些物质沸点很高,直接加热时,由于受热不均匀会出现局部炭化或出现在沸点时发生分解,可以采用水蒸气蒸馏(如食醋中挥发酸含量的测定等)。蒸馏时混合液体中各组分的沸点要相差 30℃ 以上才可以进行分离,而要彻底分离,沸点要相差 110℃ 以上,而分馏可使沸点相近的互溶液体混合物(甚至沸点仅相差 1℃～2℃)得到分离和纯化。图 3-7 所示为水蒸气蒸馏装置。

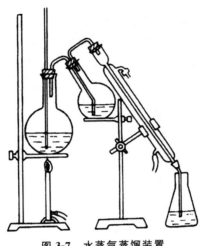

图 3-7　水蒸气蒸馏装置

（4）分馏

在分馏柱内,当上升的蒸气与下降的冷凝液互相接触时,上升的蒸气部分冷凝放出热量使下降的冷凝液部分气化,两者之间发生热量交换,其结果,上升蒸气中易挥发组分增加,而下降的冷凝液中高沸点组分(难挥发组分)增加,如此继续多次,就等于进行了多次的气液平衡,即达到了多次蒸馏的效果。这样靠近分馏柱顶部易挥发物质的组分比率高,而在烧瓶里高沸点组分(难挥发组分)的比率高。这样只要分馏柱足够高,就可将这种组分完全彻底分开。

图 3-8 给出了分馏装置。

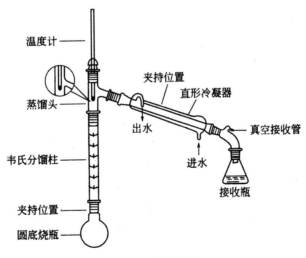

图 3-8　分馏装置

（5）扫集共蒸馏

一种专用设备，管式蒸馏器后接冷凝装置与微型色谱柱。多用于检测食品中残存农药的含量。特点：需要样品量少，用注射器加料，节省溶剂，速度快，自动化式只需 5～6s 测一个样，有 20 条净化管道。如图 3-9 所示。

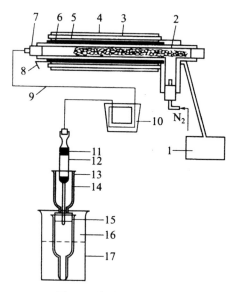

图 3-9　扫集共蒸馏装置

1—可调变压器；2—施特勒管（填充 12～15cm 硅烷化的玻璃棉）；3—石棉；4—绝缘套；5—加热板；6—铜管；
7—硅橡胶塞；8—高温计；9—聚氯乙烯管；10—水或冰浴；11—硅烷化玻璃；12—ANAKROM ABS
（一种吸附剂）4cm；13—尾接管；14—硅烷化玻璃棉；15—19～22 号标准磨口；16—离心管；17—盛水烧杯

（6）蒸馏操作注意事项

①蒸馏瓶中装入的液体体积最大不能超过蒸馏瓶的 2/3，同时加瓷片、毛细管等防止爆沸。蒸汽发生瓶中也要装入瓷片或毛细管。

②温度计插入高度应适当，以与通入冷凝管的支管在一个水平上或略低一点为宜。

③有机溶剂的液体应用水浴，并注意安全。

④冷凝管的冷凝水应由低向高逆流。

3.2.4　浓缩

样品经过提取、净化后，有时净化液体积较大，在测定前要进行浓缩，以提高被测成分含量。浓缩的方法有常压浓缩法和减压浓缩法。常压浓缩法适于非挥发性样品净化液的浓缩，减压浓缩法适用于被测组分为热不稳定性或易挥发样品净化液的浓缩。

浓缩的方法有以下几种。

1. 自然挥发法

将待浓缩的溶液置于室温下，使溶剂自然蒸发。此法浓缩速度慢，但简便。

2. 吹气法

吹气法是采用吹干燥空气或氮气,使溶剂挥发的浓缩方法。此法浓缩速度较慢。对于易氧化、蒸气压高的待测物,不能采用吹干燥空气的方法浓缩。

3. K·D浓缩器浓缩法

K·D浓缩器浓缩法采用K·D浓缩装置进行减压蒸馏浓缩。此法简便,待测物不易损失,是较普遍采用的方法。

4. 真空旋转蒸发法

真空旋转蒸发法在减压、加温、旋转的条件下浓缩溶剂。此法简便,浓缩速度快,待测物不易损失,是最常用的理想的浓缩方法。

3.2.5　磺化法和皂化法

磺化法和皂化法是处理油脂或含脂肪样品时常使用的方法。

1. 磺化法

油脂与浓硫酸发生磺化反应,生成极性较大易溶于水的磺化产物,其反应式为
$$CH_3(CH_2)_nCOOR + H_2SO_4(浓) \longrightarrow HO_3SCH_2(CH_2)_nCOOR$$
利用这一反应,使样品中的油脂磺化后再用水洗去,即磺化净化法。磺化法适用于强酸介质中的稳定农药的测定,如有机氯农药中的六六六、DDT,回收率在 80% 以上。

2. 皂化法

原理:酯 + 碱 ⟶ 酸或脂肪酸盐 + 醇
脂肪与碱发生反应,生成易溶于水的羧酸盐和醇,可除去脂肪。对一些碱稳定的农药(如艾氏剂、狄氏剂)进行净化时,可用皂化法除去混入的脂肪。

3.2.6　色层分离法

根据分离原理不同对色层分离法进行分类,具体如图 3-10 所示。

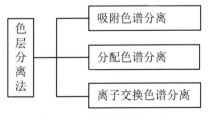

图 3-10　色层分离法分类

1. 吸附色谱分离

利用聚酰胺、硅胶、硅藻土、氧化铝等吸附剂,经活化处理后,具有适当的吸附能力,对被测成分或干扰组分进行有选择的吸附而进行的分离操作。

2. 分配色谱分离

分配色谱分离是以分配作用为主的色谱分离法,是根据不同物质在两相间的分配比不同(溶解度的不同)所进行的分离操作。两相中一相为流动相,另一相为固定相,被分离的组分在流动相沿着固定相移动的过程中,由于不同物质在两相中具有不同的分配比,当溶液渗透在固定相中并向上渗展时,由于不同物质在两相分配作用反复进行,从而使不同物质达到分离。

3. 离子交换色谱分离

利用离子交换剂与溶液中的离子之间发生交换反应进行分离。离子交换分阳离子交换和阴离子交换两种。

阳离子交换:

$$R—H+M+X \rightarrow R—M+HX$$

阴离子交换:

$$R—OH+M+X \rightarrow R—X+MOH$$

式中:R——离子交换剂的母体;MX——溶液中被交换的物质。

3.3 检测数据的处理与技术标准

3.3.1 实验数据处理

1. 分析结果的表述

食品检测中直接或间接的结果,一般都会用数字表示,但这个数字与数学中的"数"不同,其计算与取舍必须遵循有效数字的运算规则及数字的修约规则。

(1)有效数字的运算规则

有效数字的运算规则如图 3-11 所示。

(2)数字的修约规则

数字的修约规则一般称为"四舍六入五成双"法则,具体要求如图 3-12 所示。

2. 误差和偏差

在实际分析检测过程中,绝对准确的结果是不存在的。我们所能做的就是尽可能的提高准确度。

在定量分析检测中应该了解误差产生的原因及其出现的规律,以便采取相应的措施减小误差。

（1）误差的分类

误差分类如图 3-13 所示。

> 除有特殊规定外，一般可疑数表示末位1个单位的误差

> 进行复杂运算时，中间过程要多保留一位有效数，最后结果取应有位数

> 进行加减法计算时，其结果中小数点后有效数字的保留位数应与参加运算的各数中小数点后位数最少的相同

> 进行乘除法计算时，其结果中有效数字的保留位数应与参加运算的各数中有效数字位数最少的相同

图 3-11 有效数字的运算规则

> 在拟舍弃的数字中，若左边第一个数字小于5(不包括5)时，则舍去，即所拟保留的末尾数字不变

> 在拟舍弃的数字中，若左边第一个数字大于5(不包括5)时，则进一，即所拟保留的末尾数字加1

> 在拟舍弃的数字中，若左边第一个数字等于5时，而其右边的数字并非全部为零时，则进一，即所拟保留的末尾数字加1

> 在拟舍弃的数字中，若左边第一个数字等于5时，而其右边的数字全部为零时，所保留的末尾数字为奇数则进1，为偶数(包括0)则不变

> 在拟舍弃的数字中，如果为两位以上数字时，不得连续多次修约，应根据所拟舍弃数字中左边第一位数字的大小，按上述规定一次修约，得出结果

图 3-12 数字的修约规则

图 3-13 误差分类

1）系统误差

系统误差的特点是具有单向性和重复性，即它对分析结果的影响比较固定，使测定结果系统地偏高或系统地偏低；当重复测定时，它会重复出现。

2）偶然误差

偶然误差是客观存在，不可避免的。偶然误差的大小、正负都是不确定的，从表面上看，偶然误差的出现似乎很不规律。

（2）准确度和精密度

准确度表示测定结果与真实值接近的程度，它说明测定的可靠性。

准确度和精密度的关系怎样，如何利用准确度和精密度来评价分析结果的好坏呢？例如，甲、乙、丙、丁四人测定同一试样中某组分的含量 4 次，所得结果如图 3-14 所示。由图可见，4 人的分析结果各不相同，甲所得结果的准确度和精密度均好，结果可靠；乙的分析结果的精密度虽然很高，但准确度较低；丙的精密度和准确度都很差；丁的精密度很差，平均值虽然接近真实值，但这是由于正负误差凑巧相互抵消的结果，因此丁的结果也不可靠。

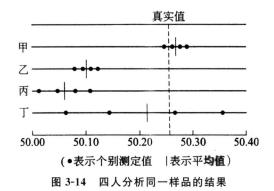

图 3-14　四人分析同一样品的结果

3. 分析数据的处理

（1）偶然误差的正态分布

因测量过程中存在偶然误差，使测量数据具有分散的特性，但各次测量值总是在一定范围内波动，这些测量数据一般符合正态分布规律。

偶然误差的分布符合高斯（Gaussian）正态分布曲线。正态分布曲线的数学方程式为

$$y = f(x) = \frac{1}{\sigma \sqrt{2\pi}} e^{\frac{-(x-\mu)^2}{2\sigma^2}}$$

式中：y——概率密度；x——出现的概率；x——测量值；μ——无限次测量的平均值（作为真值），相应于曲线最高点的横坐标值；σ——无限次测量的标准偏差，相应于平均值 μ 到曲线拐点间的距离。

（2）平均值的置信区间

对于有限次数的测定，真实值 μ 与 $\bar{x}$ 平均值之间有如下关系

$$\mu = \bar{x} \pm \frac{ts}{\sqrt{n}}$$

式中：s——标准偏差；t——测定次数，n 为在选定的某一置信度下的概率系数。

可根据测定次数从表 3-1 查得。

上式表示,在一定置信度下,以测定的平均值 $\bar{x}$ 为中心,包括总体平均值 μ 的范围,这就叫平均值的置信区间。

表 3-1　不同测定次数及不同置信度的 t 值

测定次数（n）	置信度				
	50%	90%	95%	99%	99.55%
2	1.000	6.314	12.706	63.657	127.32
3	0.816	2.920	4.303	9.925	14.089
4	0.785	2.353	3.182	5.841	7.453
5	0.741	2.132	2.776	4.604	5.598
6	0.727	2.015	2.571	4.032	4.773
7	0.718	1.943	2.447	3.707	4.317
8	0.711	1.895	2.365	3.500	4.029
9	0.706	1.860	2.308	3.355	3.832
10	0.703	1.833	2.262	3.250	3.690
11	0.700	1.812	2.228	3.169	3.581
12	0.687	1.725	2.086	2.845	3.153
∞	0.674	1.645	1.960	2.576	2.807

4. 提高分析结果准确度的方法

图 3-15 给出了提高分析结果准确度的方法。

3.3.2　技术标准介绍

标准是为在一定的范围内获得最佳秩序,对活动或其结果规定共同的和重复使用的规则、导则或特性的文件。该文件经协商一致制定并经一个公认机构的批准。标准应以科学、技术和经验的综合成果为基础,以促进最佳社会效益为目的。

标准的形式有两类:一类是由文字表达的,即标准文件;另一类是实物标准,包括各类计量标准、标准物质、标准样品等。

1. 技术标准的分级

按照标准的适用范围,我国的技术标准分为国家标准、地方标准和企业标准三个级别。

2. 技术标准的分类

技术标准的种类分为基础标准、产品标准、方法标准、安全卫生与环境保护标准四类。

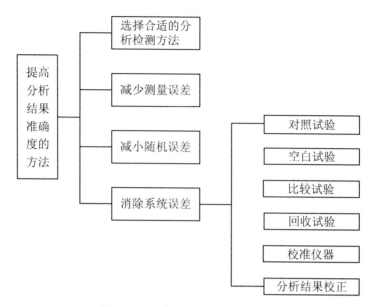

图 3-15 提高分析结果准确度的方法

（1）基础标准

是指在一定范围内作为其他标准的基础并具有广泛指导意义的标准,包括标准化工作导则;通用技术语言标准;量和单位标准;数值与数据标准等。

（2）产品标准

是指对产品结构、规格、质量和检验方法所做的技术规定。

（3）方法标准

是指以产品性能、质量方面的检验、试验方法为对象而制定的标准。其内容包括检验或试验的类别、检验规则、抽样、取样测定、操作、精度要求等方面的规定,还包括所用仪器、设备、检验和试验条件、方法、步骤、数据分析、结果计算、评定、合格标准、复验规则等。

（4）安全卫生与环境保护标准

这类标准是以保护人和物的安全、保护人类的健康、保护环境为目的而制定的标准。这类标准一般都要强制贯彻执行。

第4章 食品添加剂的检测

4.1 甜味剂的检测

甜度是许多食品的指标之一,为使食品、饮料具有适口的感觉,需要加入一定量的甜味剂。甜味剂是指赋予食品或饲料以甜味的食物添加剂。按照来源的不同,可将其分为天然甜味剂和人工甜味剂。天然营养型甜味剂如蔗糖、葡萄糖、果糖、果葡糖浆、麦芽糖、蜂蜜等,一般视为食品原料,可用来制造各种糕点、糖果、饮料等,不作为食品添加剂加以控制。非糖类甜味剂有天然的和人工合成的两类,天然甜味剂如甜菊糖、甘草等,人工合成甜味剂有糖精、糖精钠、乙酰胺酸钾(安赛蜜)、环己基氨基磺酸钠(甜蜜素)、天冬酰苯丙氨酸甲酯(阿斯巴甜)、三氯蔗糖等。

4.1.1 食品中糖精钠的检测方法

1. 糖精钠简介

糖精钠是最古老的甜味剂,又称可溶性糖精,是糖精的钠盐,带有两个糖精钠结晶水,无色结晶或稍带白色的结晶性粉末,一般含有两个结晶水,易失去结晶水而成无水糖精,呈白色粉末,无臭或微有香气,味浓、甜带苦。甜度是蔗糖的 500 倍左右。耐热及耐碱性弱,酸性条件下加热甜味渐渐消失,溶液大于 0.026%,则味苦。一般用于食品中冷饮、饮料、果冻、冰棍、酱菜类、蜜饯、糕点、凉果和蛋白糖等。

糖精钠是一种有着悠久历史的人造甜味剂,它的甜度虽然高,但却可能是一种致癌物,因此,食品添加剂使用标准(GB 2760—2014)对糖精钠的最大使用量有着明确的规定,且测定国家标准(GB/T 5009.28)中制订了相应的检测方法。我国标准规定了其最大使用限量为 0.15~5.0g/kg。若消费者食用糖精钠含量超标的食品,可能导致肝脏、肾脏和神经系统受到损害,小肠吸收能力降低,食欲不振,尤其对代谢能力较差的老年人危害最大。

2. 糖精钠的检测方法

(1)原理

试样加温除去二氧化碳和乙醇,调 pH 至近中性,过滤后进高效液相色谱仪,经反相色谱分离后,根据保留时间和峰面积进行定性和定量。

(2)材料与试剂

甲醇:经 0.5μm 滤膜过滤;氨水(1:1):氨水加等体积水混合;乙酸铵溶液(0.02mol/L):称取 1.54g 乙酸铵,加水至 1000ml 溶解,经 0.45μm 滤膜过滤;糖精钠标准储备溶液:准确称取 0.0851g 经 120℃烘干 4h 后的糖精钠($C_6H_4SO_2NNaCO \cdot 2H_2O$),加水溶解定容至 100ml。糖精钠含量 1.0mg/mL,作为储备溶液;糖精钠标准使用溶液:吸取糖精钠标准储备液 10ml 放入 100ml 容量瓶中,加水至刻度,经 $0.45\mu m$ 滤膜过滤,该溶液每毫升相当于 0.10mg 的糖精钠。

（3）仪器与设备

高效液相色谱仪,紫外检测器。

（4）操作方法

1）试样处理

汽水:称取 $5.00\sim10.00g$,放入小烧杯中,微温搅拌除去二氧化碳,用氨水（1∶1）调 pH 约 7。加水定容至适当的体积,经 0.459m 滤膜过滤。

果汁类:称取 $5.00\sim10.00g$,用氨水（1∶1）调 pH 约 7,加水定容至适当的体积,离心沉淀,上清液经 $0.45\mu m$ 滤膜过滤。

配制酒类:称取 10.00g,放小烧杯中,水浴加热除去乙醇,用氨水（1∶1）调 pH 至约 7,加水定容至 20ml,经 $0.45\mu m$ 滤膜过滤。

2）高效液相色谱条件

$YWG-C_{18}$ 4.6mm×250mm $10\mu m$ 不锈钢柱。

流动相:甲醇∶乙酸铵溶液（0.02mol/L）（5∶95）。

流速:1ml/min。

检测器:紫外检测器,230nm 波长,0.2AUFS。

3）测定

取处理液和标准使用液各 $10\mu l$（或相同体积）注入高效液相色谱仪进行分离,以其标准溶液峰的保留时间为依据进行定性,以其峰面积求出样液中被测物质的含量,供计算。

（5）结果计算

试样中糖精钠含量按式（4-1）进行计算。

$$X = \frac{A \times 1000}{m \times \frac{V_2}{V_1} \times 1000} \tag{4-1}$$

式中:X——试样中糖精钠含量,g/kg;A——进样体积中糖精钠的质量,mg;V_2——进样体积,ml;V_1——试样稀释液总体积,ml;m——试样质量,g。

计算结果保留 3 位有效数字。在重复性条件下获得的 2 次独立测定结果的绝对差值不得超过算术平均值的 10%。

4.1.2 食品中乙酰磺胺酸钾（安赛蜜）的 HPLC 检测法

1. 安赛蜜简介

安赛蜜是一种食品添加剂,是化学品,类似于糖精,易溶于水,20℃时溶解度为 27g,甜度为蔗糖的 $200\sim250$ 倍。具有对热和酸稳定性好等特点,是目前世界上稳定性最好的甜味剂之一。它和其他甜味剂混合使用能产生很强的协同效应,一般浓度下可增加甜度 $30\%\sim50\%$。

2. 安赛蜜的 HPLC 检测法

本方法检出限:乙酰磺胺酸钾、糖精钠各为 $4\mu g/mL(g)$。线性范围乙酰磺胺酸钾、糖精钠

各为 $4\sim20\mu g/mL$。

(1)原理

试样中乙酰磺胺酸钾、糖精钠经高效液相反相 C_{18} 柱分离后,以保留时间定性,峰高或峰面积定量。

(2)材料与试剂

甲醇;乙腈;0.02mol/L 硫酸铵溶液:称取硫酸铵 2.642g,加水溶解至 1000ml;10%硫酸溶液;中性氧化铝:层析用,100～200 目;乙酰磺胺酸钾,糖精钠标准储备液:精密称取乙酰磺胺酸钾、糖精钠各 0.1000g,用流动相溶解后移入 100ml 容量瓶中,并用流动相稀释至刻度,即含乙酰磺胺酸钾、糖精钠各 1mg/mL 的溶液;乙酰磺胺酸钾、糖精钠标准使用液:吸取乙酰磺胺酸钾、糖精钠标准储备液 2ml 于 50ml 容量瓶,加流动相至刻度,然后分别吸取此液 1、2、3、4、5 (ml)于 10ml 容量瓶中,各加流动相至刻度,即得各含乙酰磺胺酸钾、糖精钠 4、8、12、16、20 $(\mu g/mL)$ 的混合标准液系列;流动相:0.02mol/L 硫酸铵(740～800)+甲醇(170～150)+乙腈(90～50)+10% H_2SO_4(1ml)。

(3)仪器与设备

高效液相色谱仪;超声清洗仪(溶剂脱气用);离心机;抽滤瓶;G_3 耐酸漏斗;微孔滤膜 $0.45\mu m$;层析柱,可用 10ml 注射器筒代替,内装 3cm 高的中性氧化铝。

(4)操作方法

1)试样处理

汽水:将试样温热,搅拌除去二氧化碳或超声脱气。吸取试样 2.5ml 于 25ml 容量瓶中。加流动相至刻度,摇匀后,溶液通过微孔滤膜过滤,滤液作 HPLC 分析用。

可乐型饮料:将试样温热,搅拌除去二氧化碳或超声脱气,吸取已除去二氧化碳的试样 2.5ml,通过中性氧化铝柱,待试样液流至柱表面时,用流动相洗脱,收集 25ml 洗脱液,摇匀后超声脱气,此液作 HPLC 分析用。

果茶、果汁类食品:吸取 2.5ml 试样,加水约 20ml 混匀后,离心 15min(4000r/min),上清液全部转入中性氧化铝柱,待水溶液流至柱表面时,用流动相洗脱。收集洗脱液 25ml,混匀后,超声脱气,此液作 HPLC 分析用。

2)测定

HPLC 参考条件如下:

分析柱:Spherisorb C_{18},4.6mm×150mm,粒度 $5\mu m$。

流动相:0.02mol/L 硫酸铵(740～800ml)+甲醇(170～150ml)+乙腈(90～50ml)+10% H_2SO_4(1ml)。

波长:214nm。

流速:0.7ml/min。

标准曲线:分别进样含乙酰磺胺酸钾、糖精钠 4、8、12、16、20$\mu g/mL$ 混合标准溶液各 $10\mu l$,进行 HPLC 分析,然后以峰面积为纵坐标,以乙酰磺胺酸钾、糖精钠的含量为横坐标,绘制标准曲线。

试样测定:吸取处理后的试样溶液 $10\mu l$ 进行 HPLC 分析,测定其峰面积,从标准曲线查得测定液中乙酰磺胺酸钾、糖精钠的含量。

（5）结果计算

试样中乙酰磺胺酸钾的含量按式（4-2）计算。

$$X = \frac{c \times V \times 1000}{m \times 1000} \tag{4-2}$$

式中：X——试样中乙酰磺胺酸钾、糖精钠的含量，mg/kg 或 mg/L；c——由标准曲线上查得进样液中乙酰磺胺酸钾、糖精钠的量，μg/mL；V——试样稀释液总体积，ml；m——试样质量，g 或 ml。

计算结果保留两位有效数字。两次独立测定结果的绝对差值不得超过算术平均值的 10%。

4.2　抗氧化剂的检测

食品抗氧化剂是能防止或延缓食品或其成分原料氧化变质的食品添加剂。肉类食品的变色、水果、蔬菜的褐变等均与氧化有关，含油脂多的食品中尤其严重。抗氧化剂的种类繁多，目前我国允许使用的抗氧剂为 25 种，尚未统一的分类标准。根据溶解性的不同，分为水溶性抗氧化剂和脂溶性抗氧化剂；按来源不同，分为天然抗氧化剂和人工合成的抗氧化剂；按作用机理不同，分为自由基抑制剂、金属离子螯合剂、氧清除剂、单线态氧猝灭剂、过氧化物分解剂、酶抗氧化剂、增效剂等。

抗氧化的作用是阻止或延缓食品氧化变质的时间，而不能改变已经氧化的结果，在抗氧化剂的使用上有一定的要求。一般来讲，抗氧化剂应尽早加入，加入方式以直接加入脂肪和油的效果最方便，最有效。抗氧化剂的使用量一般较少，有的抗氧化剂使用量大时反而会加速氧化过程。选择抗氧化剂时要考虑食品的 pH、香味、口感等因素，并与食品充分混合均匀后才能很好地发挥作用，同时还要控制影响抗氧化剂发挥性能的因素，以达到良好的抗氧化效果。

4.2.1　丁基羟基茴香醚（BHA）和二丁基羟基甲苯（BHT）检测方法

1. 气相色谱法

（1）原理

试样中的丁基羟基茴香醚（BHA）和二丁基羟基甲苯（BHT）用有机溶剂提取，凝胶渗透色谱净化，用气谱色谱氢火焰离子化检测器检测，采用保留时间定性，外标法定量。

（2）材料与试剂

环己烷；乙酸乙酯；丙酮；乙腈：色谱纯；石油醚：沸程 30℃～60℃（重蒸）；BHA 和 BHT 混合标准储备液（1mg/mL）：准确称取 BHA、BHT 标准品各 100mg 用乙酸乙酯-环己烷（1:1）溶解，并定容至 100ml，4℃冰箱中保存。BHA 和 BHT 标准工作液：分别吸取标准储备液 0.1、0.5、1.0、2.0、3.0、4.0、5.0（ml）于 10ml 容量瓶中，用乙酸乙酯-环己烷（1:1）定容，配成浓度分别为 0.01、0.05、0.10、0.20、0.30、0.40、0.50（mg/mL）标准序列。

（3）仪器与设备

气相色谱仪：配氢火焰离子化检测器；凝胶渗透色谱净化系统。

（4）操作方法

①样品提取。

油脂含量在15％以上的样品（如桃酥）：称取50～100g混合均匀的样品，置于250ml具塞三角瓶中，加入适量石油醚，使样品完全浸泡，放置过夜，用滤纸过滤，回收溶剂，得到的油脂过0.45μm滤膜。

油脂含量在15％以下的样品（蛋糕、江米条等）：称取1～2g粉碎均匀的样品，加入10ml乙腈，涡旋混合2min，过滤，重复提取2次，收集提取液旋转蒸发近干，用乙腈定容至2ml，待气相色谱分析。

②样品净化。

准确称取提取的油脂样品0.5g（精确至0.1mg），用乙酸乙酯-正己烷（1：1）定容至10ml，涡旋2min，经凝胶渗透色谱装置净化，收集流出液，旋转蒸发近干，用乙酸乙酯-环己烷（1：1）定容至2ml，待气相色谱分析。

③凝胶色谱净化参考条件。

凝胶渗透色谱柱：300min×25mm玻璃柱，Bio Beads（S-X3），200～400目，25g。

柱分离度：玉米油与抗氧化剂的分离度大于85％。

流动相：乙酸乙酯-环己烷（1：1）。

流速：4.7ml/min。

流出液收集时间：7～13min。

紫外检测波长：254nm。

④气相色谱。

色谱柱：14％氰丙基-苯基二甲基硅氧烷毛细管柱30m×0.25mm，0.25μm。

进样口温度：230℃；检测器温度：250℃；进样量：1μl；进样方式：不分流。

升温程序：开始80℃，保持1min，以10℃/min升温至250℃，保持5min。

⑤测定。分别吸取BHA和BHT标准工作液1μl，注入气相色谱中，以标准溶液的浓度为横坐标，峰面积为纵坐标，绘制标准曲线。吸取1μl将样品提取液进行样品分析。

（5）结果计算

$$X = \frac{c \times V \times 1000}{m \times 1000}$$

式中：X——样品中BHA或BHT的含量，mg/kg或mg/L；c——从标准曲线中查得的样品溶液中抗氧化剂的浓度，μg/mL；V——样品定容体积，ml；m——样品质量，g或ml。

（6）注意事项

①本方法适用于食品中BHA和BHT的检测，同时还可以检测TBHQ的含量。

②本方法的最小检出限：BHA 2mg/kg、BHT 2mg/kg和TBHQ 5mg/kg。

2. 液相色谱法

（1）原理

样品中的BHA和BHT经甲醇提取，利用反相C_{18}柱进行分离，紫外检测器检测，外标法定量。

(2)材料与试剂

甲醇:色谱纯;乙酸:色谱纯。混合标准储备液配置(1mg/mL):准确称取 BHA 和 BHT 标准品各 100mg 用甲醇溶解并定容至 100ml,4℃冰箱中保存;标准工作液:准确吸取混合标准储备液 0.1、0.5、1.0、1.5、2.0、2.5(ml)于 10ml 容量瓶中,用甲醇定容,配成浓度分别为 10.0、50.0、100.0、150.0、200.0、250.0(μg/mL)标准工作溶液。

(3)仪器与设备

高效液相色谱仪(配紫外检测器或二极管阵列检测器)。

(4)操作方法

①提取。准确称取植物油样品 5g(精确至 0.001g),置于 15ml 具塞离心管中,加入 8ml 甲醇,涡旋提取 3min,放置 2min 后,3000r/min 离心 5min,将上清液转移至 25ml 容量瓶中,残余物再用 8ml 甲醇重复提取 2 次,合并上清液于容量瓶中,用甲醇定容至刻度,混匀,过 0.45μm 有机滤膜,待高效液相色谱分析。

②色谱条件。

色谱柱:反相 C_{18} 色谱柱,150mm×3.9mm,4.6μm。

流动相:A:甲醇;B:1%乙酸水溶液;流速:0.8ml/min。

洗脱程序:起始为 40%A,7.5min 后变为 100%A,保持 4min,1.5min 后变为 40%A,平衡 5min。

检测波长:280nm;进样量为 10μl;检测温度:室温。

(5)结果计算

$$X = \frac{c \times V \times 1000}{m \times 1000}$$

式中:X——样品中 BHA 或 BHT 的含量,mg/kg;c——从标准曲线中查得提取液中抗氧化剂的浓度,μg/mL;V——样品提取液定容体积,ml;m——样品质量,g。

(6)注意事项

①本方法适用于植物油中 BHA 和 BHT 的检测,还可以同时检测 TBHQ 的含量。

②方法的检出限:BHA 为 1.0mg/kg,BHT 为 0.5mg/kg、TBHQ 为 1.0mg/kg。

4.2.2 特丁基对苯二酚(TBHQ)检测方法

TBHQ 是一种较新的酚类抗氧化剂,常用于含油脂食品,可使香肠和其他肉类制品延缓酚变;使果仁及谷类早餐食品等延长货架期等。我国于 2015 年 5 月 24 日批准使用,国家食品添加剂使用标准(GB 2760—2014)规定允许在腌腊肉制品类、油炸食品、饼干、干果罐头等十种食品中使用且最大使用限量均为 0.2g/kg。

1. 液相色谱法

(1)原理

食用植物油中的 TBHQ 经 95%乙醇提取、浓缩、定容后,用液相色谱仪测定,与标准系列比较定量。

(2)材料与试剂

甲醇:色谱纯;乙腈:色谱纯;95%乙醇:分析纯;36%乙酸:分析纯;异丙醇(重蒸馏);异丙

醇-乙腈(1：1)；TBHQ标准储备液(1mg/mL)：准确称取TBHQ 50mg于小烧杯中,用异丙醇-乙腈(1：1)溶解后,转移至50ml棕色容量瓶中,小烧杯用少量异丙醇-乙腈(1：1)冲洗2～3次,同时转入容量瓶中,用异丙醇-乙腈(1：1)定容至刻度；TBHQ标准中间液：准确吸取TBHQ标准储备液10.00ml,于100ml棕色容量瓶中,用异丙醇-乙腈(1：1)定容,此溶液浓度为100μg/mL,置于4℃冰箱中保存；TBHQ标准使用液：吸取标准储备液0.0、0.5、1.0、2.0、5.0、10.0(ml)标准中间液于10ml容量瓶中,用异丙醇-乙腈(1：1)定容,配成浓度分别为0.0、5.0、10.0、20.0、50.0、100.0(μg/mL)TBHQ标准工作溶液。

(3)仪器与设备

高效液相色谱仪(配有二极管阵列或紫外检测器)。

(4)操作方法

①样品提取。准确称取试样2.00g于25ml比色管中,加入6ml 95%乙醇溶液,置旋涡混合器上混合10s,静置片刻,放入90℃左右水浴中加热10～15s促其分层。分层后将上层澄清提取液,用吸管转移到浓缩瓶中(用吸管转移时切勿将油滴带入)。再用6ml 95%乙醇溶液重复提取2次,合并提取液于浓缩瓶内,该液可放在冰箱中储存一夜。

乙醇提取液在40℃下,用旋转蒸发器浓缩至约1ml,将浓缩液转移至10ml试管中,用异丙醇-乙腈(1：1)转移、定容,经0.45μm滤膜过滤,待高效液相色谱分析。

②色谱条件。

色谱条件：C$_{18}$柱,250mm<4.6mm,4.6μm。

流动相：A:甲醇-乙腈(1：1)；B:乙酸-水(5：100)。

系统程序：8min内由30%A变为100%A,保持6min,3min后降至30%A。

检测波长,280nm；流速：2.0mL/min。柱温：40℃；进样量：20μl。

③测定。取TBHQ标准工作液20μl注入液相色谱仪,以浓度为横坐标,峰面积为纵坐标绘制标准曲线。取样品提取液20μl注入液相色谱仪,根据试样中的TBHQ峰面积与标准曲线比较定量。

(5)结果计算

$$X=\frac{c\times V\times 1000}{m\times 1000\times 1000}$$

式中：X——试样中的TBHQ含量,g/kg；c——由标准曲线上查出的试样测定液中TBHQ的浓度,μg/mL；V——试样提取液的体积,ml；m——试样的质量,g。

(6)注意事项

①本标准适合于较低熔点的食用植物油中TBHQ含量的测定。不适用于熔点高于35℃以上的食用植物油中TBHQ含量的测定。

②方法的定量限为0.006g/kg。

③标准储备液置于棕色瓶中4℃下可保存6个月。

④转移提取液时避免将油滴带出,旋转蒸发时避免将溶剂蒸干。

2. 气相色谱法

(1)原理

食用植物油中的TBHQ经80%乙醇提取,浓缩后,用氢火焰离子化检测器检测,根据保留时间定性,外标法定量。

(2)材料与试剂

无水乙醇;95%乙醇;二硫化碳;80%乙醇甲醇:量取 80ml 95%乙醇和 15ml 蒸馏水,混匀;TBHQ 标准储备液(1mg/mL):称取 TBHQ 100mg 于小烧杯中,用 1ml 无水乙醇溶解,加入 5ml 二硫化碳,移入 100ml 容量瓶中,再用 1ml 无水乙醇洗涤烧杯后,用二硫化碳冲洗烧杯,定容至 100ml;TBHQ 标准工作溶液:吸取标准储备液 0.0、2.5、5.0、7.5、10.0、12.5(ml)于 50ml 容量瓶中,用二硫化碳定容,配成浓度分别为 0.0、50.0、100.0、150.0、200.0、250.0(μg/mL)TB-HQ 标准工作溶液。

(3)仪器与设备

气相色谱仪(配氢火焰离子化检测器)。

(4)操作方法

①提取。准确称取试样 2.00g 于 25ml 具塞试管中,加入 6ml 80%乙醇溶液,置于涡旋振荡器混匀,静止片刻,放入 90℃水浴中加热促使其分层,迅速将上层提取液转移至蒸发皿中,再用 6ml 80%乙醇重复提取 2 次,提取液合并入蒸发皿中,将蒸发皿在 60℃水浴中挥发近干,向蒸发皿中加入二硫化碳,少量多次洗涤蒸发皿中残留物,转移到刻度试管中,用二硫化碳定容至 2.0ml。

②色谱条件。

色谱柱:玻璃柱:内径 3mm,长 3m,填装涂布 2%OV-1 固定液的 80～100 目 Chromosorb WAW DMCS。

进样口温度:250℃。

检测器温度:250℃。

柱温:180℃。

③检测。取标准工作溶液 2μl 注入气相色谱中,以浓度为横坐标,峰面积为纵坐标绘制标准曲线。同时取样品提取液 2μl,注入气相色谱仪测定,取试样 TBHQ 峰面积与标准系列比较定量。

(5)结果计算

$$X = \frac{c \times V \times 1000}{m \times 1000 \times 1000}$$

式中:X——试样中的 TBHQ 含量,g/kg;c——由标准曲线上查出的试样测定液中 TBHQ 的浓度,μg/mL;V——试样提取液的体积,ml;m——试样的质量,g。

(6)注意事项

①本标准适合于较低熔点的食用植物油中 TBHQ 含量的测定。不适用于熔点高于 35℃以上的食用植物油中 TBHQ 含量的测定。

②方法的定量限为 0.001g/kg。

③标准储备液置于棕色瓶中 4℃下可保存 6 个月。

④转移提取液时避免将油滴带出,挥发干时切勿蒸干。

3. 气相色谱-质谱法

(1)原理

样品经乙腈提取后,利用气相色谱-质谱进行分析,外标法定量。

（2）材料与试剂

正己烷：色谱纯；乙腈、甲醇、乙醇：分析纯；TBHQ 标准储备液（100μg/mL）：称取 TBHQ10mg 于小烧杯中，用乙腈溶解并定容到 100ml，4℃冷藏。

（3）仪器与设备

气相色谱-质谱联用仪（配电喷雾离子源）。

（4）操作方法

①样品制备。称取混合均匀的样品 5g（精确至 1mg）于 50ml 聚四氟乙烯离心管中，加入 15ml 乙腈，超声提取 5min，在振荡器上提取 10min，4000r/min 离心 2min，将上清液转入旋转蒸发瓶中，再用 15ml 乙腈重复提取一次，合并提取液，40℃水浴中旋转浓缩至干，用 1.0ml 乙腈溶解、定容，待 GC-MS 分析。

②色谱条件。

色谱柱：DP-5MS，30m×0.25mm×0.25μm。

载气为氦气。

流速：1.0ml/min。

进样方式：不分流进样。

进样体积：1μl。

进样口温度：250℃。

升温程序：60℃保持 1min，然后以 20℃/min 的速率升至 160℃，再以 5℃/min 到 180℃，最后以 25℃/min 到 280℃，保持 1min。

质谱条件：离子源：电喷雾离子源（EI 源）；电子能量；70eV。

离子源温度：250℃；四级杆温度：150℃。

采集方式：选择离子方式（SIM）TBHQ 碎片离子 m/z 为 151、166，定量离子为 151。

③标准曲线的绘制。用乙腈稀释 TBHQ 标准工作液为 0.1、0.5、1.0、5.0、10（μg/mL）。以浓度为横坐标，峰面积为纵坐标绘制标准曲线。

（5）结果计算

$$X = \frac{c \times V \times 1000}{m \times 1000 \times 1000}$$

式中：X——试样中的 TBHQ 含量，g/kg；c——由标准曲线上查出试样测定液相当于 TBHQ 的浓度，μg/mL；V——试样提取液的体积，ml；m——试样的质量，g。

（6）注意事项

①本方法适合速煮米、腌制腊肉、方便面、苹果派和起酥油等食品中 TBHQ 的测定。

②本方法的定量限为 0.1mg/kg。

4.3　防腐剂的检测

防腐剂是指一类加入食品中能防止或延缓食品腐败的食品添加剂，其本质是具有抑制微生物增值或杀死微生物的一类化合物。防腐剂对微生物繁殖体有杀灭作用，使芽孢不能发育为繁殖体而逐渐死亡。不同的防腐剂，其作用机理不完全相同，如醇类能使病原微生物蛋白质变性;苯甲酸、尼泊金类能与病原微生物酶系统结合,影响和阻断其新陈代谢过程;阳离子型表面活性剂类有降低表面张力作用,增加菌体细胞膜的通透性,使细胞膜破裂和溶解。

在食品工业中,作为防腐剂,不能影响人体正常的生理功能。一般来说,在正常规定的使用范围内使用食品防腐剂对人体没有毒害或毒性很小,而防腐剂的超标准使用对人体的危害很大。因此,食品防腐剂的定性与定量的检测在食品安全性方面是非常重要的。

4.3.1 苯甲酸(苯甲酸钠)和山梨酸(山梨酸钾)的检测方法

1. 高效液相色谱法

(1)原理

样品提取后,将提取液过滤后进入反相高效液相色谱中分离、测定,根据保留时间定性,峰面积进行定量。

(2)材料与试剂

方法中所用试剂,除另有规定外,均为分析纯试剂,水为蒸馏水或同等纯度水。

甲醇:色谱醇。

正己烷:分析纯。

氨水(1:1):氨水与水等体积混合。

亚铁氰化钾溶液:称取106g三水合亚铁氰化钾,加水溶解后定容至1000ml。

乙酸锌:称取220g二水合乙酸锌溶于少量水中,加入30ml冰乙酸,加水稀释至1000ml。

乙酸铵溶液(0.02mol/L):称取1.54g乙酸铵,加水至1000ml,溶解,经滤膜(0.45μm)过滤。

pH4.4乙酸盐缓冲溶液:①乙酸钠溶液。称取6.80g三水合乙酸钠,用水溶解后定容至1000ml;②乙酸溶液。量取4.3ml冰乙酸,用水稀释至1000ml。将①和②按体积比37:63混合,即为pH4.4乙酸盐缓冲液。

pH7.2磷酸盐缓冲液:①磷酸氢二钠溶液。称取23.88g十二水合磷酸氢二钠,用水溶解后定容至1000ml;②磷酸二氢钾溶液。称取9.07g磷酸二氢钾,用水溶解后定容至1000ml。将①和②按体积比7:3混合,即为pH7.2磷酸盐缓冲液。

苯甲酸标准储备溶液(1mg/mL):准确称取0.2360g苯甲酸钠,加水溶解并定容至200ml。

山梨酸标准储备溶液(1mg/mL):准确称取0.1702g山梨酸钾,加水溶解并定容至200ml。

苯甲酸、山梨酸标准混合使用溶液:准确量取不同体积的苯甲酸、山梨酸标准储备溶液,将其稀释为苯甲酸和山梨酸的含量分别为0.00、20.0、40.0、80.0、100.0、200.0(μg/mL)混合标准使用液。

(3)仪器与设备

高效液相色谱仪(配紫外检测器)。

(4)操作方法

1)样品处理

①液体样品的处理如下。

碳酸饮料、果汁、果酒、葡萄酒等液体样品:称取10g(精确至0.001g)样品,放入小烧杯中,含乙醇或二氧化碳的样品需在水浴中加热除去二氧化碳或乙醇,用氨水调pH近中性,转移至

25ml 容量瓶中,定容,混匀,过 $0.45\mu m$ 滤膜,待上机分析。

乳饮料、植物蛋白饮料等含蛋白质较多的样品:称取 10g(精确至 0.001g)样品于 25ml 容量瓶中,加入 2ml 亚铁氰化钾溶液,摇匀,再加入 2ml 乙酸锌溶液,摇匀,沉淀蛋白质,加水定容至刻度,4000r/min 离心 10min,取上清液,过 $0.45\mu m$ 滤膜,待上机分析。

②半固态样品的处理如下。

含有胶基的果冻样品:称取 0.5～1g 样品(精确至 0.001g),加少量水,转移到 25ml 容量瓶中,在加水至约 20ml,在 60℃～70℃ 水浴中加热片刻,加塞,剧烈振荡使其分散均匀,用氨水调 pH 近中性,置于 60℃～70℃ 水浴中加热 30min,取出后趁热超声 5min,冷却后用水定容至刻度,过 $0.45\mu m$ 滤膜,待上机分析。

油脂、奶油类样品:称取 2～3g(精确至 0.001g)于 50ml 离心管中,加入 10ml 正己烷,涡旋混合,使样品充分溶解,4000r/min 离心 3min,吸取正己烷转移至 250ml 分液漏斗中,在向离心管中加入 10ml 重复提取一次,合并正己烷提取液于 250ml 分液漏斗中。在分液漏斗中加入 20ml pH4.4 乙酸盐缓冲溶液,加塞后剧烈振荡分液漏斗约 30s,静置,分层后,将水层转移至 50ml 容量瓶中,20ml pH4.4 乙酸盐缓冲溶液重复提取一次,合并水层于容量瓶中用乙酸盐缓冲液定容至刻度,过 $0.45\mu m$ 滤膜,待上机分析。

③固体样品的处理如下。

饼干、糕点、肉制品等:称取 2～3g(精确至 0.001g)于小烧杯中,用约 20ml 水分数次冲洗样品,将样品转移至 25ml 容量瓶中,超声提取 5min,取出后加入 2ml 亚铁氰化钾溶液,摇匀,再加入 2ml 乙酸锌溶液,摇匀,用水定容至刻度。提取液转入离心管中,4000r/min 离心 10min,取上清液过 $0.45\mu m$ 滤膜,待上机分析。

油脂含量高的火锅底料、调料等样品:称取 2～3g(精确至 0.001g)于 50ml 离心管中,加入 10ml 磷酸盐缓冲液,用涡旋混合器充分混合,然后于 4000r/min 离心 5min,吸取水层转移至 25ml 容量瓶中,再加入 10ml 磷酸盐缓冲液于离心管中,重复提取,合并两次水层提取液,用磷酸缓冲液定容至刻度,混匀,过 $0.45\mu m$ 滤膜,待上机分析。

2)色谱参考条件

色谱柱:C_{18} 柱,4.6mm×250mm,$5\mu m$,或性能相当色谱柱。

流动相:甲醇＋0.02mol/L 乙酸铵溶液(5∶95)。

流速:1ml/min;进样量:$10\mu l$;检测器:紫外检测器,波长 230nm。

(5)结果计算

$$X=\frac{c\times V\times 1000}{m\times 1000\times 1000}$$

式中:X——样品中苯甲酸或山梨酸的含量,g/kg;c——从标准曲线得出的样品中待测物的浓度,$\mu g/mL$;V——样品定容体积,ml;m——样品质量,g。

(6)注意事项

①对于固态食品,苯甲酸的最低检出限为 1.8mg/kg,山梨酸的最低检出限为 1.2mg/kg。

②本方法可以同时检测糖精钠。

③山梨酸的最佳检测波长为 254nm,苯甲酸和糖精钠的最佳检测波长为 230nm,为了保证同时检测的灵敏度,方法选择检测波长为 230nm。

④样品中如含有二氧化碳,乙醇等应先加热除去。

⑤含脂肪和蛋白质的样品应先除去脂肪和蛋白质,以防污染色谱柱,堵塞流路系统。

⑥可根据具体情况适当调整流动相中甲醇的比例,一般在 4%～6%。

2. 气相色谱法

(1)原理

样品用盐酸(1:1)酸化,使山梨酸和苯甲酸游离出来,再用乙醚提取,气相色谱-氢火焰离子化检测器检测。

(2)材料与试剂

乙醚:不含过氧化物。

石油醚:沸程 30℃～60℃。

无水硫酸钠。

盐酸(1:1):取 100ml 盐酸,加水稀释至 200ml。

氯化钠酸性溶液(40g/L):在 40g/L 氯化钠溶液中加少量盐酸(1:1)酸化。

山梨酸标准储备液(2mg/mL):准确称取山梨酸 0.2000g,置于 100ml 容量瓶中,用石油醚-乙醚(3:1)混合溶剂溶解,并稀释至刻度。

苯甲酸标准储备液(2mg/mL):准确称取苯甲酸 0.2000g,置于 100ml 容量瓶中,用石油醚-乙醚(3:1)混合溶剂溶解,并稀释至刻度。

山梨酸、苯甲酸标准使用液:吸取适量的山梨酸、苯甲酸标准溶液,以石油醚-乙醚(3:1)混合溶剂稀释,浓度分别为 50.00、100.00、150.00、200.00、250.00(μg/mL)的山梨酸或苯甲酸。

(3)仪器与设备

气相色谱仪(具有氢火焰离子化检测器)。

(4)操作方法

①样品提取。称取 2.50g 混合均匀的样品,置于 25ml 具塞量筒中,加 0.5ml 盐酸(1:1)酸化,用 10ml 乙醚提取 2 次,每次振摇 1min,将上层乙醚提取液转入另一个 25ml 带塞量筒中。合并乙醚提取液。用 3ml 氯化钠酸性溶液洗涤 2 次,静止 15min,用滴管将乙醚层通过无水硫酸钠滤入 25ml 容量瓶中。加乙醚至刻度,混匀。准确吸取 5ml 乙醚提取液于 5ml 具塞刻度试管中,置 40℃水浴上挥干,加入 2ml 石油醚-乙醚(3:1)混合溶剂溶解残渣,备用。

②色谱参考条件。

色谱柱:HP-INNOWAX 30m×0.32mm×0.25μm。

进样口温度:250℃,检测器温度:250℃。

升温程序:80℃保持 1min,以 30℃/min 升温到 180℃保持 1min,再以 20℃升温至 220℃,保持 10min。

进样量:2μl,分流比 4:1。

③测定。分别进 2μl 标准系列中各浓度标准使用液于气相色谱仪中,以浓度为横坐标,相应的峰面积(或峰高)为纵坐标,绘制山梨酸、苯甲酸的标准曲线。同时进样 2μl 样品溶液。测得峰面积(或峰高)与标准曲线比较定量。

（5）结果计算

$$X = \frac{c \times V \times 1000}{m \times \frac{5}{25} \times 1000}$$

式中：X——样品中山梨酸或苯甲酸的含量，mg/kg；c——测定用样品液中山梨酸或苯甲酸的浓度，μg/mL；V——加入石油醚-乙醚（3∶1）混合溶剂的体积，ml；m——样品的质量，g；5——测定时吸取乙醚提取液的体积，ml；25——样品乙醚提取液的总体积，ml。

（6）注意事项

①样品提取液应用无水硫酸钠充分脱除水分，如果挥干后仍有残留水分，必须将水分挥干，否则会使结果偏低。

②乙醚提取液挥干后如有氯化钠析出，应将氯化钠搅松后再加入石油醚-乙醚混合液，否则氯化钠覆盖部分苯甲酸，会使结果偏低。

③本方法采用酸性石油醚振荡提取，用氯化钠溶液洗涤去除杂质。注意振荡不易太剧烈，以免产生乳化现象。

④苯甲酸具有一定的挥发性，浓缩时，水浴温度不易超过40℃，否则结果偏低。

⑤本方法适用于酱油、果汁、果酱等样品的分析。

4.3.2 对羟基苯甲酸酯的检测方法

对羟基苯甲酸酯类是一类低毒高效防腐剂，广泛应用于果汁、果浆等食品中。我国 GB 2760—2014 中规定对羟基苯甲酸乙酯用于水果、蔬菜保鲜的最大用量为 0.012g/kg；用于糕点馅及表面挂浆为 0.50g/kg；热凝固蛋制品为 0.2g/kg；用于食醋、酱油、酱料最大使用量为 0.25g/kg；碳酸饮料为 0.20g/L，风味饮料及果蔬汁为 0.25g/kg。

1. 气相色谱法

（1）材料与原理

样品酸化后，对羟基苯甲酸酯类用乙醚提取、浓缩后，用氢火焰离子化检测器的气相色谱仪进行测定，外标法定量。

（2）材料与试剂

乙醚；无水乙醇；无水硫酸钠；饱和氯化钠溶液；1‰碳酸氢钠溶液；盐酸（1∶1）：量取 50ml 盐酸，用水稀释至 100ml；对羟基苯甲酸乙酯、丙酯标准溶液（1mg/mL）：准确称取对羟基苯甲酸乙酯、丙酯各 0.050g，溶于 50ml 容量瓶中，用无水乙醇稀释至刻度；对羟基苯甲酸乙酯、丙酯使用溶液：取适量的对羟基苯甲酸乙酯、丙酯标准溶液用无水乙醇分别稀释为浓度分别为 50、100、200、400、600、800μg/mL 的对羟基苯甲酸乙酯、丙酯。

（3）仪器与设备

气相色谱仪（带氢火焰离子化检测器）。

（4）操作方法

①提取方法。

酱油、醋、果汁：吸取 5g 混合均匀的样品于 125ml 分液漏斗中，加入 1ml 盐酸（1∶1）酸化,10ml 饱和氯化钠溶液,摇匀,用 75ml 乙醚提取,静置分层,用吸管将上层乙醚转移至 250ml 分液漏斗中。水层再用 50ml 乙醚提取 2 次,合并乙醚层于分液漏斗中,用 10ml 饱和氯化钠溶液洗涤一次,再分别用 1％碳酸氢钠溶液洗涤 3 次,每次 10ml,弃去水层。用滤纸吸去漏斗颈部水分,塞上脱脂棉,加 10g 无水硫酸钠,将乙醚层通过无水硫酸钠转移至 KD 浓缩器上浓缩近干,用氮气除去残留溶剂。用无水乙醇定容至 2ml,供气相色谱用。

果酱:称取 5g 混合均匀的样品于 100ml 具塞试管中,加入 1ml 盐酸(1∶1)酸化,10ml 饱和氯化钠溶液,摇匀,分别用 7ml 乙醚提取 3 次,用吸管转移乙醚至 250ml 分液漏斗中,以下按上法操作。

②色谱条件。色谱柱,玻璃柱,内径 3mm,长 2.6m 内涂 3％SE-30 固定液的 60～80 目 Chromosorb W AW DMCS,柱温 170℃,进样口 220℃,检测器 220℃。

氢气流速:50ml/min;氮气流速:40ml/min;空气流速:500ml/min;进样量 1μl。

③测定。分别进 1μl 标准系列中各浓度标准使用液于气相色谱仪中,以浓度为横坐标,相应的峰面积(或峰高)为纵坐标,绘制标准曲线。同时进样 1μl 样品溶液。测得峰面积(或峰高)与标准曲线比较定量。

(5)结果计算

$$X = \frac{c \times V \times 1000}{m \times 1000 \times 1000}$$

(4-3)

式中:X——样品中对羟基苯甲酸酯类含量,g/kg;c——测定样品中对羟基苯甲酸酯类浓度,μg/mL;V——样品定容体积,ml;m——样品质量,g。

2. 高效液相色谱法

(1)原理

试样用甲醇超声波提取,利用高效液相色谱分离,二极管阵列检测器检测。

(2)材料与试剂

甲醇(色谱纯);乙酸铵;200μg/mL 标准储备液:准确称取对羟基苯甲酸甲酯、乙酯、丙酯、丁酯各 0.020g,溶于 100ml 容量瓶中,用甲醇定容;标准工作溶液:将混合标准溶液用甲醇依次稀释成 1.0、10.0、25.0、50.0、100.0(μg/mL)的系列标准溶液。

(3)仪器与设备

高效液相色谱仪(附二极管阵列检测器)。

(4)操作方法

①试样处理。准确称取 5g(精确至 0.01g)试样于 25ml 比色管中,加入 15ml 甲醇,混匀,漩涡混合 2min,超声波提取 10min,冷却至室温后用甲醇定容至 25ml,摇匀。静置分层,取上清液过 0.45μm 微孔滤膜,备用。

②色谱参考条件。

色谱柱:C_{18}柱,4.6mm×250mm,5μm,或性能相当色谱柱。

流动相:甲醇＋0.02mol/L 乙酸铵溶液(60∶40)。

流速:1ml/min;进样量:10μl;柱温:35℃。

检测器:紫外检测器,波长 256nm。

③测定。将标准工作溶液按照浓度由低到高的顺序进样测定,以各组分峰面积对其浓度绘制标准曲线。试样溶液进样后,以各组分在 256nm 波长下色谱图中的保留时间定性,标准曲线定量。

(5)结果计算

$$X = \frac{c \times V \times 1000}{m \times 1000 \times 1000} \tag{4-4}$$

式中:X——样品中各组分的含量,g/kg;c——从标准曲线得出的样品中待测样中某组分的浓度,μg/mL;V——样品定容体积,ml;m——样品质量,g。

4.3.3　脱氢乙酸的检测方法

脱氢乙酸是一种广谱类防腐剂,对易引起食品腐败的霉菌和酵母有很强的抑制作用,抑制有效浓度为 0.05%～0.1%。在酸性条件下脱氢乙酸的抑菌作用效果会更好,与苯甲酸相比,抑制霉菌的作用比苯甲酸强 40～50 倍,抑制细菌的作用比苯甲酸强 15～20 倍,对乳酸杆菌的抑制作用两者接近。脱氢乙酸进入人体内能迅速被吸收,分布在血浆和各器官中,而且随尿液排泄的速度慢,有抑制体内多种氧化酶的作用,对人体健康有一定的危害。

1. 气相色谱法

(1)原理

试样酸化后,脱氢乙酸用乙醚提取,浓缩,用附氢火焰离子化检测器的气相色谱仪进行分离测定,外标法定量。

(2)材料与试剂

乙醚;丙酮;无水硫酸钠;饱和氯化钠溶液;1%碳酸氢钠溶液;10%硫酸(体积分数);脱氢乙酸标准储备液(10mg/mL):准确称取脱氢乙酸标准品 100mg,置 10ml 容量瓶中,用丙酮溶解、定容;脱氢乙酸标准工作液:取脱氢乙酸标准储备液,用丙酮分别稀释至浓度为 100.00、200.00、300.00、400.00、500.00、800.00(μg/mL)的脱氢乙酸标准工作液。

(3)仪器与设备

气相色谱仪(带氢火焰离子化检测器)。

(4)操作方法

①样品提取。

果汁:称取 20g 混合均匀的样品于 250ml 分液漏斗中,加入 1ml 10%硫酸酸化,然后加入 10ml 饱和氯化钠溶液,摇匀,分别用 50,30,30ml 乙醚提取 3 次,每次 2min,放置,将上层乙醚层吸入另一分液漏斗中,合并乙醚提取液,以 10ml 饱和氯化钠溶液洗涤一次,弃去水层。用滤纸除去漏斗颈部的水分,塞上脱脂棉,加无水硫酸钠 10g,将提取液通过无水硫酸钠过滤至浓缩瓶中,在 50℃水浴浓缩器上浓缩近干,吹氮气除去残留溶剂。用丙酮定容后供气相色谱测定。

腐乳、酱菜:称取 5g 混合均匀的样品于 100ml 具塞试管中,加入 1ml 10%硫酸酸化,10ml 饱和氯化钠溶液,摇匀,用 50、30、30(ml)乙醚提取 3 次,用吸管转移乙醚至 250ml 分液漏斗中,用 10ml 饱和氯化钠溶液洗涤一次,弃去水层,用 50ml 碳酸氢钠溶液提取 2 次,每次 2min,

水层转移至另一分液漏斗中,用硫酸调节为酸性,加氯化钠至饱和,用 50、30、30ml 乙醚提取 3 次,合并乙醚层于 250ml 分液漏斗中。用滤纸除去漏斗颈部的水分,塞上脱脂棉,加无水硫酸钠 10g,将滤液过滤至浓缩器瓶中,在浓缩器上浓缩近干,吹氮气除去残留溶剂。用丙酮定容后供气相色谱测定。

②仪器参考条件。

色谱柱:毛细管柱为 HP-5(30m×250μm×0.25μm)。

柱温:170℃;进样口温度:230℃;检测器温度 250℃。

升温程序:初始温度为 120℃,以 10℃/min 至 170℃。

氢气流速:50ml/min;空气流速:500ml/min;氮气流速 1.5ml/min。

③测定。分别进 2μl 标准系列中各浓度标准使用液于气相色谱仪中,以浓度为横坐标,相应的峰面积(或峰高)为纵坐标,绘制标准曲线。同时进样 2μl 样品溶液。测得峰面积(或峰高)与标准曲线比较定量。

(5)结果计算

$$X = \frac{c \times V \times 1000}{m \times 1000 \times 1000} \tag{4-5}$$

式中:X——样品中脱氢乙酸的含量,g/kg;c——由标准曲线查得样品中脱氢乙酸的含量,μg/mL;V——样品液中丙酮体积,ml;m——样品质量,g。

(6)注意事项

①本方法适合于果汁、腐乳、酱菜中脱氢乙酸的测定。

②本方法的检出限,果汁为 2.0mg/kg;腐乳、酱菜为 8.0mg/kg。

③本方法的实验条件也适用于脱氢乙酸、山梨酸、苯甲酸的同时测定。

④用乙醚提取时不要剧烈振荡以防止乳化。

2. 液相色谱法

(1)原理

用氢氧化钠溶液提取试样中的脱氢乙酸,脱脂、除蛋白后,用高效液相色谱紫外检测器测定,外标法定量。

(2)材料与试剂

甲醇(色谱纯);乙酸铵(优级纯);正己烷(分析纯);氯化钠(分析纯);10%甲酸:量取 10ml 甲酸,加水 90ml,混匀;0.02mol/L 乙酸铵溶液:称取 1.54g 乙酸铵,用水溶解并定容至 1L;20g/L 氢氧化钠:称取 20g 氢氧化钠,用水溶解,并定容至 1L;120g/L 硫酸锌:称取 120g 七水硫酸锌,用水溶解并定容至 1L;70%甲醇:量取 70ml 甲醇,加水 30ml,混匀;脱氢乙酸标准储备液(1mg/mL):准确称取脱氢乙酸标准品 100mg,用 10ml 20g/L 的氢氧化钠溶液溶解,用水定容至 100ml;脱氢乙酸标准工作液:分别吸取 0.1、1.0、5.0、10、20(ml)的脱氢乙酸储备液,用水稀释至 100ml,配成浓度分别为 1.0、10.0、50.0、100.0、200.0(μg/ml)的脱氢乙酸标准工作液。

(3)仪器与设备

高效液相色谱仪。

（4）操作方法

①样品提取。

果汁等液体样品:准确称取 2～5g 混匀样品,置于 25ml。容量瓶中,加入约 10ml 水,用 20g/L 氢氧化钠溶调 pH 至 7～8,加水稀释至刻度,摇匀,置于离心管中 4000r/min 离心 10min。取 20ml 上清液用 10％甲酸调 pH 至 4～6,定容至 25ml,待净化。C₁₈固相萃取柱使用前用 5ml 甲醇,10ml 水活化,取 5ml 样品提取液加入已活化的固相萃取柱,用 5ml 水淋洗,用 2ml 70％甲醇洗脱,收集洗脱液,过 0.45μm 滤膜,供高效液相色谱分析。

酱菜、发酵豆制品:准确称取 2～5g 混合均匀的样品,置于 25ml 容量瓶中,加入约 10ml 水,5ml 硫酸锌,用氢氧化钠溶调 pH 至 7～8,加水稀释至刻度,超声提取 10min,取 10ml 于离心管中,4000r/min 离心 10min。取上清液过 0.45μm 滤膜。

黄油、面包、糕点、焙烤食品馅料、复合调味料:准确称取混合均匀的样品 2～5g,置于 50ml 容量瓶中,加入约 10ml 水、5ml 硫酸锌,用氢氧化钠溶液调 pH 至 7～8,加水定容至刻度,超声提取 10min,转移到分液漏斗中,加入 10ml 正己烷,振摇 1min,静置分层,弃去正己烷层,再加入 10ml 正己烷重复提取一次,取下层水相置于离心管中,4000r/min 离心 10min。取上清液过 0.45μm 滤膜,供高效液相色谱分析。

②色谱参考条件。

色谱柱:C₁₈柱,5μm,250mm×4.6mm。

流动相:甲醇＋0.02mol/L 乙酸铵(10：90,体积比)。

流速:1.0ml/min;柱温:30℃。

进样量:101L。

检测波长:293nm。

（5）结果计算

$$X=\frac{(c-c_0)\times V\times f\times 1000}{m\times 1000\times 1000}$$ (4-6)

式中:X——样品中脱氢乙酸的含量,g/kg;c——由标准曲线查得样品中脱氢乙酸的含量,$\mu g/mL$;c_0——由标准曲线查得空白样品中脱氢乙酸的含量,$\mu g/mL$;V——样品溶液总体积,ml;f——过萃取柱换算系数;m——样品质量,g。

（6）注意事项

①该方法适用于黄油、酱菜、发酵豆制品、面包、糕点、焙烤食品馅料、复合调味汁、果蔬汁中脱氧乙酸的测定。

②1mg/mL 的标准储备液,4℃保存,可使用 3 个月;标准曲线工作液,4℃保存,可使用 1 个月。

③如液相色谱分离效果不理想,取 10～20ml 上清液,用 10％乙酸调整 pH 至 4～6 后,定容到 25ml,取 5ml 过固相萃取柱净化,收集洗脱液,过 0.45μm 滤膜,再进行分析。

④本法在为 5～1000mg/kg 范围回收率在 80％～110％,相当标准偏差小于 10％。

4.3.4　甲醛的检测方法

食品中甲醛的来源有两个方面:其一是原料本身,由于甲醛是细胞代谢的中间产物,因此一些食品中含有一定量的"天然"甲醛。另一方面是人为造成的,由于甲醛能改善食品的感官性状,具有漂白、防腐的作用。近年来一些不法商贩为获利,将吊白块或甲醛作为防腐剂加入水发海产品、饮料、米面制品甚至蔬菜等食品中。甲醛是细胞原浆毒物,对人体细胞功能损害较大。甲醛进入人体后对肠道黏膜有刺激作用,可引起肺水肿,肝、肾充血及血管周围水肿,甚至可能致癌。国际癌症研究机构(IARC)将其归为 2B 级致癌物质。

1. 气相色谱法

(1)原理

甲醛在酸性条件下与 2,4-二硝基苯肼反应,生成稳定的 2,4-二硝基苯腙。应用环己烷萃取后,用氢火焰离子化检测器测定。

(2)材料与试剂

甲醛标准储备溶液的配置和标定同分光光度法;2,4-二硝基苯肼溶液:称取 0.1009g 2,4-二硝基苯肼,加入 24ml 浓硫酸,用重蒸水定容至 100ml;环己烷;10%磷酸。

(3)仪器与设备

气相色谱仪(带氢火焰离子化检测器)。

(4)操作方法

①样品处理。取混合均匀的样品 10.00g 于蒸馏瓶中,加 20ml 蒸馏水,用玻璃棒搅匀,浸泡 30min,加 10%磷酸溶液 10ml 后,立即同水蒸气进行蒸馏,接受管下口预先插入盛有 20ml 蒸馏水且置于冰浴的接收装置中,收集蒸馏液至 200ml。

②衍生。准确吸取一定体积的甲醛样品提取液于 25ml 具塞试管中,加入 0.2ml 2,4-二硝基苯肼,混匀,在 60℃水浴锅中反应 15min,冷却。同时做空白衍生。

③提取。在反应液中加入 5ml 环己烷(分 2 次,每次 2.5ml),充分混匀,萃取,取上清液用无水硫酸钠脱水后进行气相色谱分析。

④样品测定。

色谱柱:毛细管柱为 HP-1(30μm×320μm×0.25μm)。

气化室温度 180℃,检测器温度 180℃,载气流速(N₂)1ml/min。

升温程序:起始温度为 40℃,保持 1min,再以 8℃/min 升温至 100℃,保持 7min。

进样量:2μl。

标准曲线绘制:在 10ml 比色管中,加甲醛标准溶液用纯水配成 0.00、0.10、0.20、0.50、1.00、2.00(mg/L)的工作液,加 0.2ml 2,4-二硝基苯肼衍生液,在 60℃水浴中恒温保持 15min 后,冷却,然后加 5.0ml 环己烷(分 2 次,2.5ml/次),萃取,取出环己烷层,进样,绘制标准曲线。

(5)结果计算

$$X = \frac{c \times V_1 \times V_3 \times 1000}{m \times V_2 \times 1000}$$

式中:X——试样中甲醛的残留量,mg/g(mg/L);c——从标准工作曲线得到的样液对应的甲醛浓度,mg/L;V_1——样品提取液的体积,ml;V_2——衍生用样品提取液体积,ml;V_3——环己烷定容体积,ml;m——样品质量或体积,g 或 ml。

2. 液相色谱法

（1）原理

用衍生液提取试样中的甲醛，反应生成甲醛衍生物，液液萃取净化后，在 365nm 下检测，外标法定量。

（2）材料与试剂

乙腈：色谱纯；正己烷：色谱纯；硫酸铵，乙酸钠，冰乙酸：分析纯；乙腈饱和的正己烷：100ml 乙腈中加入 100ml 正己烷，充分振荡后，静置分层，取上层液体；缓冲溶液（pH5）：称取 2.64g 乙酸钠，用适量的水溶解，加入 1.0ml 冰乙酸，用水定容至 500ml；2,4-二硝基苯肼溶液（0.6g/L）：称取 2,4-二硝基苯肼 300mg 用乙腈溶解定容至 500ml；衍生液：量取 100ml 缓冲溶液和 100ml 2,4-二硝基苯肼溶液，混匀；甲醛标准溶液（100μg/mL）。

（3）仪器与设备

高效液相色谱仪（配有二极管阵列检测器或紫外检测器）。

（4）操作方法

①提取和净化。

固体样品：称取混合均匀的试样 2.0g（准确至 0.01g），置于 50ml 塑料离心管中，准确加入 20ml 衍生剂，旋紧塞子，涡旋混匀后置于 60℃ 恒温振荡器中，150r/min 振荡，间隔 20min 取出混匀 1 次，振荡 1h 后取出，冷却至室温。以不低于 4000r/min 离心 5min，如离心后样品澄清，过 0.45μm 微孔滤膜，供液相色谱分析。如样品离心后浑浊或分层，在提取液中加入 8g 硫酸铵，混匀，以不低于 4000r/min 离心 5min，移取上清液于 20ml 具塞试管中，下层溶液用 10ml 乙腈重复萃取 1 次，合并上清液，用乙腈定容至 20ml，混匀后过 0.45μm 微孔滤膜，供液相色谱分析。

液体类样品：移取试样 1.0ml，置于 10ml 具塞试管中，补加缓冲液至 5.0ml，在用 2,4-二硝基苯肼溶液定容至 10.0ml，盖上塞子后混匀，60℃ 水浴中加热 1h，取出后冷却到室温。以不低于 4000r/min 离心 5min，如离心后样品澄清，过 0.45μm 微孔滤膜。

②甲醛衍生物标准溶液的制备。移取 20、50、100、200、500（μl）甲醛标准溶液，置于 10ml 具塞试管中，补加缓冲溶液至 5.0ml，再用 2,4-硝基苯肼溶液定容至 10ml，盖上塞子后混匀，60℃ 水浴加热 1h，取出后冷却至室温。过 0.45μm 微孔滤膜，供液相色谱分析。

③色谱条件。

色谱柱：C18 柱 250mm×4.6，5μm 或相当的色谱柱。

流动相：甲醇-水（70：30，体积分数）。

流速 1.0ml/min。

检测波长 365nm。

进样量：20μl。

④测定。根据样液中甲醛衍生物浓度选择峰面积相近的校正工作溶液系列。校正工作溶液和样液中甲醛衍生物的响应值均应在仪器的检测线性范围内。用保留时间定性，外标法定量。

（5）结果计算

$$X = \frac{c \times V \times 1000}{m \times 1000}$$

式中：X——试样中甲醛的残留量，mg/kg(mg/L)；c——从标准工作曲线得到的样液对应的甲醛浓度，mg/L；V——样液最终定容体积，ml；m——样品质量或体积，g(ml)。

（6）注意事项

①本法适用银鱼、香菇、面粉、奶粉、奶糖、奶油、乳饮料、啤酒中甲醛含量的测定。

②所用水为超纯水，所用器皿用水洗净后，再于130℃烘箱内烘1～3h。

③甲醛标准溶液置于4℃冰箱保存，使用前在室温20℃±3℃平衡，混匀，安培瓶封装的标样，打开后推荐一次性使用，或转移至棕色瓶密封。

④若试样中脂肪含量较高，可在提取液中加入5ml乙腈饱和的正己烷，涡旋混合，离心，弃去上层正己烷后，再进行净化。

⑤液体类试样中甲醛测定下限为2.0mg/L；固体类试样中甲醛测定下限为5.0mg/kg。

4.3.5　水杨酸的检测方法

水杨酸是一种用途极广泛的消毒、防腐剂。水杨酸的水溶液的pH为2.4，虽然对一些腐败菌有抑制作用，但是含有水杨酸的食品食用后会对人体的胃肠道有严重的副作用，导致消化道可通透性增加，可能引起耳鸣和肾损害；人体吸入水杨酸后会引起咳嗽和胸部不适；长期或反复皮肤接触可能引起皮炎等。目前，水杨酸在国际上被列为禁止使用的食品添加剂。

（1）原理

样品加热去除二氧化碳和乙醇，调pH至中性，过滤后用高效液相色谱检测。

（2）材料与试剂

甲醇；0.02mol/L乙酸铵溶液：称取1.54g乙酸铵，加水至1L，溶解过0.45μm膜过滤；20g/L碳酸氢钠溶液：称取2g碳酸氢钠，加水至100ml，振摇溶解；水杨酸标准储备液（1mg/mL）：准确称取0.100g水杨酸，加热溶解，移入100ml容量瓶中，用水定容至刻度。

（3）仪器与设备

高效液相色谱（配紫外检测器）。

（4）操作方法

①样品处理。称取5.00～10.00g试样，放入小烧杯中，加入5.0ml乙醇，水浴加热除去乙醇和二氧化碳，转移至25ml容量瓶中，用水定容至刻度，经0.45μm膜过滤。

②色谱参考条件。

色谱柱：Phenomenex Luna 5μm C$_{18}$(250×4.60mm)。

流动相：乙酸胺(0.02mol/L)：甲醇：冰醋酸(91：9：0.15)。

流速：1.0ml/min；进样量，10μl；紫外检测器：检测波长230nm。

③测定。根据样液水杨酸的浓度选择峰面积相近的校正工作溶液系列。用保留时间定性，外标法定量。

（5）结果计算

$$X = \frac{c \times V \times 1000}{m \times 1000}$$

式中：X——试样中水杨酸的含量，mg/kg(mg/L)；c——从标准工作曲线得到的提取液中水杨酸的浓度，pg/mL；V——提取液定容体积，ml；m——样品质量或体积，g(ml)。

（6）注意事项

①本方法适合碳酸饮料、果酱、核桃粉等样品中水杨酸含量的测定。

②流动相中加入一定的酸，可改善样品的分离效果。

4.4　漂白剂的检测

漂白剂是为了消除食品加工制造过程中染上或保留在原料中的某些令色泽不正、容易使人产生不洁或厌恶等感觉的有色物质而使用的漂白物质。根据作用的机理不同，分为还原型漂白剂和氧化型漂白剂两大类。还原型漂白剂利用与着色物质的发色基团发生还原反应，使之褪色，达到漂白、抑制褐变。常用的还原性漂白剂为亚硫酸及其盐类，如二氧化硫、焦亚硫酸钠、亚硫酸氢钠、亚硫酸钠、低亚硫酸钠等。还原漂白剂应用较广，且多为亚硫酸及其盐类，产生的亚硫酸具有很强的还原性，能消耗食品组织中的氧，抑制好氧性微生物的活动，还能抑制某些微生物活动所需要的酶的活性，具有一定的防腐作用。氧化性漂白剂利用与发色基团发生氧化反应，使之分解褪色，达到漂白、抑菌的作用。

4.4.1　亚硫酸盐检测

亚硫酸盐主要指亚硝酸钠和亚硝酸钾，白色或浅黄色晶体颗粒、粉末或棒状的块，无臭，略带咸味，易溶于水。外观及滋味都与食盐相似，并在工业和建筑业中广为使用。在我国允许作为发色剂，常限量用于腌制畜禽肉罐头、肉制品和腌制盐水火腿等，并有增强风味、抗菌防腐的作用。最大使用量 0.15g/kg，残留量：肉类罐头≤50mg/kg，酱卤肉制品≤30mg/kg。

亚硝酸盐具有较强的毒性，食入 0.3～0.5g 的亚硝酸盐即可引起中毒甚至死亡。进入人体血液，与血红蛋白结合，使正常含二价铁离子的血红蛋白变成含三价铁离子的高铁血红蛋白，后者失去携氧能力，导致组织缺氧。或者随食品进入人体肠胃等消化道，与蛋白质消化产物仲胺生成亚硝胺或亚硝酸胺，二者均具有强致癌性和毒性。

急性中毒原因多为将亚硝酸盐误作食盐、面碱等食用，以及掺杂、使假、投毒等。慢性中毒（包括癌变）原因多为饮用含亚硝酸盐量过高的井水、污水，以及长期食用含有超量亚硝酸盐的肉制品和被亚硝酸盐污染了的食品。

因此，测定亚硝酸盐的含量是食品安全检测中非常重要的项目之一。

1. 充氮蒸馏-分光光度法

（1）原理

样品加入盐酸后，充氮气蒸馏，使其中的二氧化硫释放出来，并被甲醛溶液吸收，形成稳定的羟甲基磺酸加成化合物。加入氢氧化钠使化合物分解，与甲醛及盐酸苯胺作用生成紫红色络合物，在 577nm 处有最大吸收，测定其吸光值，与标准系列比较定量。

（2）材料与试剂

乙醇；冰乙酸；正辛醇；6％氢氧化钠溶液：称取 6g 氢氧化钠溶液用水溶解，并稀释至 100ml；0.05mol/L 环己二胺四乙酸二钠溶液（CDTA-2Na）：称取 1,2-反式环己二胺四乙酸，加入 6.5ml 氢氧化钠溶液，用水稀释到 100ml。甲醛吸收液储备液：称取 2.04g 邻苯二甲酸氢钾,用少量水溶解,加入 5.5ml 甲醛,20ml CDTA-2Na 溶液,用水稀释至 100ml。甲醛吸收液:将甲醛吸收液储备液稀释 100 倍,现用现配;盐酸副玫瑰苯胺:称取 0.1g 精制过的盐酸副玫瑰苯胺于研钵中,加少量水研磨使溶解并稀释至 100ml。取 50ml 置于 100ml 容量瓶中,分别加入磷酸 30ml、盐酸 12ml,用水定容,混匀,放置 24h,避光密封保存,备用;0.100mol/L 碘标准溶液:称取 12.7g 碘,加入 40g 碘化钾和 25ml 水,搅拌至完全溶解,用水稀释至 1000ml,储存在棕色瓶中;0.100mol/L 硫代硫酸钠标准溶液;0.05% 乙二胺四乙酸二钠溶液(EDTA-2Na):称取 0.25g EDTA-2Na 溶于 500ml 新煮沸并冷却的水中,现用现配;二氧化硫标准溶液:称取 0.2g 亚硫酸钠,溶于 200ml EDTA-2Na 溶液中,摇匀,放置 2~3h 后标定。二氧化硫标准溶液标定:吸取 20.0ml 二氧化硫标准储备液于 250ml 碘量瓶中,加 50ml 新煮沸但已冷却的水,准确加入 0.1mol/L 碘标准溶液 10.00ml,1ml 冰乙酸,盖塞、摇匀,放置于暗处,5min 后迅速以 0.100mol/L 硫代硫酸钠标准溶液滴定至淡黄色,加 1.0ml 淀粉指示液,继续滴至无色。另取 20ml EDTA-2Na,按相同方法做试剂空白试验。根据标定的二氧化硫的含量,用甲醛吸收液稀释为 100μg/mL 二氧化硫标准储备液。二氧化硫标准使用液(1mg/mL):将二氧化硫标准储备液用甲醛吸收液稀释 100 倍。

(3)仪器与设备

分光光度计,充氮蒸馏装置(图 4-1),流量计,酒精灯。

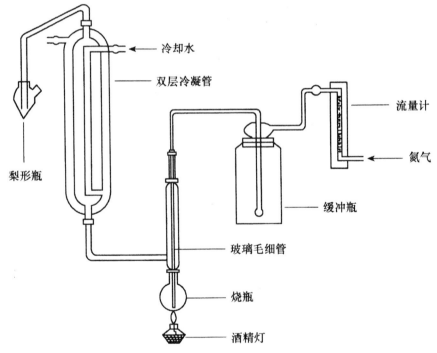

图 4-1　充氮蒸馏装置示意图

(4)操作方法

①样品提取。称取 0.2~2g(精确至 0.001g)样品于 100ml 烧瓶中,加入 2ml 乙醇,1ml 丙酮-乙醇溶液、2 滴正辛醇及 20ml 水,混匀。量取 20ml 甲醛吸收缓冲液于 50ml 吸收瓶中,并安装到蒸馏装置上,调节氮气流速为 0.5L/min。在烧瓶中迅速加入 10ml 盐酸溶液,将烧瓶装

回蒸馏装置,用酒精灯加热,使样品溶液在 1.5min 左右沸腾,控制火焰高度,使液面边缘无明显焦煳,加热 25min。取下吸收瓶,以少量的水冲洗尖嘴,并入吸收瓶中,将吸收液转入 25ml 容量瓶中定容。同时做空白实验。

②测定。取 25ml 具塞试管,分别加入 0、1、3、5、8、10(ml)二氧化硫标准使用液,补加甲醛吸收液使总体积为 10ml,混匀。再加入 5％氢氧化钠溶液 0.5ml,混匀,迅速加入 1.00ml 0.05％盐酸副玫瑰苯胺溶液,立即混匀显色。用 1cm 比色皿,以零管调节零点,在 577nm 处测定吸光度。显色时间和显色后稳定时间与温度有关,如表 4-1 所示。

表 4-1　温度与显色时间和显色后稳定时间对照表

显色室温/℃	10	15	20	25	30
显色时间/min	40	25	20	15	5
稳定时间/min	35	25	20	15	10

吸取 0.5～10.00ml 样品蒸馏液,不足时需补加甲醛吸收液至 10.00ml 于 25ml 具塞试管中,显色,同时做空白实验。

(5)结果计算

试样中二氧化硫含量按以下公式计算

$$X = \frac{(m_1 - m_0) \times V_3 \times 1000}{m_2 \times V_4 \times 1000}$$

式中:X——试样中的二氧化硫总含量,mg/kg;m_1——由标准曲线中查得的测定用试液中二氧化硫的质量,μg;m_0——由标准曲线中查得的测定用空白溶液中二氧化硫的质量,μg;m_2——试样的质量,g;V_3——试样蒸馏液定容体积,ml;V_4——测定用蒸馏液定容体积,ml。

(6)注意事项

①本方法适用于食用菌中亚硫酸盐的测定。

②本方法的检出限为 0.1μg。

③CDTA-2Na 在 4℃冰箱中储存,可保存 1 年。100μg/mL 二氧化硫标准储备液在冰箱中可保存 6 个月。

④二氧化硫标定时平行不少于 3 次,平行样品消耗硫代硫酸钠的体积差应小于 0.04ml,计算时取平均值。

⑤样品显色时要保证标准系列和样品在相同的温度下,显色时间尽量保持一致。比色时操作迅速。

⑥该方法避免使用毒性较强的四氯汞钠试剂,有一定的应用前景。

2. 蒸馏法

(1)原理

样品用盐酸(1:1)酸化后,在密闭容器中加热蒸馏,使二氧化硫释放出来,用乙酸铅溶液吸收。吸收后用浓酸酸化,再以碘标准溶液滴定,根据所消耗的碘标准溶液量计算出试样中的二氧化硫含量。

（2）材料与试剂

盐酸（1∶1）：量取盐酸 100ml，用水稀释到 200ml。

2% 乙酸铅溶液：称取 2g 乙酸铅，溶于少量水中并稀释至 100ml。

0.01mol/L 碘标准溶液。

1% 淀粉指示剂：称取 1g 可溶性淀粉，用少许水调成糊状，缓缓倾入 100ml 沸水中，随加随搅拌，煮沸 2min，放冷，备用，此溶液应现配现用。

（3）仪器与设备

蒸馏装置，碘量瓶，滴定管。

（4）操作方法

①样品提取。称取约 5.00g 混合均匀试样（液体试样直接吸取 5.0～10.0ml）置于 500ml 圆底蒸馏烧瓶中，加 250ml 水，装上冷凝装置。在碘量瓶中加入 2% 乙酸铅溶液 25ml，冷凝管下端应插入乙酸铅吸收液中。在蒸馏瓶中加入 10ml 盐酸（1∶1），立即盖塞，加热蒸馏。当蒸馏液约 200ml 时，使冷凝管下端离开液面，再蒸馏 1min。用少量蒸馏水冲洗插入乙酸铅溶液的装置部分。同时做空白试验。

②测定。在碘量瓶中依次加入 10ml 浓盐酸和 1ml 淀粉指示剂，摇匀，用 0.01mol/L 碘标准滴定溶液滴定至变蓝且在 30s 内不褪色为止，记录所消耗的碘标准滴定溶液的体积。

（5）结果计算

$$X = \frac{(V_2 - V_1) \times 0.01 \times 0.032 \times 1000}{m}$$

式中：X——试样中的二氧化硫总含量，g/kg；V_1——滴定试样所用碘标准滴定溶液的体积，ml；V_2——滴定试剂空白所用碘标准滴定溶液的体积，ml；m——试样质量，g；0.032——1ml 碘标准溶液 $[c_{1/2I_2} 1.0\text{mol/L}]$ 相当的二氧化硫的质量，g。

（6）注意事项

①本法适合于色酒和葡萄糖糖浆、果脯等食品中二氧化硫残留量的测定。

②蒸馏装置要保障密封，否则会使结果偏低。

③方法的检出浓度为 1mg/kg。

4.4.2　过氧化苯甲酰检测方法

过氧化苯甲酰作为面粉增白剂已被普遍采用，它可以氧化小麦粉内的叶黄素，适量添加可以改善小麦粉色泽，抑制微生物滋生，加强面粉弹性和提高面制品的品质，但超量使用就会严重影响人体健康，有的甚至引发疾病。

1. 液相色谱法

（1）原理

用甲醇提取样品中的过氧化苯甲酰，以碘化钾为还原剂将过氧化苯甲酰还原为苯甲酸，高效液相色谱分离，230nm 下进行检测，外标法定量。

（2）材料与试剂

甲醇：色谱纯；50％碘化钾；0.02mol/L乙酸铵缓冲液：称取乙酸胺1.54g用水溶解并稀释至1L，过0.45μm微孔滤膜后备用；苯甲酸标准储备液（1mg/mL）：称取0.1g（精确至0.0001g）苯甲酸，用甲醇溶解并定容到100ml容量瓶中；苯甲酸标准工作液：吸取苯甲酸标准储备液0.0、1.25、2.50、5.00、10.0、12.5（ml）分别置于25ml容量瓶中，用甲醇定容至刻度，配成浓度分别为0.0、50.0、100.0、200.0、400.0、500（μg/mL）标准工作液。

（3）仪器与设备

高效液相色谱仪（配有紫外检测器或二极管阵列检测器）。

（4）操作方法

①样品提取。称取样品5g（精确至0.0001g）于50ml具塞试管中，加入10ml甲醇，在涡旋混合器上混匀1min，静置5min，加入50％碘化钾溶液5ml，在涡旋混合器上混匀1min，放置10min后，用水定容到50ml，混匀，取上清液过0.22μm滤膜，待液相色谱分析。

②色谱参考条件。

色谱柱：反相C_{18}4.6min×250mm，5μm。

流动相：甲醇：0.02mol/L乙酸铵为10：90。

检测波长：230nm。

流速：1.0ml/min。

进样量：10μl。

③测定。分别取不含过氧化苯甲酰和苯甲酸的小麦粉5g（精确至0.0001g）于50ml具塞试管中，分别加入10ml苯甲酸标准工作液，按样品提取方法操作，使标准溶液的最终浓度分别为0.0、10.0、20.0、40.0、80.0、100.0（μg/mL），分别取10μl注入高效液相色谱中，以苯甲酸的浓度为横坐标，峰面积为纵坐标绘制标准曲线。

取样品提取液10μl注入高效液相色谱中，根据苯甲酸的峰面积从标准曲线上查出对应的浓度，计算样品中过氧化苯甲酰的含量。

（5）结果计算

$$X = \frac{c \times V \times 1000}{m \times 1000 \times 1000} \times 0.992$$

式中：X——样品中过氧化苯甲酰的含量，g/kg；c——从标准曲线中查得的相当于苯甲酸的浓度，μg/mL；V——样品定容体积，ml；m——样品质量，g；0.992——由苯甲酸换算成过氧化苯甲酰的换算系数。

（6）注意事项

①该方法适用于小麦粉中过氧化苯甲酰含量的检测。

②方法的最低检出限为0.5mg/kg。

2. 气相色谱法

（1）原理

小麦粉中的过氧化苯甲酰被还原铁粉和盐酸反应生成的原子态的氢还原为苯甲酸，提取后用气相色谱测定。

（2）材料与试剂

乙醚；还原铁粉；氯化钠；丙酮；碳酸氢钠；石油醚（沸程 60～90℃）；石油醚-乙醚（3：1）；盐酸（1：1）：50ml 盐酸与 50ml 水混合；5％氯化钠；1％碳酸氢钠的 5％氯化钠溶液：称取 1g 碳酸氢钠溶于 100ml 5％氯化钠溶液中；1mg/mL 苯甲酸标准储备液：称取苯甲酸 0.1g（精确至 0.0001g），用丙酮溶解并转移至 100ml 容量瓶中，定容；100μg/mL 苯甲酸标准工作液：吸取苯甲酸标准储备液 10ml，于 100ml 容量瓶中，用丙酮定容。

（3）仪器与设备

气相色谱仪（附氢离子化检测器）。

（4）操作方法

①样品提取。准确称取试样 5.00g 加入具塞三角瓶中，加入 0.01g 还原铁粉，数粒玻璃珠和 20ml 乙醚，混匀。逐滴加入 0.5ml 盐酸，摇动三角瓶，用少量乙醚冲洗内壁后，放置至少 12h 后，摇匀，将上清液经滤纸过滤到分液漏斗中，用 15ml 乙醚冲洗三角瓶内残渣，重复 3 次，上清液滤入分液漏斗中，最后用少量乙醚冲洗滤纸和漏斗。

在分液漏斗中加入 5％氯化钠溶液 30ml，振动 30s，静置分层后，将下层液弃去，重复用氯化钠溶液洗涤一次，弃去水层，加入 1％碳酸氢钠的 5％氯化钠溶液 15ml，振动 2min，静置分层后将下层碱液放入已预先加入 3～4 勺氯化钠固体的 50ml 具塞试管中。分液漏斗的乙醚再用碱性溶液提取一次，下层碱液合并到具塞试管中。

在具塞试管中加入 0.8ml 盐酸（1：1），适当摇动以去除残留的乙醚及反应生成的二氧化碳。加入 5.00ml 乙醚-石油醚（3：1），重复振动 1min，静置分层，上层液待分析。

②标准曲线的绘制。准确吸取苯甲酸标准使用液 0.0、1.0、2.0、3.0、4.0、5.0（ml），置于 150ml 具塞三角瓶中，除不加铁粉外，其他步骤同样品处理。标准工作液最终浓度为 0.0、20.0、40.0、60.0、80.0、100.0（μg/mL）。

③测定。

色谱柱：内径 3mm，长 2m 玻璃柱，填装涂布 5％（质量分数）DEGS＋1％磷酸固定液的 Chromosorb W/AW DMCS。

进样口温度：250℃。

检测器的温度：250℃。

柱温 180℃。

进样量：2.0μl。

（5）结果计算

$$X = \frac{c \times 5 \times 1000}{m \times 1000 \times 1000} \times 0.992$$

式中：X——样品中过氧化苯甲酰的含量，g/kg；c——从标准曲线中查得的相当于苯甲酸的浓度，μg/mL；5——试样提取液定容体积，mL；m——样品质量，g；0.992——由苯甲酸换算成过氧化苯甲酰的换算系数。

（6）注意事项

①本方法适用于小麦粉中过氧化苯甲酰含量的检测。

②用分液漏斗提取时注意放气，防止气体顶出活塞。

③在用石油醚-乙醚提取前，要振动比色管，去除多余的乙醚和二氧化碳等气体，室温较低时，可将试管放入50℃水浴中加热。

3. 过氧乙酸检测方法

（1）原理

用高锰酸钾除去样品中的除了过氧乙酸以外的其他过氧化物等干扰后，常温下，在稀硫酸介质中，过氧乙酸与碘化钾反应，释放出定量的碘。

（2）材料与试剂

10%KI溶液；2mol/L H_2SO_4 溶液；10%硫酸；0.1mol/L $KMnO_4$ 溶液；10%EDTA溶液；10%NH_4F，硅氧树脂（消泡后使用）；过氧乙酸标准溶液配置：吸取40%过氧乙酸1ml，放入100ml容量瓶中，加水至刻度，混匀；过氧乙酸标准溶液标定：吸取20.0ml过氧乙酸溶液，置于预先加有10ml 2mol/L H_2SO_4 溶液的200ml三角瓶中，用0.1mol/L $KMnO_4$ 标准溶液滴定至溶液颜色刚呈现粉红色，以除去乙酸以外的其他过氧化物，滴加10%的KI溶液至溶液颜色至棕色。然后再用0.1mol/L的硫代硫酸钠标准溶液进行标定，确定其浓度，使用时稀释为100μg/mL。

（3）仪器与设备

分光光度计。

（4）操作方法

①样品处理。准确称取搅碎均匀的样品20.0g至250ml烧杯中，加水50ml，硅氧树脂1滴，混合并不时振摇，浸classe30min后，离心，上清液移入100ml容量瓶中，加水定容，作待测液。

准确吸取一定量的待测液置于预先加有10ml 2mol/L H_2SO_4 溶液的100ml三角瓶中，加水至总体积25ml，用0.1mol/L $KMnO_4$ 溶液滴定至溶液颜色刚呈粉红色，加入2ml 10%的EDTA溶液和2ml 10%的 NH_4F 溶液，加入10%的硫酸溶液，调节溶液pH为1.0（酸度过大可用NaOH稀溶液调整）。

将溶液转移至100ml的分液漏斗中，加10ml 10%的KI溶液（略微过量），摇动，使其充分反应，静置3~5min；加入6ml CCl_4，振荡1min，静置分层后，将有机相通过脱脂棉滤入1cm比色皿中（比色皿加盖），以试剂空白作参比，在510nm处测定吸光度。

②测定。将过氧乙酸逐步稀释至0.1~10μg/mL范围内，按样品处理步骤进行处理后在510nm处测定吸光值。

（5）结果计算

$$X = \frac{c \times V_1 \times 1000}{m \times V_2 \times 1000 \times 1000}$$

式中：X——样品中过氧乙酸的含量，g/kg；c——从标准曲线中查得的过氧乙酸的浓度，μg/mL；V_1——试样提取液定容体积，ml；V_2——分取提取液的体积，ml；m——样品质量，g。

（6）注意事项

①酸性条件下，样品中的过氧化氢可以用高锰酸钾标准溶液滴定，得到过氧化氢的量。

②在pH 1~2的条件下，过氧乙酸与碘化钾反应效果最佳。

③提取液中 Fe^{3+}、Cu^{2+} 对反应的干扰，分别用 NH_4F 和EDTA掩蔽。

4.5 其他添加剂的检测

4.5.1 着色剂的检测

食品着色剂又称食用色素,是以食品着色为目的的一类食品添加剂。食品的颜色是食品感官质量的重要指标之一,食品具有鲜艳的色泽不仅可以提高食品的感官质量,给人以美的享受,还可以增进食欲。在一定的使用量的范围内使用着色剂对人体没有伤害。但是若食品着色剂添加超标,长期或者一次性大量食用可能对人体内脏带来损害甚至致癌。

1. 食品中诱惑红的检测

取样量为 10g 时,检出限为 25mg/kg,线性范围为 0~12mg/L。

(1)原理

诱惑红在酸性条件下被聚酰胺粉吸附,而在碱性条件下解吸附,再用纸色谱法进行分离后,与标准比较定性、定量。

(2)材料与试剂

石油醚:沸程 30℃~60℃;甲醇;200 目聚酰胺粉;1∶10 硫酸;50gL 氢氧化钠;海沙;50% 乙醇溶液;乙醇-氨溶液:取 2ml 的氨水,加 70%(体积分数)乙醇至 100ml;pH6 的水:用 20% 的柠檬酸调至 pH6;200g/L 柠檬酸溶液;100g/L 钨酸钠溶液;诱惑红的标准溶液:准确称取 0.025g 诱惑红,加水溶解,并定容至 25ml,即得 1mg/mL;诱惑红的标准使用溶液:吸取诱惑红的标准溶液 5.0ml 于 50ml 容量瓶中,加水稀释到 50ml,即得 0.1mg/mL;展开剂:丁酮∶丙醇∶水∶氨水(7∶3∶3∶0.5),正丁醇∶无水乙醇∶1%氨水(6∶2∶3),2.5%柠檬酸钠∶氨水∶乙醇(8∶1∶2)。

(3)仪器与设备

可见分光光度计;微量注射器;展开槽;恒温水浴锅;台式离心机。

(4)操作方法

①试样的处理。

汽水:将试样加热去二氧化碳后,称取 10.0g 试样,用 20%柠檬酸调 pH 呈酸性,加入 0.5~1.0g 聚酰胺粉吸附色素,将吸附色素的聚酰胺粉全部转到漏斗中过滤,用 pH4 的酸性热水洗涤多次(约 200ml),以洗去糖等物质。若有天然色素,用甲醇-甲酸溶液洗涤 1~3 次,每次 20ml,至洗液无色为止。再用 70℃的水多次洗涤至流出液中性。洗涤过程必须充分搅拌然后用乙醇-氨水溶分次解吸色素,收集全部解吸液,于水浴上去除氨,蒸发至 2ml 左右,转入 5ml 的容量瓶中,用 50%的乙醇分次洗涤蒸发皿,洗涤液并入 5ml 的容量瓶中,用 50%的乙醇定容至刻度。此液留作纸色谱用。

硬糖:称取 10.0g 的已粉碎试样,加 30ml 水,温热溶解,若试样溶液 pH 较高,用柠檬酸溶液调至 pH4。按"汽水"中"加入 0.5~1.0g 聚酰胺粉吸附"操作。

糕点:称取 10.0g 已粉碎的试样,加 30ml 石油醚提取脂肪,共提 3 次,然后用电吹风吹干,倒入漏斗中,用乙醇-氨解吸色素,解吸液于水浴上蒸发至 20ml,加 1ml 的钨酸钠溶液沉淀蛋白,真空抽滤,用乙醇-氨解吸滤纸上的诱惑红,然后将滤液于水浴上挥去氨,调 pH 呈酸性,以下按"汽水中加入 0.5～1.0g 聚酰氨粉吸附"操作。

冰淇淋:称取 10.0g 已均匀的试样,加入 20g 海砂,15ml 石油醚提取脂肪,提取 2 次,倾去石油醚,然后在 50℃的水浴挥去石油醚,再加入乙醇-氨解吸液解吸诱惑红,解吸液倒入 100ml 的蒸发皿中,直至解吸液无色。将解吸液于水浴上挥去乙醇,使体积约为 20ml 时,加入 1ml 硫酸,1ml 钨酸钠溶液沉淀蛋白,放置 2min,然后用乙醇-氨调至 pH 呈碱性,将溶液转入离心管中,5000r/min,离心 15min,倾出上清液,于水浴挥去乙醇,用柠檬酸溶液调 pH 呈酸性,按"汽水中加入 0.5～1.0g 聚酰氨粉吸附"操作。

②定性。取色谱用纸,在距底边 2cm 起始线上分别点 3～10μl 的试样处理液、1ml 色素标准液,分别挂于盛有不同展开剂的展开槽中,用上行法展开,待溶剂前沿展至 15cm 处,将滤纸取出空气中晾干,与标准斑比较定性。

③定量。

标准曲线的制备:吸取 0.0、0.2、0.4、0.6、0.8、1.0(ml)诱惑红标准使用液,分别置于 10ml 比色管中,各加水稀释到刻度。用 1ml 比色杯,以零管调零点,于波长 500nm 处,测定吸光度,绘制标准曲线。

试样的测定:取色谱用纸,在距离底边 2cm 的起始线上,点 0.20ml 试样处理液,从左到右点成条状。纸的右边点诱惑红的标准溶液 1μl,依法展开,取出晾干。将试样的色带剪下,用少量热水洗涤数次,洗液移 10ml 的比色管中,加水稀释至刻度,混匀后,与标准管同时在 500nm 处,测定吸光度。

(5)结果计算

$$X = \frac{A \times 1000}{m \times \dfrac{V_2}{V_1} \times 1000}$$

式中:X——试样中的诱惑红的含量,g/kg;A——测定用试样处理液中诱惑红的量,mg;m——试样的质量,g;V_1——试样解吸后总体积,ml;V_2——试样纸层析用体积,ml。

2. 食品中栀子黄的测定

栀子黄的分子式为 $C_{44}H_{64}O_{24}$,可用于对面条、糖果、饼干、饮料、酒类等食品着色,颜色鲜艳,无异味。

方法如下。

(1)原理

试样中栀子黄经提取净化后,用高效液相色谱法测定,以保留时间定性、峰高定量,栀子苷是栀子黄的主要成分,为对照品。

(2)材料与试剂

试剂均为分析纯,水为蒸馏水。

甲醇;石油醚:60℃～90℃;乙酸乙酯;三氯甲烷;姜黄色素;栀子苷;栀子苷标准溶液:称取 2.75mg 栀子苷标准品,用甲醇溶解,并用甲醇稀释至 27.5μg/mL 栀子苷;栀子苷标准使用液:分别吸取栀子苷标准溶液 0、2.0、4.0、6.0、8.0(ml)于 10ml 容量瓶中,加甲醇定容至

10ml,即得0、5.5、11.0、16.5、22.0(μg/mL)的栀子苷标准系列溶液。

（3）仪器与设备

小型粉碎机;恒温水浴;高效液相色谱,配荧光检测器。

（4）操作方法

①试样处理。

饮料:将试样温热,搅拌除去二氧化碳或超声脱气,摇匀后,通过微孔滤膜0.4μm过滤,滤液备作HPLC分析用。

酒:试样通过微孔滤膜过滤,滤液作HPLC分析用。

糕点:称取10g试样放入100ml的圆底烧瓶中,用50ml石油醚加热回流30min,置室温。砂芯漏斗过滤,用石油醚洗涤残渣5次,洗液并入滤液中,减压浓缩石油醚提取液,残渣放入通风橱至无石油醚味。用甲醇提取3～5次,每次30ml,直至提取液无栀子黄颜色,用砂芯漏斗过滤,滤液通过微孔滤膜过滤,滤液储于冰箱备用。

②测定。

HPLC参考条件如下。

色谱柱:5μm ODS C$_{18}$150mm×4.6mm。

流动相:甲醇:水(35:65)。

流速:0.8ml/min。

波长:240nm。

标准曲线:在本实验条件下,分别注入栀子苷标准使用液0、2、4、6、8(μl),进行HPLC分析,然后以峰高对栀子苷浓度作标准曲线。

试样测定:在实验条件下,注5μl试样处理液,进行HPLC分析,取其峰与标准比较测得试样中栀子苷含量。

（5）结果计算

$$X = \frac{A \times V}{m \times 1000}$$

式中:X——试样中栀子黄色素的含量,g/kg;A——进样液中栀子苷的含量,μg/mL;V——试样制备液体积,ml;m——试样质量,g。

在重复性条件下获得的两次独立测定结果的绝对差值不得超过5%。

4.5.2 食品乳化剂及其检验检测新技术

常用的乳化剂有甘油脂肪酸酯、蔗糖脂肪酸酯、山梨聚糖脂肪酸酯、海藻酸丙二醇酯、三聚甘油单硬脂酸酯、聚氧乙烯木糖醇酐单硬脂酸酯等。

1. 气相色谱法检测甘油脂肪酸酯

甘油脂肪酸酯是安全无害且用量最大的食品乳化剂,约占食品乳化剂总用量的1/2～2/3。脂肪酸甘油酯可分为单酯、双酯和三酯,三酯没有乳化能力,双酯乳化能力不及单酯1%。作为食品乳化剂用的主要为单酯,其HLB为2～3,属油包水(W/O)型乳化剂。我国生产的脂肪酸甘油酯大部分是单双混合酯,虽然使用效果较差但价格较为便宜,仍占据一定市场。

为了改善甘油酯的性能,将甘油聚合得到聚甘油,再与脂肪酸反应可制得聚甘油脂肪酸酯。也可用甘油酯与其他有机酸反应生成甘油酯的衍生物,如二乙酰酒石酸甘油酯、乳酸甘油酯、柠檬酸甘油酯等。其特点是改善了甘油酯的亲水性,提高了乳化能力和与淀粉的复合性能,在食品加工中有独特的用途。

气相色谱法说明:本法适用于人造奶油、酥油、冰淇淋、雪糕、调料快餐食品、植物蛋白饮料、乳酸菌饮料等甘油脂肪酸酯含量的测定。

(1)原理

食品中的甘油脂肪酸酯是通过将其主要成分的单酸甘油酯作成二甲基硅烷化物,由气相色谱测定单酸甘油酯来定量的,食品中单酸甘油酯,以脂肪成分广泛存在于食品之中,因而定量值是食品天然和添加的单酸甘油酯的总量。

(2)材料与试剂

三甲基氯化硅烷,1,1,1,3,3,3-六甲基二硅氮烷(Hexame Thyldsilazane),吡啶(硅烷化用),月桂酸单甘油酯(纯度99%);单酸甘油酯:棕榈酸单甘油酯或硬脂酸单甘油酯,或高纯度饱和酸单甘油酯,用乙醇二次重结晶,测定纯度后应用;内标液:称取 $50\mu g$ 月桂酸单甘油酯,放入 100ml 容量瓶中,加吡啶溶解定容,密封;标准液的配制:准确称取单甘油酯 100mg,加乙醚溶解,定容至 100ml。准确取该液 5ml,加乙醚定容至 100ml,作为标准液(含单甘油酯 $50\mu g/mL$)。

(3)仪器与设备

带氢火焰检测器的气相色谱仪。

(4)操作方法

①样品溶液的制备。

脂溶性食品(人造奶油、酥油等):准确称样品约 5g(取样品根据食品中含单甘酯量而定),放入三角瓶中,加入约 50ml 乙醇,摇匀,按需要稍稍加温。样品完全溶解时,用乙醚定量地移入 100ml 容量瓶,加乙醚定容至 100ml,作为样品溶液。样品不完全溶解时,在此液中加入约 20g 无水硫酸钠,仔细混匀,放置少许后,用干滤纸过滤,滤液置于 200ml 锥形瓶中,用 30ml 乙醚洗涤第一个三角瓶,洗液用上述滤纸过滤,合并滤液,反复操作 2 次,全部洗液和滤液合并后,蒸馏除去乙醚,使液量约为 70ml,作乙醚定量移入 100ml 容量瓶中,加乙醚定容,作为样品液。

水溶性食品(冰淇淋等):准确称取样品约 2g,加入约 30g 无水硫酸钠,混匀,用索氏提取器以乙醚提取,按需要馏去乙醚,至液量约 70ml,以乙醚定量地移入 100ml 容量瓶,加乙醚,定容至 100ml,作为样品溶液。

其他食品(带调料快餐食品等):准确称取样品 5～10g,用索氏提取器以乙醚提取,按需要馏去乙醚至 70ml 左右液量,以乙醚定量地移入 100ml 容量瓶中,加乙醚定容,作为样品液,若需要则进行过滤。

②测定。

色谱条件:色谱柱为内径 3mm,长 0.5～1.5m 的不锈钢柱,填充剂为 80～100 目硅藻土担体,按 2% 比例涂以硅酮 OV-17;柱温以 10℃/min,升温至 100℃～330℃;进样口和 FID 检测器温度为 350℃;载气为氮气,流量 20～40ml/min。

测定液的配制:准确吸取 5ml 样品溶液,于浓缩器中,准确加入 1ml 内标液,在约 50℃的水浴中,减压蒸干。加 1ml 吡啶溶解,加 0.3ml 1,1,1,3,3,3-六甲基二硅氨烷,充分振摇,再加入 0.2ml 三甲基氯代硅烷,充分振摇,放置 10min 后,用 5ml 吡啶定量地将其转移到 10ml 容量瓶中,加吡啶定容至 10ml,作测定液。

标准曲线制作:准确吸取标准液 5、10、15、20(ml),分别放入浓缩器,与测定液配制同样操作,作为标准曲线用标准液(这些溶液 1ml 分别含 25、50、75、100(μg)单甘油酯及均含 50μg 月桂酸单甘油酯)。取 2μl 各标准液,进样,求出测得的棕榈酸单甘油酯及硬脂酸单甘油酯的峰高与月桂酸单甘油酯的峰高比率,绘制标准曲线。

(5)结果计算

$$X = \rho / (m \times V)$$

式中:X——单甘油酯含量,g/kg;ρ——测定液中的单甘油酯浓度,μg/mL;V——配制测定液所用样品溶液量,ml;m——取样量,g。

2. 山梨聚糖脂肪酸酯的测定方法

本品可分为山梨醇酐脂肪酸酯(Span)司盘和聚氧乙烯山梨醇酐脂肪酸酯(Tween)吐温两个系列产品,具有乳化效率高、应用范围广的特点,但味觉稍差,常与其他乳化剂配用。国内现有 Span60、Span65、Span80、Tween60、Tween80 等品种。

(1)原理

山梨聚糖脂肪酸酯为山梨糖醇、山梨聚糖和山梨糖醇酐的各种脂肪酸酯混合物。食品中的山梨聚糖脂肪酸酯是通过将皂化分解后得到的山梨糖醇、山梨聚糖和山梨糖醇酐作为三甲基甲硅烷化物,由气相色谱定量山梨聚糖单脂肪酸酯。

(2)材料与试剂

乙醇:95%(体积分数);二甲苯;硅胶:100~200 目色谱纯硅胶;1,4,3,6-山梨糖醇酐:将 20g 山梨糖醇和 5g 对-甲苯磺酸悬浊在 60ml 甲苯中,边搅拌边用 135℃~140℃回流 4h,冷后除去二甲苯。残留物中加入稀乙醇溶解,中和后过滤,滤液真空浓缩,得到的浆状物质溶解在甲醇中,加入约 5g 硅胶,馏去甲醇。然后,把残留物加入预先将约 30g 硅胶分散在三氯甲烷中而充填在柱里的柱子中。再加入 200ml 三氯甲烷与 40ml 甲醇的混合液而使其溶出,溶出液再经真空浓缩得到 1,4,3,6-山梨糖醇酐;1,4-山梨聚糖:于 20g 山梨糖醇中分别加入 3 滴浓硫酸、水,于真空下,140℃加热 30min,加水后用活性炭脱色;1,4-山梨聚糖;d-(D)-山梨糖醇:分析纯以上;三甲基氯硅烷:采用甲基硅烷化用的试剂;对-甲苯磺酸:分析纯以上;内标液:称取 10mg-d-甲基 D(+)葡糖苷,放入 100ml 容量瓶中,加入三氯甲烷溶解,定容至 100ml,密闭保存;吡啶:甲硅烷化用试剂;正丁醇;1,1,1,3,3,3-六甲基二硅氨烷:甲硅烷化用试剂;无水硫酸钠:分析纯以上;d-甲基 D(+)葡糖苷:市售,分析纯以上;TMS 试液:将 2ml 1,1,1,3,3,3-六甲基二硅氨烷和 1ml 三甲基硅氨烷加在 10ml 吡啶中。

(3)操作方法

①样品和标准液配制。

水性食品:通常,准确称取山梨聚糖脂肪酸酯含量约为 50mg 范围内的 10~20g 样品,冷冻干燥,加入 20ml 氯仿,在带有回流冷却器的温水浴上加热回流 1h 后,过滤,残渣上加 20ml

氯仿,反复同样操作,合并所有滤液,作为样品液。

油性和其他食品:通常,准确称取山梨聚糖脂肪酸酯含量约为 50mg 范围的 10～20g 样品,加入 20ml 氯仿,在带有回流冷却装置的温水浴上加热回流 1h 后过滤,残渣中加入 20ml 氯仿,重复同样操作,合并所有滤液,作为样品液。

标准液的配制:分别准确称取 d-(D) 山梨糖醇、1,4-山梨聚糖和 1,4,3,6-山梨糖醇酐 100mg,混匀,加入氯仿定容至 100ml。准确吸取该液 2ml,加氯仿定容至 100ml,作为标准液〔该液 1ml 分别含有 d-(D) 山梨糖醇、1,4-山梨聚糖和 1,4,3,6-山梨糖醇酐 20μg〕。

②测定步骤。

仪器和条件:带氢焰鉴定器的气相色谱仪(FID-GC)。

填充剂:在 60～80 目硅烷化处理过之色谱纯硅藻土担体上涂覆 3%J×R 硅酮。

柱:内径 3mm,长 1m。

柱温:以 10℃/min 进行升温至 120℃～200℃。

注入口和鉴定器温度,300℃。

载气:氮气 50ml/min。

测定液配制:将样品液放入浓缩器,真空浓缩而馏去氯仿,加入 100ml 0.5mol/L 氢氧化钾乙醇液,加热回流 1h,真空浓缩后,加入 12ml 0.5mol/L 盐酸液,加热回流 1h。冷后,移入分液漏斗,每次用 25ml 正己烷洗涤水层 2 次,弃去洗液,把水层放入浓缩器,用 0.5mol/L 氢氧化钾乙醇液中和,准确加入 1ml 内标液,真空浓缩后,加入 3g 无水硫酸钠和 25ml 正丁醇,摇匀,过滤。以 25ml 正丁醇洗残渣,合并滤液和洗液,真空浓缩除去正丁醇。再准确加入 3ml 吡啶和 3ml TMS 液,摇晃 30min,作为测定液。

标准曲线的制作:分别准确吸取标准液 0.1、0.5(ml)和 1ml,放入各浓缩器内,各准确加入 1ml 内标液,真空浓缩馏去氯仿。接着,分别准确加入 3ml 吡啶和 3ml TMS 试液,摇晃 30min,分别作为标准曲线制作用的标准液。每次吸取 29L 标准曲线制作用标准液,注入气相色谱仪,由得到的峰面积比分别制作 d-(D)-山梨糖 1,4-山梨聚糖和 1,4,3,6-山梨糖醇酐标准曲线。

③定量与计算。吸取测定液 2ml,注入气相色谱仪,依分别得到的 d-(D)-山梨糖醇,1,4-山梨聚糖和 1,4,3,6-山梨糖醇酐的峰面积和标准曲线求出测定液中的各自浓度(μg/mL),再按下式计算样品中山梨聚糖脂肪酸酯含量(g/kg)。

$$山梨聚糖脂肪酸酯含量(g/kg) = \frac{(c_1 + c_2 + c_3)V}{1000 \times mf}$$

式中:c_1——测定液中山梨糖醇浓度,μg/mL;c_2——测定液中 1,4-山梨聚糖浓度,μg/mL;c_3——测定液中 1,4,3,6-山梨糖醇酐浓度,μg/mL;V——测定液量,ml;m——样品质量,g;f——山梨聚糖单乳酸酯换算时,$f = 0.27$。

3. 蔗糖脂肪酸酯的蒽酮比色法

蔗糖酯的单酯、双酯和三酯分别由 1 分子蔗糖和 1 分子脂肪酸或 2 分子、3 分子脂肪酸构成。酯化反应一般发生在蔗糖的三个伯羟基上,控制酯化程度可得单酯含量不同的产品。随着酯化时所用的脂肪酸种类和酯化度不同,产品一般为白色粉状、块状或蜡状固体,也有无色或微黄色黏稠状或树脂状液体,无臭或有微臭味(未反应脂肪酸臭味),易溶于乙醇、丙酮和其他有机溶剂。单酯易溶于水,双酯和三酯难溶于水。蔗糖酯有良好表面活性,其HLB在3～15。单酯含量越多,HLB越高。HLB低的可用作W/O型乳化剂,HLB高的用作O/W型乳化剂。

蔗糖酯的应用十分广泛,其乳化性能好,且低温稳定性、高温稳定性、冷冻或解冻稳定性也十分优良,用于面包、蛋糕可防止老化,用于人造奶油、起酥油、冰淇淋可提高稳定性,用于巧克力可抑制结晶降低黏度,用于饼干可提高起酥性、保水性和防老化性能等。

蒽酮比色法说明:本法适用于冷饮制品、稀奶油、八宝粥罐头、肉制品、调味品等食品中蔗糖脂肪酸酯含量的测定。

(1)原理

食品中的蔗糖脂肪酸酯可用异丁醇抽提,再用薄板层析分离单、双、三酯,最后用比色法定量。

(2)材料与试剂

酮试剂:取0.4g蒽酮,预先溶于20ml硫酸中,用75ml硫酸将其洗入100ml硫酸、60ml水和15ml乙醇的混合液中。放冷、暗处保存,2月内有效;乙醇溶液:于4份乙醇中加1份水,混合;展开剂:石油醚-乙醚(1∶1),氯仿-甲醇-乙酸-水(40∶5∶4∶1);桑色素液:将50mg桑色素溶于100ml甲醇中。

(3)仪器与设备

分光光度计。

(4)操作方法

①样品溶液的制备。准确称取含蔗糖脂肪酸酯100mg左右的样品20g以下,放入第一个分液漏斗中,加200ml异丁醇和200ml氯化钠溶液,将分液漏斗置于60℃～80℃水浴中并振摇10min。把水层转入第二个500ml分液漏斗中,加200ml异丁醇,60℃～80℃水浴中并振摇10min,弃去水层。将第一、第二个分液漏斗的异丁醇层用异丁醇定量地通过滤纸移入浓缩器,在70℃减压浓缩,除去异丁醇。残渣中加入20ml氯仿溶解,转入25ml容量瓶中,浓缩器每次用少量氯仿洗涤2次,将洗液转入容量瓶中,加氯仿至刻度,作为样品溶液。用微量注射器准确吸取20μl,点在薄层板下端2cm处。将薄层板放入预先加入第一次展开溶剂的第一展开槽中,展开至点样处以上12cm,取出薄层板,于60℃干燥30min后,放冷,放入预先加入第二次展开溶剂的第二展开槽中,展开至点样处以上10cm处,取出薄层板,在通风橱中挥散溶剂,然后于100℃干燥箱中干燥20min,至溶剂完全挥散为止。

为确认各点,向薄层上喷桑色素液,在暗室中用紫外灯照射,划出确认的各蔗糖单、双、三酯边线。刮取单、双、三酯各色带,分别置于T_M、T_D、T_T试管中,向T_M加4ml乙醇,向T_D和T_T中各加2ml乙醇,分别作为样品液。另外刮取未点样品溶液的相应各部位上的薄层,置于T_{BM}、T_{BD}、T_{BT}试管中,在T_{BD}、T_{BT}中各加2ml乙醇,分别作为空白溶液。

②薄板。硅胶薄层板110℃活化1.5h,2d内有效。

③标准液的制备。准确称取预干燥蔗糖200mg,加入1ml硫酸及乙醇液至200ml。取此液10ml,加乙醇定容至200ml,作为标准液(该液含蔗糖50μg/mL)。

④测定。

测定液的制备:把装有T_M、T_D、T_T的试管在流水中边冷却边向T_M管中加入20ml蒽酮,

向 T_D 和 T_T 管中各加入 10ml 蒽酮,3 个管分别于 60℃水浴中浸渍 30min,其间混摇 2～3 次,然后在冷水中冷至室温。将上述试管中溶液分别转入离心管中,以 4000r/min 离心 5min,其上清液作为样品测定液。另外,单、双和三酯所对应的空白溶液与上法同样操作,作为各相对应的空白测定液。

标准曲线的制作:准确吸取标准液 0、1、2ml,分别放入试管 T_B、T_{S1} 和 T_{S2} 中,向 T_B 管中加 2ml 乙醇,向 T_{S1} 管中加 1ml 乙醇,将 3 支试管分别置流水中冷却,同时向各管中加入 10ml 蒽酮,以下操作同"测定液的制备"。分别作为标准曲线用空白测定液和标准曲线用标准测定液。

标准曲线用标准测定液和标准曲线用空白测定液,分别以乙醇作为参比,在 620nm 处测定吸光度 E_{S1},E_{S2} 和 E_B,计算 E_{S1},E_{S2} 和 E_B 的差 ΔE_1、ΔE_2 绘制标准曲线。

定量:各样品测定液均以乙醇作为参比,在 620nm 处,测定 ΔE_{AM}、ΔE_{AD}、ΔE_{AT} 的吸光度,并测定相对应的空白测定液 E_{BH}、E_{BD}、E_{BT} 的吸光度,计算它们的差 ΔE_M、ΔE_D、ΔE_T,在标准曲线上求出各样品测定液中的各酯的结合糖浓度($\mu g/mL$)。

(5)结果计算

$$X = (M_{\rho_M} V_M + D_{\rho_D} V_D + T_{\rho_T} V_T) \times 1.25/m$$

式中:X——蔗糖脂肪酸酯含量,g/kg;ρ_M——样品测定液中单酯结合糖的浓度,$\mu g/mL$;ρ_D——样品测定液中双酯结合糖的浓度,$\mu g/mL$;ρ_T——样品测定液中三酯结合糖的浓度,$\mu g/mL$;m——取样量,g;M、D、T——系数,根据蔗糖脂肪酸酯的种类;V_M——单酯的测定液量,ml;V_D——双酯的测定液量,ml;V_T——三酯的样品测定液量,ml。

4.5.3 食品疏松剂及其检测新技术

食品疏松剂是以小麦粉为主要原料的糕点、饼干等焙烤食品及膨化食品生产用的添加剂,亦称膨胀剂、膨胀剂和面团调节剂。常用做食品疏松剂的有铵明矾、碳酸钾、碳酸氢钠、碳酸氢铵、磷酸氢钙、钾明矾、沉淀碳酸钙和复合疏松剂。

1. 硫酸铝钾[AlK(SO₄)₂·12H₂O]含量的测定

硫酸铝钾又称明矾,在工业上广泛用作沉淀剂、硬化剂和净化剂,医学上用作局部收敛剂和止血剂,在食品加工行业较常使用。国家食品添加剂使用卫生标准对明矾的使用范围限定于油炸食品、水产品、豆制品及发酵粉等;最大使用量规定为按生产需要适量使用,但由于明矾含有铝,而国家卫生标准对面制品中铝限量为≤100mg/kg(干重计)。因此,事实上存在限制使用量。有些食品生产厂家从某种利益出发,滥用或过量使用明矾,使部分食品明矾含量过高,对消费者健康可能产生影响。

大量服用明矾会引起呕吐、腹泻、消化道炎症,甚至出现肋部疼痛、吐出土褐色粘液、血尿及其肾刺激症状,导致胃黏膜坏死,肾皮质肾小管坏死、肝脂肪变性等损害,而长期定量食入也会引起人体某些功能的衰退。

在食品中使用过量的明矾所引起的问题已日益引起社会关注,具有重要的检测意义。

(1)原理

在弱酸性介质中,Na₂EDTA 与铝形成络合物,用硝酸铅返滴定过量的 Na₂EDTA,从而确定硫酸铝钾的含量。

(2)材料与试剂

(1:4)盐酸溶液;(1:1)氨水溶液;乙酸-乙酸钠缓冲溶液(pH≈6);乙二胺四乙酸二钠 Na_2EDTA 标准溶液 c_{Na_2EDTA} 约为 0.05mol/L;硝酸铅标准溶液 $c_{Pb(NO_3)_2}$ 约为 0.05mol/L;刚果红试纸;二甲酚橙指示液 2g/L 溶液。

(3)操作方法

将样品预先在 35℃±2℃ 及真空度为 80~93kPa 下恒量的称量瓶,称量约 5g 研磨至通过试验筛的孔径为 250~355μm 的试样,精确至 0.0002g,置于真空干燥箱中,于 35℃±2℃ 及 80~93kPa 的真空度下干燥 1h。

称取上述研磨并经干燥的试样,精确至 0.0002g,置于 150ml 烧杯中,加入 80ml 水,加热溶解。冷却后移入 250ml 容量瓶中,加 10 滴盐酸溶液,用水稀释至刻度,摇匀(浑浊时可过滤,弃去初始滤液),此为溶液 A。

用移液管移取 25ml 溶液 A 置于 250ml 锥形瓶中,再用移液管移取 50ml 乙二胺四乙酸二钠标准溶液,放入一小块刚果红试纸,然后用氨水溶液调至试纸呈紫红色(pH5~6),加 15ml 乙酸-乙酸钠缓冲溶液,煮沸 3min,冷却后加 3~4 滴二甲酚橙指示液,用硝酸铅标准溶液滴定至橙黄色为终点,同时做空白试验。

(4)结果计算

$$x=\frac{c(V_0-V)\times0.4744}{m\times\frac{25}{250}}\times100-x_3\times8.49=\frac{474.c(V_0-V)}{m}-8.49x_3$$

式中:x——硫酸铝钾质量百分含量,%;c——硝酸铅标准溶液的实际浓度,mol/L;V_0——空白试验溶液消耗的硝酸铅标准溶液的体积,mL;V——试验溶液消耗硝酸铅标准溶液的体积,mL;x_3——铁的质量百分含量,%;0.4744——与 1.00ml 硝酸铅标准溶液相当的,以克表示的硫酸铝钾的质量;8.49——铁换算成硫酸铝钾的系数;m——试样的质量,g。

2. 碳酸钾含量的测定——四苯硼钾质量法

碳酸钾(K_2CO_3),无色或白色结晶,或晶体粉末,无臭,有强碱味,相对密度 2.428,熔点 891℃,极易溶于水,水溶液呈碱性,10% 水溶液的 pH 约为 11.6,不溶于乙醇和丙酮,吸湿性强,极易潮解。加于面条、馄饨皮中,能产生特殊风味、色泽和韧性。

(1)原理

在弱酸性介质中,碳酸钾与四苯硼钠生成四苯硼钾沉淀。根据四苯硼钾沉淀的质量扣除氯化钾、硫酸钾的质量计算碳酸钾的含量。

(2)材料与试剂

无水乙醇;冰乙酸溶液(1:9);四苯硼钠乙醇溶液(34g/L):称取 3.4g 四苯硼钠,溶于 100ml 无水乙醇中,必要时过滤后备用;四苯硼钾:称取 0.2g 碳酸钾,精确至 0.0001g。溶于 300ml 水中,加入 5 滴甲基红指示液,用乙酸溶液调至红色,于水浴上加热到 40℃,在搅拌下加入 45ml 四苯硼钠乙醇溶液,放置 10min 取下。冷至室温,用清洁的坩埚式过滤器抽滤,用 5% 的乙醇溶液洗涤、转移沉淀,抽干;取下坩埚式过滤器,用 10ml 无水乙醇分 5 次沿坩埚式过滤器壁洗涤,抽干;四苯硼钾乙醇饱和溶液将制得的四苯硼钾,加入 50ml 95%乙醇,950ml 水,充分振荡使之饱和。使用前干过滤;甲基红乙醇溶液(1g/L)。

(3)仪器与设备

坩埚式过滤器,滤板孔径 5～15μm。

(4)操作方法

称取 0.8～0.85g 于 270℃～300℃ 灼烧至恒量的试样;精确至 0.0002g,溶于水,移入 500ml 容量瓶中,用水稀释至刻度,摇匀。如试验溶液浑浊,则需干过滤,弃去初始 10～15ml 滤液。用移液管移取 25ml 试验溶液置于 100ml 烧杯中,加 35ml 水、1 滴甲基红指示液,用乙酸溶液调至红色,于水浴上加热至 40℃,在搅拌下逐滴加入 8.5ml 四苯硼钠乙醇溶液,放置 10min 取下,冷至室温。用已于 120℃～125℃下烘至恒量的坩埚式过滤器抽滤,用四苯硼钾 乙醇饱和溶液转移沉淀,并每次用 15ml 四苯硼钾乙醇饱和溶液洗涤沉淀 3～4 次抽干。取下 坩埚式过滤器,用 2ml 无水乙醇沿坩埚式过滤器壁洗一次,抽干,于 120℃～125℃下干燥至 恒量。

(5)结果计算

以质量百分数表示的碳酸钾(K_2CO_3)含量(x_1)按下式计算:

$$x_1 = \frac{m_1 \times 0.1928}{m \times \frac{25}{500}} \times 100 = \frac{385.6 m_1}{m}$$

式中:m_1——四苯硼钾沉淀的质量,g;m——试料的质量,g;0.1928——将四苯硼钾换算成碳酸钾的系数。

第5章 农药残留检测

5.1 残留农药的种类及危害

5.1.1 农药的分类

农药的种类很多,根据其在农业上的用途可分为杀虫剂、杀菌剂、杀螨剂、杀软体动物剂、熏蒸剂、除草剂、杀鼠剂、植物生长调节剂等。其中以杀虫剂、杀螨剂、杀菌剂和除草剂最为常用。根据防治对象的不同,我们常将防治害虫的农药称为杀虫剂,防治红蜘蛛的称为杀螨剂,防治作物病菌的称为杀菌剂,防治杂草的称为除草剂,防治鼠类的称为杀鼠剂。其中,杀虫剂可分为有机氯杀虫剂、有机磷杀虫剂、氨基甲酸酯类杀虫剂、拟除虫菊酯类杀虫剂及沙蚕毒类杀虫剂等几类。

1. 有机磷杀虫剂

有机磷杀虫剂自问世到现在已有70年的历史。因为高效、快速、广谱等特点,有机磷杀虫剂一直在农药中占有很重要的位置,对世界农业的发展起了很重要的作用。目前中国注册登记并广泛使用的有机磷杀虫剂品种主要有:对硫磷、甲基对硫磷、甲胺磷、乙酰甲胺磷、水胺硫磷、乐果、氧化乐果、敌敌畏、马拉硫磷、辛硫磷、久效磷、甲拌磷、毒死蜱、三唑磷、甲基异柳磷、敌百虫、杀扑磷、丙溴磷等。有机磷杀虫剂品种繁多,使用范围广,多数有机磷杀虫剂具有广谱杀虫作用,对蚊、蝇、蜱、螨、虱、臭虫等均有杀灭作用,兼有触杀、胃毒和熏蒸等不同的杀虫作用;具有高效速杀性能,产生抗性或交叉抗性少。有机磷杀虫剂对害虫(包括害螨)毒力强,多数品种的药效高,使用浓度低。一般在气温高时药效更好。其杀虫机理是抑制胆碱酯酶活性,使害虫中毒。

2. 有机氯杀虫剂

有机氯杀虫剂是氯代烃类化合物,亦称氯代烃农药,用于防治植物病、虫害的组成成分中含有有机氯元素的有机化合物。这是人类历史上最早的有机合成农药,其最典型的产品为滴滴涕和六六六。这类农药曾在农林害虫及卫生防疫方面发挥过重大作用,尤其在控制斑疹和疟疾的传播方面,更是有着不可磨灭的功劳。在20世纪80年代前,它和有机磷类、氨基甲酸酯类杀虫剂一起,称为杀虫剂的三大支柱。出于对人类健康安全的考虑,自20世纪70年代起,许多国家禁止或限制了有机氯杀虫剂的使用,我国也从1983年起全面禁止六六六、DDT等高残留有机氯杀虫剂的使用。目前,仅有林丹、三氯杀虫酯、三氯杀螨醇、三氯杀螨砜、硫丹等对环境相对较安全、无积累毒性的少数几个品种尚在使用,用量日益减少,正逐渐被其他农药所取代。

3. 氨基甲酸酯类杀虫剂

氨基甲酸酯类杀虫剂是继有机磷杀虫剂之后发现的一种新型农药,已被广泛应用于粮食、蔬菜、水果等各种农作物。氨基甲酸酯类农药克服了有机氯农药高残留和有机磷类农药的耐药性的缺点,具有分解快、残留期短等特点。可以预计,在一定时间内,氨基甲酸酯类杀虫剂仍将是杀虫剂领域中一个重要的组成部分。然而,尽早取代氨基甲酸酯类杀虫剂,同样是一个重要的研究方向。

4. 沙蚕毒类杀虫剂

沙蚕毒类杀虫剂是一种生物活性和作用机制类似沙蚕毒素的有机合成杀虫剂。在生物体内代谢为沙蚕毒素或二氢沙蚕毒素,主要作用于神经节胆碱能突触受体,阻碍昆虫中枢神经系统的突触传递使昆虫致死。目前,沙蚕毒类杀虫剂产品仅有七种,即杀螟丹、沙虫环、杀虫磺、杀虫双、杀虫单、杀虫丁、多噻烷。其中,杀虫双、杀虫单、杀虫丁、多噻烷为我国所开发,在沙蚕毒类杀虫剂的研究开发方面可谓独树一帜,尤其是杀虫双和杀虫单,我国产量高达数万吨,在杀虫剂中仅次于甲胺磷,位居次席。但是由于长期使用使水稻二化螟等害虫产生了抗性,如何对付抗性,是沙蚕毒类杀虫剂的一个重要研究课题。

5. 拟除虫菊酯类杀虫剂

拟除虫菊酯类杀虫剂源于除虫菊花,是由植物源农药开发化学农药的成功典范之一,常见的菊酯类农药有溴氰菊酯和氯氰菊酯等。由于多种拟除虫菊酯类农药对鱼类和贝类等水生动物毒性较大,一些国家已对其使用做出了严格的限制。

5.1.2　食品中农药残留的危害

大量流行病学调查和动物试验研究结果表明,农药对人体的危害如表 5-1 所示。

表 5-1　农药对人体的危害

毒性类型	中毒原因	中毒危害
急性	主要由职业性(生产和使用)中毒、自杀或他杀以及误食、误服农药,或者食用刚喷洒了高毒农药不久的蔬菜和瓜果,或者食用因农药中毒而死亡的畜禽肉和水产品而引起	中毒后常出现神经系统功能紊乱和胃肠道疾病症状,严重时会危及生命
慢性	若长期食用农药残留量较高的食品,农药会在人体内逐渐蓄积,最终导致人的机体生理功能发生变化,引起慢性中毒	许多农药可损害神经系统、内分泌系统、生殖系统、肝脏和肾脏,影响酶的活性、降低机体免疫功能,引起结膜炎、皮肤病、不育、贫血等疾病
特殊毒性	—	具有致癌、致畸和致突变作用,或者具有潜在"三致"作用

5.2 常用的农药残留的检测技术

5.2.1 高效液相色谱法

高效液相色谱法（High Performance Liquid Chromatography，HPLC），也称为高压液相色谱法、高速液相色谱法或现代液相色谱法，是以液体为流动相的色谱分析技术，具有分析速度快、分离效率高和操作自动化的特点，是 20 世纪 60 年代中后期，在经典液体柱色谱和气相色谱的基础上发展起来的一种新颖、快速的高效分离分析技术。

高效液相色谱法是现代农药残留分析中不可缺少的手段。它解决了热稳定性差、难于气化、极性强的农药的残留分析问题。高效液相色谱技术的进步，目前已经不仅仅是气相色谱法的重要补充和多残留分析方法的一种重要选择，而且随着高灵敏度的、通用型检测器的成功开发和应用，该方法有希望胜任绝大多数农药残留分析任务。

1. 基本原理

高效液相色谱法按分离机制的不同，分为液-液分配色谱法（正相与反相）、液-固吸附色谱法、离子交换色谱法、离子对色谱法和体积排阻色谱法。

（1）液-液分配色谱法

液-液分配色谱法如图 5-1 所示。

液-液分配色谱法 $\left\{\begin{array}{l}\text{正相色谱法(NPC)：采用极性固定相，流动相为相}\\\text{对非极性的疏水性溶剂，常用于分离中等极性和极}\\\text{性较强的化合物}\\\\\text{反相色谱法(RPC)：一般用非极性固定相(如}C_{18}、C_8\text{)，}\\\text{流动相为水或缓冲液，常用于分离非极性和极性较}\\\text{弱的化合物，反相色谱法在现代液相色谱中应用得最}\\\text{为广泛，据统计，它占整个HPLC应用的80\%左右}\end{array}\right.$

图 5-1 液-液分配色谱法

（2）液-固吸附色谱法

液-固吸附色谱法使用的是固体吸附剂，分离过程是吸附-解吸附的平衡。粒度在 $5\sim10\mu m$ 之间的硅胶或 Al_2O_3 是常用的固体吸附剂，经常分离非离子型化合物（分子量为 $200\sim1000$）。

（3）离子交换色谱法

固定相是离子交换树脂，在表面末端芳环上接上羧基、磺酸基或季氨基。

离子交换色谱法主要用于分析有机酸、氨基酸及核酸。

（4）离子对色谱法

是液-液色谱法的分支，又称偶离子色谱法，主要用于分析离子强度大的酸碱物质。

（5）体积排阻色谱法

流动相是可以溶解样品的溶剂，固定相是有一定孔径的多孔性填料。常用于分离高分子化合物，如组织提取物、多肽、核酸等。

2. 高效液相色谱法的特点

(1)高压

高效液相色谱法对被称为载液的液体流动相施加了很高的压力,系统内压力可达15～35MPa,可以克服载液流过色谱柱时受到的阻力,从而使载液迅速流过色谱柱。

(2)高效

采用5～10μm的微粒作为填料,其传质快,柱效一般可达每米10^4理论塔板数。

(3)高速

分析速度快、载液流速快,通常分析一个样品需要15～30min,有些样品甚至在5min内即可完成,比经典液体色谱法检测速度快得多,一般小于1h。

(4)高灵敏度

不同检测器的灵敏度不同,其中紫外检测器的灵敏度可达0.01ng,荧光和电化学检测器的灵敏度可达0.1pg,使高效液相色谱的灵敏度可与气相色谱法媲美。

(5)广泛的应用性

高效液相色谱可用于高沸点的、不能气化的、热不稳定的及具有生理活性的物质及其代谢物的分离。80%以上的有机物原则上都可以采用高效液相色谱法进行分离。

3. 基本流程

高效液相色谱仪由进样系统、高压输液系统、分离系统、检测系统、数据处理系统和自动控制单元组成。

(1)进样系统

进样系统包括进样口、注射器和进样阀等,它的作用是把分析试样有效地送入色谱柱中进行分离。HPLC的进样方式可分为:隔膜进样、停流进样、阀进样、自动进样。

(2)高压输液系统

一般由贮液罐及脱气装置和高压输液泵组成,其作用是提供稳定的高压液体。

1)贮液罐

溶剂贮液罐一般由玻璃、不锈钢或氟塑料制成。流动相在转入贮液罐前必须过滤和脱气。过滤采用0.45μm水系或有机系的微孔滤膜进行过滤;过滤后的流动相必须脱气,否则容易在系统内逸出气泡,影响泵的工作。

脱气方法有在线脱气和离线脱气两种。离线脱气常用方法有:真空脱气法和超声波脱气法。

2)高压输液泵

高压输液泵是高效液相色谱仪中最重要的部件之一。其作用是将贮液罐中的流动相以高压形式连续不断地送入液路系统,使样品在色谱柱中完成分离过程。输液泵应具备如下性能:流量稳定、耐高压、耐腐蚀、液缸容积小和密封性好。

泵的种类很多,按输液性质可分为恒压泵和恒流泵。恒流泵是能给出恒定流量的泵,其流量与流动相黏度和柱渗透性无关。恒流泵包括螺旋注射泵、柱塞往复泵和隔膜往复泵。螺旋注射泵和隔膜往复泵缸体太大,这两种泵已被淘汰。目前应用最多的是柱塞往复泵。恒压泵是保持输出压力恒定的泵,而流量随外界阻力变化而变化,恒压泵受柱阻影响,流量不稳定。

恒压泵有气动放大泵。

3)梯度洗脱装置

梯度洗脱的实质是通过不断变化流动相的强度,来调整混合样品中各组分的分离度,使所有谱带都以最佳分离度通过色谱柱。

在进行梯度洗脱时,需要注意如图 5-2 所示的问题。

溶剂纯度要高,以保证良好的重现性。进行样品分析前必须进行空白梯度洗脱,以辨认溶剂杂质峰。用于梯度洗脱的溶剂应彻底脱气,以防止混合时产生气泡

溶剂的互溶性和晶体的析出,不相混溶的溶剂不能用作梯度洗脱的流动相。当有机溶剂和缓冲液混合时,还可能析出盐的晶体,尤其在使用磷酸盐时需特别小心

混合溶剂的黏度随组成的变化而变化,导致梯度洗脱时常出现压力的变化。例如甲醇和水黏度都较小,当二者以相近比例混合时黏度增大很多,此时的柱压大约是以甲醇或水为流动相时的两倍

每次梯度洗脱之后必须对色谱柱进行再生处理,使其恢复到初始状态。需用 10～30 倍柱容积的初始流动相流洗色谱柱,使固定相与初始流动相达到完全平衡

图 5-2　梯度洗脱时需要注意的问题

(3)分离系统

该系统包括色谱柱、连接管和恒温器等,其作用是将混合样品分离,使各组分在不同的保留时间出峰。

1)色谱柱

色谱柱的性能:

色谱柱填充方法有干法和湿法两种。填料粒度大于 $20\mu m$ 的可用干法填充。小于 $20\mu m$ 的填料,由于具有很高的表面能,往往容易黏结,因而采用湿法填充。选择一种或数种溶剂作为分散、悬浮介质,经超声处理使微粒在介质中高度分散并呈悬浮状半透明匀浆,然后在高压下把匀浆压入柱中,制成具有均匀紧密填充床的色谱柱。高效液相色谱法中的色谱柱通常用匀浆填充法填充。

湿法装柱的步骤:

根据柱体积确定填料量,加上适量溶剂使填料量占溶剂和填料总体积的 $10\%～15\%$。可以更换不同容积的匀浆罐以容纳适量的溶剂。对于硅胶微粒,常用溶剂为三氯乙烯-乙醇(1∶1)或二氧六环-四氯化碳(1∶2);而对反相 C_{18} 键合硅胶,溶剂常用异辛烷-三氯甲烷(1∶3)。把一定量的填料和溶剂放到玻璃瓶中,把玻璃瓶置于超声波条件下处理 10min,分散开凝聚粒子,并使其得到匀浆。迅速将匀浆倒入匀浆罐中,用恒压泵以 40～80MPa 的压力把匀浆压入色谱柱,在溶剂被顶替掉后,压力下降到平衡位置,在平衡位置保持 5～10min。压力进一步下降后,关泵,当溶剂流速为零时,可把柱子卸下,测试柱效。

2)恒温器

高效液相色谱的恒温器可使温度从室温调到 60℃,通过改善传质速度、缩短分析时间,就

可增加层析柱的效率。

（4）检测系统

一般由独立的检测器或附属部件构成,其作用是把洗脱液中各组分的量转变为电信号。

（5）数据处理系统和自动控制单元

数据处理系统又称色谱工作站。它可对分析的全过程进行在线显示,自动采集、处理和储存分析数据。

自动控制单元的作用是将各部件与控制单元连接起来,在计算机上通过色谱软件将指令传给控制单元,从而使整个分析过程实现全自动化。

4. 固定相和流动相

（1）固定相

固定相的粒度对于分离效果而言至关重要,一般来说,固定相的粒度越小,需要的填充相越多;粒度越小,其表面积越大;色谱柱越长,和流动相中的各个组分作用也就越充分,分离效果也就越好。但粒度越小,压力也越大,对泵的要求也越高;色谱柱越长,谱带展宽就越严重,所以一般会在分离度良好的情况下尽量选择短的柱子。

固定相按化学组成可分为微粒硅胶、高分子微球和微粒多孔碳等主要类型;按结构分为薄壳型和全孔型;按形状分为无定型和球型;按填料表面改性与否可分为吸附型和化学键合型;也可以按洗脱模式分成吸附、液-液键合、离子交换和凝胶渗透 4 类。

（2）流动相

流动相的极性对于分离起着至关重要的作用。一个理想的液相色谱流动相溶剂应具有低黏度、与检测器兼容性好、易于得到纯品和低毒性等特征。选择流动相时应考虑如图 5-3 所示的几个方面。

流动相应不改变填料的任何性质。碱性流动相不能用于硅胶柱系统,酸性流动相不能用于氧化铝、氧化镁等吸附剂的柱系统

纯度。色谱柱的寿命与流动相的大量通过有关,特别是当溶剂所含杂质在柱上积累时

必须与检测器匹配。使用紫外检测器时,所用流动相在检测波长下应没有吸收,或吸收很小。当使用示差折光检测器时,应选择折光系数与样品差别较大的溶剂作为流动相,以提高灵敏度

黏度要低（<2cp）。高黏度溶剂会影响溶质的扩散、传质,降低柱效,还会使柱压降增加,使分离时间延长。最好选择沸点在100℃以下的流动相

样品的溶解度要适宜。如果溶解度欠佳,样品会在柱头沉淀,不但影响了纯化分离,而且会使柱子恶化

样品易于回收。应选用挥发性溶剂

图 5-3　选择流动相时应考虑的问题

常用流动相的要求如下:

①水。反相高效液相色谱法和检测器基线校正的重要溶剂,水的纯度至关重要,特别是在痕量分析中检测器处于高灵敏度状态时。长时间使用时,纯度满足不了要求的水,有时会出鬼峰。水的纯化可以采用蒸馏法、离子交换法、电渗析法和反渗透法等。

可以采用下列程序检验水的纯度:首先泵 100ml 水通过 C_{18} 柱,然后进行线性梯度洗脱,流速 1mL/min,10min 流动相甲醇从 0 升到 100%,保持 15min,再用在线紫外检测器进行测定。要求在 0.08AUFS 档位基线漂移小于 10%,几乎不出峰,即使出峰其峰高也小于满刻度值 3%～5%。

②乙腈。反相高效液相色谱法常用的溶剂,实验室常用的只能满足紫外检测器的需要。这样的试剂很难符合荧光和电化学检测器的要求。

③甲醇。反相高效液相色谱法常用的溶剂之一,其杂质主要是水。市面上能够买到紫外光谱纯的商品,但它的主要问题也是有些特性满足不了荧光和电化学检测分析的要求。

④氯代烃类溶剂。在正相高效液相色谱法中常用的二氯甲烷等氯代烃类溶剂中,添加稳定剂甲醇或乙醇。乙醇能够提高流动相的极性,缩短正相高效液相色谱分析中各组分的保留时间。各批次之间浓度的变化也许会影响重复性。国内市场上可能不容易买到不含稳定剂的氯代烃类溶剂,但是可以用氧化铝柱吸附的办法或者用水提取脱掉稳定剂。不含稳定剂的氯代烃类溶剂可以缓慢分解,特别是与其他溶剂共存时。分解的盐酸会腐蚀不锈钢部件,损伤色谱柱。以戊烯为稳定剂的氯代烃类溶剂可避免上述问题的产生。

⑤醚类溶剂。这类溶剂中常添加稳定剂以防止其氧化,如四氢呋喃中加对苯二酚。这种稳定剂能吸收紫外光,干扰紫外检测。可以在蒸馏中加入氢氧化钾去除。另外,这类溶剂中的氧化物可用氧化铝柱吸附净化。

5. 色谱柱

高效液相色谱法使用的色谱柱通常为优质不锈钢,内径均匀,抛光,无轴向沟槽。以 C_{18} 为代表的高效反相液相色谱柱极其广泛地应用于动力学、生命科学、医疗健康、生物分析检测、毒品和兴奋剂检测、食品安全分析、环境分析、军事、国土安全等领域。常用的分析型色谱柱内径为 4.6cm,长度为 20～25cm,在建立分析方法时可以考虑使用短柱,如果需要特别高的分离度,可以使用长柱。

6. 检测器

(1)检测器的分类

按照不同的分类方法,检测器有不同的分类,下面分别介绍按照原理,应用范围、测量原理,检测方式的不同对其进行分类(图 5-4～图 5-6)。

(2)检测器的性能指标

检测器的性能指标如图 5-7 所示。

光学检测器(如紫外、荧光、示差折光、蒸发光散射检测器)

热学检测器(如吸附热检测器)

按原理分类 电化学检测器(如极谱、库仑、安培检测器)

电学检测器(介电常数、压电石英频率检测器)

放射性检测器(闪烁计数、电子捕获、氢离子化检测器)

图 5-4 检测器按原理分类

通用型。通用型检测器测量的是一般物质均具有的性质,它对溶剂和溶质组分均有反应,如示差折光、蒸发光散射检测器。通用型的灵敏度一般比专属型的低

按应用范围、测量原理分类

专属型。专属型检测器只能检测某些组分的某一性质,如紫外、荧光检测器,它们只对有紫外吸收或荧光发射的组分有响应

图 5-5 检测器按应用范围、测量原理分类

浓度型。浓度型检测器的响应与流动相中各组分的浓度有关。

按检测方式分类

质量型。质量型检测器的响应与单位时间内通过检测器的组分的量有关。

图 5-6 检测器按检测方法分类

噪声和漂移。反映检测器电子元件的稳定性及其受温度和电源变化的影响。噪声和漂移都会影响测定的准确度,应尽量减小

灵敏度。对于浓度型检测器,它表示单位浓度的样品所产生的电信号的大小。对于质量型检测器,它表示在单位时间内通过检测器的单位质量的样品所产生的电信号的大小

检测器的性能指标

检出限。检测器灵敏度的高低,并不等于它检测最小样品量或最低样品浓度能力的高低,因为在定义灵敏度时,没有考虑噪声的大小,而检出限与噪声的大小有直接的关系。检测限把流动相中样品组分在检测器上产生两倍基线噪声信号时相对的浓度或质量流量定为HPLC法的检出限。

图 5-7 检测器的性能指标

(3)常用检测器

1)紫外-可见光检测器

紫外-可见光检测器(Ultraviolet-Visible Detector,UV-VIS)是液相色谱仪中应用最广泛

的检测器,为高效液相色谱仪的基本配置,在各种检测器中其使用率高达70%左右,对80%有紫外吸收的物质均有响应。目前报道的高效液相色谱法测定农药残留分析的文献中,约有90%采用紫外-可见光检测器。具有灵敏度高、线性范围宽、对流速和温度变化不敏感的特点,可用于梯度洗脱,它要求被检测样品组分有紫外吸收,使用的洗脱液无紫外吸收或紫外吸收波长与被测组分紫外吸收波长不同或在被测组分吸收波长处没有吸收。

①工作原理。

紫外-可见光检测器的工作原理基于朗伯-比尔定律。该定律指出,当一束平行单色光通过物质溶液时,如果溶剂不吸收光,则溶液的吸光度与吸光物质的浓度和光经过溶液的距离成正比,见式(5-1)~式(5-3)。

$$A = \varepsilon bc = \lg \frac{I_0}{I} = \lg \frac{1}{T} \tag{5-1}$$

$$I = I_0 \, \mathrm{e}^{-abc} \tag{5-2}$$

$$T = \frac{I}{I_0} \tag{5-3}$$

式中:A——吸光度;I_0——入射光强度;I——透射光强度;ε——样品的摩尔吸光系数;b——光程长;c——样品的浓度。

紫外-可见光检测器采用氘灯作为光源,检测波长范围为190~380nm。如检测成分的波长超过这个范围,则采用加装有钨灯的紫外-可见光检测器。当光线照射到衍射光栅时,根据波长不同会发生散射。当待测样品的分子结构中含有生色团、助色团时就会对紫外光产生吸收,吸收的本质是某一特定波长的光量子能量等于样品分子外层电子从基态跃迁至激发态轨道的能量,满足这一条件时才能产生吸收光谱。不同的成分有不同的吸收光谱。摩尔吸光系数大的成分,即使量少,其色谱峰也很大。通过检测吸收光谱的差异就可以确定被测样品的含量和浓度。

②结构。

紫外-可见光检测器由光源、分光系统、流通池和检测系统4大部分组成(图5-8)。从光源和分光系统得到的单色光通过测量池时,一部分光被待测农药分子吸收,剩余的透射光到达检测系统的光电倍增管,由它将光信号转换为电信号,再经过电子电路放大,最后得到与待测农药浓度成正比的仪器输出信号,记录下来进行处理。

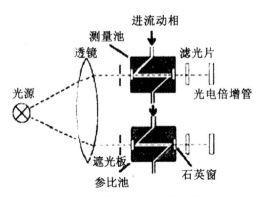

图5-8 紫外-可见光检测器

分光系统包括聚光镜、狭缝机构和单色器。可变波长检测器采用光栅作为单色器。光栅单色器的优点是固定的狭缝宽度可以产生几乎恒定的带宽,色散均匀、为线性、与波长无关。

③分类。紫外-可见光检测器按波长可分为固定波长检测器(波长为 254nm)、可变波长检测器和二极管阵列检测器。按光路系统来分,紫外-可见光检测器可分为单光路和双光路两种。

2)二极管阵列检测器

二极管阵列检测器(Diode Array Detector,DAD),又称光电二极管阵列检测器或光电二极管矩阵检测器(Photo-Diode Array Detector,PDAD)。1982 年惠普公司推出世界上第一台商品化二极管阵列检测器。二极管阵列检测器不仅可以克服普通紫外-可见光检测器的缺点,而且可以获得吸光度、时间、波长的三维光谱色谱图,可以绘制任意时间下的吸光度-波长曲线。早期的二极管阵列检测器灵敏度偏低,光谱分辨率远低于色散型紫外检测器。现代的高分辨率 DAD 几乎可以和色散型紫外检测器媲美,为分析工作者提供了十分丰富的定性定量信息,被称为液相色谱中最有发展、最好的检测器。但与普通的可变波长紫外-可见光检测器相比,二极管阵列检测器的灵敏度要低一个数量级。

工作原理和结构:二极管阵列检测器令光线先通过样品流通池,然后通过一系列分光技术,使所有波长的光在接收器上同时被检测。主要特点是用二极管阵列检测器同时接收来自流通池的全光谱透过光。为实现这一功能,它在光路结构上与色散型紫外检测器有重要区别。

二极管阵列检测器的结构如图 5-9 所示。

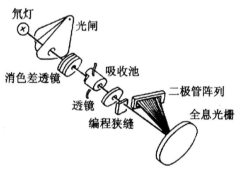

图 5-9　二极管阵列检测器

3)荧光检测器

①工作原理。

用紫外光照射某些化合物时,它们可受激发而发出荧光,测定发出的荧光能量即可进行定量,荧光属于光致发光现象。

②结构。

荧光检测器(Fluorescence Detector,FLD)包括以下基本部件:激发光源,选择激发波长用的单色器,流通池及用于检测发光强度的光电检测器(图 5-10)。

③使用注意事项。

荧光检测器的最大特点是灵敏度极高,比紫外检测器约高 2 个数量级,最小检出量可达 10^{-14} g。它具有良好的选择性,能够避免不发荧光的成分的干扰,线性范围虽不如紫外检测器,但也可达到 $10^4 \sim 10^5 g$,受外界条件的影响较小,只要选作流动相的溶剂不会发射荧光,荧光检测器就能适用于梯度洗脱。尽管可采用柱后衍生的方法去测定那些具有潜在荧光的农药,但分析对象范围还是相对较窄。流通池容易被污染,必要时可以用铬酸洗液浸泡过夜。

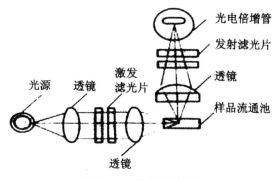

图 5-10 荧光检测器

4)电化学检测器

电化学检测器(Electrochemical Detector,ECD)在农药残留分析上主要有安培检测器和电导检测器。其中,安培检测器已经用于乙撑硫脲(ETU)的检测,最低检出浓度可达 $0.01 \sim 0.02mg/kg$。也可以用电导检测器测定三乙膦酸铝在植物源样品中的残留量。

5)质谱检测器

质谱检测器(Mass Spectrometric Detector,MSD)作为高效液相色谱仪的检测器是农药残留分析领域的热点。

6)光电导检测器

光电导检测器(Photoconductive Detector,PCD)是在电导池中,利用某些化合物受强烈紫外光照射引起光电离形成离子的现象进行检测。这种检测器对卤代物及许多含硫和氮的光敏化合物有选择性响应。光电导检测器对某些化合物的灵敏度比紫外检测器高。

7)蒸发光散射检测器

1985 年世界上第一台蒸发光散射检测器(Evaporative Light-Scattering Detector,ELSD)问世,它标志着高灵敏、通用型检测器的诞生。蒸发光散射检测器在紫外检测器不能检测的化合物如碳水化合物、醇类、磷脂类、脂肪酸、表面活性剂、萜烯酸酯等的梯度分析中显示出非常大的优势。

蒸发光散射检测器不受溶剂前沿峰的干扰及温度和梯度洗脱对基线的影响,因此 ELSD 能在多溶剂梯度的情况下获得稳定的基线,使得分辨率更好、分离速度更快,而且 ELSD 检测时,无需样品带有发色团或荧光基团。

①工作原理。

经色谱柱分离的组分随流动相进入雾化器中,在雾化器中被高速气流雾化形成气溶胶,然后在加热的漂移管中将溶剂蒸发,最后余下的不挥发性溶质颗粒,在一束光线照射下发生光散射现象,在一定角度测得的光散射强度与溶质颗粒大小和数量成正比。理论上讲,它可以检测挥发性低于流动相的所有化合物。

②结构。

蒸发光散射检测器由柱流出物雾化部件、流动相蒸发部件、目标化合物检测系统组成

(图 5-11)。开始时设计采用不分流的技术,基线噪声大,不能检测半挥发性化合物。现已广泛使用分流技术,对雾化器和蒸发管改进后,蒸发光散射检测器也可在低温下工作,这样对检测热不稳定的化合物更有效。一般的蒸发光散射检测器蒸发时需要高温,而高温时容易产生基线稳定性和操作性上的问题。低温蒸发光散射检测器(ELSD-LT)克服了这些问题,在 40℃左右的低温下也可正常工作,即使以水为流动相在 32℃的低温下也可稳定蒸发。

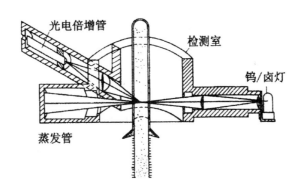

图 5-11　ELSD 结构示意图

7. 高效液相色谱仪的日常维护

高效液相色谱仪需要日常精心的维护和保养,以便仪器处于正常的工作状态,延长色谱柱的使用寿命,保证分析数据更为准确可靠。

(1)输液泵的日常维护

①腐蚀性溶剂或缓冲液在泵内存放不可过夜,否则溶剂会对泵产生腐蚀作用。使用腐蚀性溶剂后要冲洗,先用水后用甲醇。

②高压泵的高压限制自动保护值不要设置太高,日常分析压力值为 20～30MPa。当超压报警、高压泵停止泵液时,要逐级拆开管路,找出堵塞处,排除后再复位工作。

使用了很长一段时间的色谱柱或加大流动相的流速时,柱压会明显升高,高压泵的噪声也会加大,不要使用挥发性很大的溶剂(戊烷、乙醚),这类溶剂在运行过程中易挥发而使系统产生气流泡。流动相在使用前要脱气,以免产生气泡。

③避免电机过热,带电机的泵要定期加油。

④在维修高压泵时要特别小心,防止固体颗粒进入泵体划伤密封环、阀球、阀座和柱塞。

(2)输液泵常见故障及排除方法

①既无压力指示,又无流动相流出。原因可能是泵内有大量气体,这时可用一个 50ml 针筒在泵出口处抽出气体。

②压力和流量不稳。原因可能是有气泡或单向阀内有异物,需排气或清洗。

③压力异常升高,输液管被堵塞,需要清除和清洗。压力降低的原因则可能是管路有泄漏。检查堵塞或泄漏时应逐段进行。

(3)色谱柱的日常维护

①避免柱压的急剧变化。每次开机时,流量要逐渐增大或减小,避免柱压的突然升降。

②柱的冲洗。对于含盐的流动相,仪器操作结束后,先用纯水或含 5％甲醇的水冲洗 20～30min,再用 85％以上甲醇溶液冲洗 30～60min。不含盐的流动相,仪器操作结束后,先用流动相冲洗 10～15min,再用 5％甲醇冲洗 10～20min。最后用 85％以上甲醇溶液冲洗,时间 20～30min(注:不能直接用有机溶剂冲洗,盐类易析出,堵塞色谱柱,造成色谱柱永久性损坏)。

③选择使用适宜的流动相(尤其是 pH 值),以避免固定相被破坏。

④装卸、更换、挪动柱子时,动作宜轻,使其不受到碰撞,以免柱床因震动而产生空隙或通道。

(4)检测器的常见故障及排除方法

①异常峰的出现。可能是流动相内混有气泡、光源灯已到极限、环境温度起落大或流动池出口反压太大,处理方法分别为进行排气、换灯、检查流路是否畅通,或更换内径粗些的出口连接管。

②基线漂移。样品池、参比池被污染,可用溶剂清洗检测池。

③紫外吸收响应值出现负峰。在测定稀溶液中的痕量组成成分时,样品的紫外吸收值低于流动相的相应值而出现负峰,此时应特别注意溶剂的纯度。

(5)数据处理系统和工作站的维护及升级

配备色谱工作站的高效液相色谱仪,通常由仪器生产厂家专门开发的软件操作系统来控制仪器的工作状态和数据处理。在安装和使用这类软件时要注意适用的计算机操作系统的版本和语言,计算机的硬件设备要有驱动,使之正常工作,否则可能导致计算机经常死机,影响正常的分析工作。

5.2.2 超临界流体色谱法

将超临界流体色谱应用到农药残留分析只是最近十年的事,对于极性较弱的农药,该方法是成功的;但对极性相对较强的农药如磺酰脲类除草剂,使用超临界流体提取和分析时,需要加入大量的极性溶剂如甲醇等,才能获得成功。超临界流体萃取在农药残留分析前处理上显示出了明显的优越性,但在分离、检测方面的优越性并不明显。因此有些情况下,该项技术并不是首选。

1. 超临界流体色谱仪的基本流程和重要部件

超临界流体色谱仪的典型流程如图 5-12 所示。可分成流动相系统、分离系统和检测系统三大部分。流动相系统主要包括流动相贮罐、流动相干燥净化管以及流动相的加压、显示装置等;分离系统主要包括分离用的色谱柱、恒温箱及进样分流装置;检测系统包括检测器,数据处理、显示记录和打印装置。用于农药残留分析的检测器常为紫外检测器,根据需要也可配氮磷检测器、电子捕获检测器等。

商品化的超临界流体色谱仪在国内由北京先通科学仪器研究所生产;国外由安捷伦科技有限公司等十多家公司生产,现已有一机三用(气相、液相、超临界流体)的色谱仪问世。

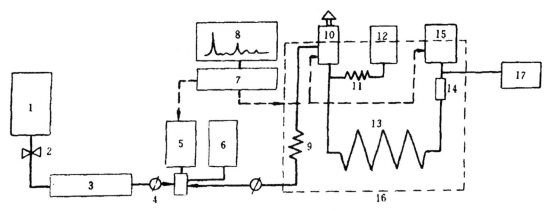

图 5-12　超临界流体色谱仪的典型流程

1—流动相贮罐；2—调解阀；3—干燥净化管；4—截止阀；5—高压泵；6—泵头冷却装置；
7—微处理机；8—显示打印装置；9—热交换柱；10—进样阀；11—分流阻力管；12—分流加热出口；
13—色谱柱；14—限流器；15—检测器；16—恒温箱；17—尾吹气

2. 超临界流体色谱法在农药残留分析中的应用

1987 年，Wheeler 等就报道采用超临界色谱方法对农药残留进行检测，样品用 CN 柱分离，用电子捕获检测器、氮磷检测器和紫外检测器在线检测。填充柱超临界色谱法通常在保证较高分离度的情况下，分析时间缩短为高效液相色谱法的 1/5～1/3。对于复杂的样品也会得到满意的分离。Kenan 等采用填充柱超临界色谱-大气压化学电离质谱法，同时对土壤中三类不同结构类型的农药进行了检测。其中包括三氮苯类除草剂——莠去津、莠灭净；氨基甲酸酯类杀虫剂——克百威；磺酰脲类除草剂——苄嘧磺隆、氯磺隆和甲磺隆。超临界流体色谱法条件：CN 柱(25cm×4.5mm 内径)，柱前压 20MPa，超临界流体 CO_2 流量 2mL/min，10％甲醇改性剂，柱温 50℃，10ml 定量管。质谱条件：离子源温度 120℃，四极杆温度 300℃，放电电压 3kV，锥体电压 20～70V，浴气流速 200L/h，扫描范围 100～500u(1.33s)。

第6章　兽药残留的检测

6.1　残留兽药的种类及危害

在食品动物体内或动物性食品中发现的违规残留,大都是由用药错误造成的,其原因如图 6-1 所示。

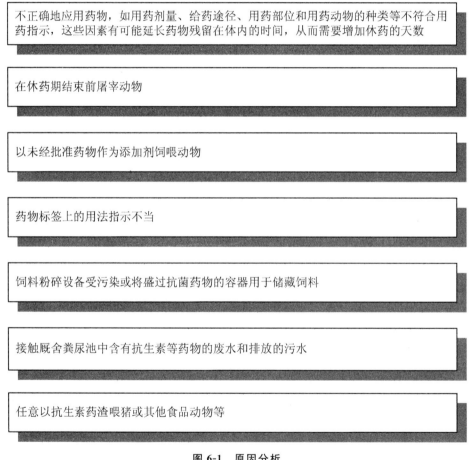

不正确地应用药物,如用药剂量、给药途径、用药部位和用药动物的种类等不符合用药指示,这些因素有可能延长药物残留在体内的时间,从而需要增加休药的天数

在休药期结束前屠宰动物

以未经批准药物作为添加剂饲喂动物

药物标签上的用法指示不当

饲料粉碎设备受污染或将盛过抗菌药物的容器用于储藏饲料

接触厩舍粪尿池中含有抗生素等药物的废水和排放的污水

任意以抗生素药渣喂猪或其他食品动物等

图 6-1　原因分析

美国食品药物管理局(FDA)和美国兽医中心(CVM)的调查结果表明,引起违章药物残留的常见原因如图 6-2 所示。

6.1.1　兽药的种类

兽药是指用于治疗、诊断动物疾病或者有目的地调节动物生理机能的物质(含药物饲料添加剂），主要包括血清制品、疫苗、诊断制品、微生态制品、中药材、中成药、化学药品、抗生素、生化药品、放射性药品及外用杀虫剂、消毒剂等。

兽药残留的种类很多，残留毒理学意义较大的兽药按其用途分类主要包括如图 6-3 所示。

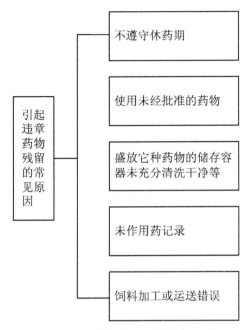

图 6-2　引起违章药物残留的常见原因

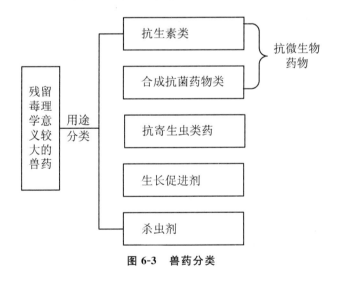

图 6-3　兽药分类

1. 抗微生物药物

抗微生物药物主要包括抗生素和合成抗菌类药物。

（1）抗生素

常见的抗生素根据它们的化学结构可分 β-内酰胺类、大环内酯类、林可胺类、多肽类、氨基糖苷类、四环素类、氯霉素类。主要作用于革兰氏阳性细菌的抗生素有 β-内酰胺类、大环内酯类、林可胺类等;主要作用于革兰氏阴性细菌的抗生素有氨基糖苷类;广谱抗生素主要有四环素类、氯霉素类。

（2）合成抗菌药物

兽医临床上广泛使用的合成抗菌药物主要有磺胺类、二氨基嘧啶类、硝基呋喃类、硝基咪唑类、喹诺酮类、喹恶啉类。

2. 驱虫类药物

畜禽蠕虫病是危害畜牧生产的一类常见病和多发病,它不仅造成畜禽的生产性能下降或引起死亡,而且某些人畜共患病还能危及人体健康。根据主要作用对象和蠕虫分类,驱虫类药物可分为驱线虫药、驱绦虫药、抗吸虫药和抗血吸虫药。

（1）驱线虫药

驱线虫药根据其作用对象的种类可分为驱胃肠道线虫药、驱肺线虫药及抗丝状虫药等。驱胃肠道线虫药主要有苯并咪唑类、四氢嘧啶类、有机磷类、抗生素类等;驱肺线虫药主要左旋咪唑、乙胺嗪、氰乙酰肼等;抗丝状虫药主要有乙胺嗪、睇波芬、盐酸二氯苯胂、硫胂铵钠等。

（2）驱绦虫药

用于驱绦虫的药物除常用的阿苯达唑、硫氯酚和吡喹酮外,还有氯硝柳胺、槟榔碱、丁萘脒、双氯酚、硫酸铜等多种药物。疗效高,毒性小,使用安全性高的首选药物应该是氯硝柳胺和硫氯酚。

（3）抗吸虫药

抗消化道及其他吸虫的药物是指驱除消化道肝片吸虫、前后盘吸虫、肺吸虫等药物。家畜吸虫病中,以肝片吸虫病普遍,猫犬主要是肺吸虫病。常用的药物除六氯对二甲苯、敌百虫外,还有硝氯酚、硫氯酚、六氯乙烷、海托林、硫溴酚、溴酚磷。

（4）血吸虫药

血吸虫药为人畜共患的寄生虫病,家畜中耕牛易患。药物治疗上主要有锑制剂和非锑制剂等药物。锑制剂药物为酒石酸锑钾和次没食子酸锑钠;非锑制剂药物常见的有六氯对二甲苯和吡喹酮、呋喃丙胺、硝硫氰胺等。

（5）抗原虫药物

畜禽原虫病是由单细胞原生动物所引起的一类寄生虫病,能引起畜禽发病的虫有球虫、隐孢子虫、滴虫、梨形虫、弓形虫、锥虫等,根据原虫种类不同抗原虫药物可分为抗球虫药、抗锥虫药、抗滴虫药和抗其他原虫药。

抗球虫药可分为聚醚类离子载体抗生素、三嗪类、二硝基类、磺胺类等;抗锥虫病药有喹嘧胺、新肿凡钠明、舒拉明等。抗滴虫药主要包括抗毛滴虫与组织滴虫药,同时对禽类疟原虫病有效,包括甲硝唑、地美硝唑、磺胺甲氧吡嗪、乙胺嘧啶、呋喃唑酮、氯羟吡啶。

3. 促生长剂

促生长作用的药物包括抗生素类促生长剂和激素类促生长剂。抗生素类促生长剂是指亚治疗计量应用于健康动物饲料中,为改善动物营养状况,预防动物疾病,促进动物生长,提高养殖效益的一类物质的总称。根据化学结构分为多肽类、四环素类、喹噁啉类、大环内酯类、含磷多糖类、聚醚类、氨基糖苷类等。而激素类促生长剂主要通过增强同化代谢、抑制异化作用或氧化代谢、改善饲料利用率或增加瘦肉率等机制发挥促生长效应。

6.1.2　兽药残留的危害

长期使用含有兽药残留的食品,会引起人体的多种急性、慢性中毒,诱导耐药菌株产生,引起变态反应以及"三致"(致癌、致畸和致突变)作用。常用的兽药及危害有以下几种:

1. 毒性作用

人长期摄入含兽药残留的动物性食品后,药物不断在体内蓄积,当浓度达到一定量后,就会对人体产生毒性作用。

2. 引起"三致"作用

苯丙咪唑类药物是一种广谱抗寄生虫药物,能够抑制细胞活性,杀灭蠕虫及虫卵。这类药物可干扰细胞的有丝分裂,具有明显的致畸作用和潜在的致癌、致突变效应。雌激素、砷制剂、喹啉类、硝基呋喃类和硝基咪唑类药物等都已证明有"三致"作用,许多国家都禁止用于食品动物,一般要求在食品中不得检出。磺胺二甲嘧啶等一些磺胺类药物,连续给药能够诱发啮齿动物甲状腺增生,并具有致肿瘤倾向。

3. 酶系统的干扰作用

化学物质通过直接或间接作用方式干扰酶系统,酶活性的影响是化学毒物作用的普遍结果,化学毒物通过各种机制可损害酶蛋白导致酶活性的改变。目前,虽然不能确定诱导或抑制酶活性对人类健康的最终影响,但是,不能排除酶活性受到影响对人体可能产生危害。

4. 环境危害

不论以何种方式给药,大多数药物及其代谢产物都随着动物的排泄物(粪和尿)进入外界环境,而这些药物大多仍保留药理活性,通过对环境中生物的潜在毒性和环境生态系统的影响,最终又间接地影响人类的健康和安全。所以,近年来,兽药的环境和生态毒理成为国际研究的热点,环境生态领域出现了所谓医用化学品的一类环境污染物,兽药残留成为其主要贡献来源。

6.2　常用的兽药残留的检测技术

6.2.1　滴定分析

1. 滴定分析法概述

滴定方法是通过"滴定"来实现的。所谓滴定,就是将标准溶液从滴定管中加到被测物质溶液中的过程。这种已知准确浓度的试剂溶液,称为标准溶液(滴定液)。当加入滴定液中物质的量与被测物质的量按化学式计量定量反应完成时,反应达到了计量点。

2. 基准物质的要求

①要易得、易精制和易干燥。含结晶水的盐类,因干燥困难,常不是理想的基准物质。

②纯度较高(杂质总量不应超过 0.01%～0.02%),杂质少至可以忽略。

③在一般条件下性质稳定,称取时不易吸水及失重,不受空气中氧及二氧化碳的影响,保存时应保持其恒定的组成。

④基准物质分子量要大,因分子量大则称量就大,称量误差就可减少。

⑤在使用条件下,应易溶解。

⑥和滴定液作用时反应完全,反应速度快,易找到适当的指示剂。

3. 酸碱滴定法

酸碱滴定法是药物分析化学的基本内容之一。

(1)酸碱滴定法的滴定曲线

强酸或强碱的滴定,因为强电解质在溶液中全部电离,都以 H^+ 和 OH^- 形式存在,滴定基本反应式为:

$$\beta H^+ + OH^- \Longrightarrow H_2O$$

以 NaOH 液(0.1000mol/L)滴定 20.00mlHCl 液(0.1000mol/L)为例,滴定曲如图 6-4 所示。

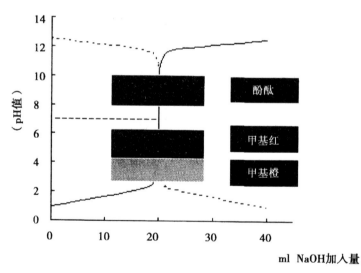

图 6-4 0.1mol/L 氢氧化钠滴定 0.1mol/L 盐酸的滴定曲线

<table>
<tr><td></td><td>pH 值=1.00;</td></tr>
<tr><td>当滴定开始前</td><td></td></tr>
<tr><td>当滴入 NaOH 液 19.98ml 时</td><td>pH 值=4.30;</td></tr>
<tr><td>当化学计量点时</td><td>pH 值=7.00;</td></tr>
</table>

当滴入 NaOH 液 20.02ml 时　　　pH 值＝9.70。

（2）强碱滴定弱酸

用 NaOH 滴定一元弱酸的基本反应式为：

$$HB+OH^-\Longrightarrow B^-+H_2O$$

以 NaOH 液（0.1000mol/L）滴定 20.00ml 醋酸（HAc，0.1000mol/L）为例，滴定反应式为：

$$HAc+OH^-\Longrightarrow Ac^-+H_2O$$

当滴定开始前　　　　　　　　pH 值＝2.88；

当滴入 NaOH 液 19.98ml 时　　pH 值＝7.75；

当化学计量点时　　　　　　　pH 值＝8.73；

当滴入 NaOH 液 20.02ml 时　　pH 值＝9.70。

从滴定曲线（图 6-5）可以看出：

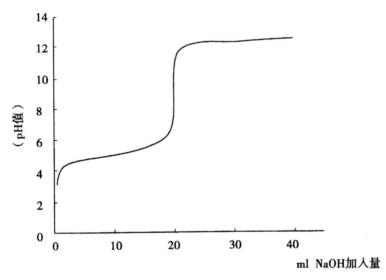

图 6-5　0.1000mol/LNaOH 滴定 0.1000mol/L 醋酸的滴定曲线

4. 滴定分析的计算

例 6.1　配制 0.1000mol/L NaOH 液 1000ml，需用 0.1054mol/L NaOH 多少 ml？

$$V_1=1000ml \quad C_1=0.1000$$

$$V_2=? \quad C_2=0.1054$$

$$1000\times0.1000=0.1054\times V_2$$

$$V_2=1000\times0.1000\div0.1054=948.8ml$$

例 6.2　氨苯碱中无水茶碱含量的测定。精密称取研细 0.5542g，精密加水 50ml 及量取 25ml，精密加入硝酸银液（0.1016mol/L）20ml，反应完全后，用硫氰酸铵液（0.1014mol/L，即 F＝1.014）回滴，消耗 9.36ml。每 1ml 硝酸银液（0.1mol/L）相当于 18.02mg 的 $C_7H_8O_2N_4$。平均片重 0.1115g，标示量为 0.1g，计算无水茶碱标示量％。

$$C_7H_8O_2N_4 \text{标示量}(\%) = \frac{(20.00 \times 1.016 - 9.36 \times 1.014) \times 0.01802 \times 0.1115}{0.5542 \times \frac{25.00}{50.00} \times 0.1} \times 100 = 78.52$$

5. 沉淀滴定法

沉淀滴定法,是以沉淀反应为基础的滴定分析方法。能生成沉淀反应的反应虽然多,但并不是所有的沉淀反应都能用于容量分析,用于沉淀滴定法的反应必须满足下面的条件。

· 沉淀反应的速度必须迅速。

· 必须按一定的化学反应式定量进行,没有不良反应发生,生成的沉淀溶解度必须很小。

· 能够用适当的指示剂或其他方法确定滴定终点。

· 沉淀的吸附现象不妨碍终点的确定。

由于上述条件的限制,在药品检验中应用最多的是生成难溶性银盐的反应。例如:

$$Ag^+ + Cl^- \rightarrow AgCl \downarrow$$
$$Ag^+ + SCN^- \rightarrow AgSCN \downarrow$$

利用生成难溶性银盐的容量法,习惯上称为"银量法"。银量法可用来测定含 Cl^-、Br^-、SCN^- 及 Ag^+ 等离子的化合物。

6. 电位滴定法

选用适当的电极系统可以作中和法(水溶液或非水溶液)、沉淀法、氧化还原法及重氮化法等的终点指示。电位滴定法是根据 Nernst 方程式中浓度和电位之间的关系而设计的滴定法。例如在中和滴定时,电位与 pH 的关系为 $E = -0.059pH$。

电位滴定法仪器装置简单,主要包括滴定管、滴定池、指示电极、参比电极。如图 6-6 所示。

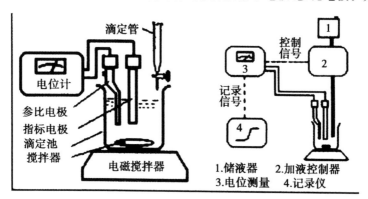

图 6-6　电位滴定装置

滴定终点可用作图法或计算法确定。一般在滴定开始时,每次所加滴定液体积可多些,记录电位值;至将近终点前,则应每次加入少量,通常为 0.1ml 或 0.2ml,就测量一次电位,记录数值;至突跃点过后,仍应继续滴加几次滴定液,并记录电位值。下面介绍几种确定终点的方法。

(1)E-V 线法

以电极的电位值(E)为纵坐标,加入滴定液体积(V)为横坐标,绘制电位滴定曲线,见

图 6-7(a),以滴定曲线的陡然上升或下降部分的中点或曲线的拐点即为滴定终点。如突跃不明显,可绘制一级微商曲线来确定。

(2) $\frac{\Delta E}{\Delta V}$-$V$ 曲线法(一级微商法)

$\frac{\Delta E}{\Delta V}$ 为电位对滴定液体积的一级微商,由电位改变量 ΔE(相邻两次的电位差)与滴定液体积增量 ΔV(滴定液体积差)之比计算得出。以 $\frac{\Delta E}{\Delta V}$ 为纵坐标,加入滴定液体积 V 为横坐标作图,得出 $\frac{\Delta E}{\Delta V}$-曲线,见图 6-7(b),曲线上的最高点所对应的体积即为滴定终点。

(3) $\frac{\Delta^2 E}{\Delta V^2}$-$V$ 曲线法(二级微商法)

$\frac{\Delta^2 E}{\Delta V^2}$ 为电位对滴定液体积的二级微商,由 $\frac{\Delta^2 E}{\Delta V^2}$(相邻 $\Delta E/\Delta V$ 值间的差与相应滴定液体积之比)与增量 ΔV(滴定液体积差)之比计算得出。以 $\frac{\Delta^2 E}{\Delta V^2}$ 为纵坐标,加入滴定液体积 V 为横坐标,得出 $\frac{\Delta^2 E}{\Delta V^2}$-$V$ 曲线,见图 6-7(c),在二级微商 $\frac{\Delta^2 E}{\Delta V^2}=0$ 的一点,即为滴定终点。

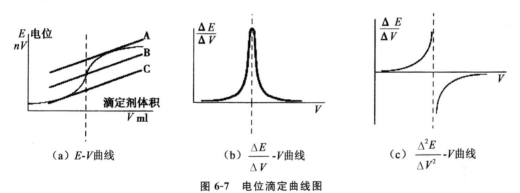

（a）E-V曲线　　　（b）$\frac{\Delta E}{\Delta V}$-$V$曲线　　　（c）$\frac{\Delta^2 E}{\Delta V^2}$-$V$曲线

图 6-7　电位滴定曲线图

7. 永停滴定法

永停滴定法,又称电流滴定法,可分为单指示电极法和双指示电极法。单指示电极法即经典的电流滴定法,或称极谱滴定,此处不作介绍。双指示电极法采用 2 个相同的电极(一般用铂电极)插入滴定液中,2 个电极间加一小电压,一般为 15～100mV,根据两极间电流变化的情况确定滴定的终点。

6.2.2　微生物检测技术

1. 微生物概述

微生物(Microorganism,Microbe)是一些肉眼看不见的微小生物的总称,它不是生物分类系统中的一个类群。

微生物种类繁多,包括属于原核类的细菌、放线菌、支原体、立克次氏体、衣原体和蓝细菌(过去称蓝藻或蓝绿藻),属于真核类的真菌(酵母菌和霉菌)、原生动物和显微藻类以及属于非细胞类的病毒、类病毒和朊病毒等。

微生物种类繁多,常见的微生物类群主要有细菌、放线菌、霉菌、酵母菌 4 类,其中,又以细菌最为常见。

2. 抗生素微生物检定法

抗生素微生物检定法是在适宜的条件下,根据量反应平行线原理设计,通过检测抗生素对微生物的抑制作用,计算抗生素活性(效价)的方法。

抗生素微生物检定法分为稀释法、管碟法和比浊法,目前,《中华人民共和国兽药典》2010年版一部收载了管碟法和比浊法。

3. 药物的无菌检查法

无菌检查法是用于检查兽药制剂、原料、辅料、兽医医疗器具及其他品种是否无菌的一种方法。

无菌检查应在环境洁净度 10000 级下的局部洁净度 100 级单向流空气区域内进行,其全过程应严格遵守无菌操作,防止微生物的污染。

无菌检查法包括:直接接种法和薄膜过滤法两种。前者适用于非抗菌作用的供试品,后者适用于有抗菌作用的或大容量的供试品。

4. 相对密度测定法

相对密度系指在相同的温度、压力条件下,某物质的密度与参考物质(水)的密度之比。除另有规定外,均指 20℃时的比值。纯物质的相对密度在特定的条件下为不变的常数。但如物质的纯度不够,则其相对密度的测定值会随着纯度的变化而改变,组成一定的兽药具有一定的相对密度,当其组分或纯度变更,相对密度亦随之改变;因此,测定兽药的相对密度,可以鉴别或检查药品的纯杂程度。

液体兽药的相对密度一般用比重瓶法(图 6-8),采用此法时的环境(指比重瓶和天平的放置环境)温度应略低于 20℃,或各品种项下规定的温度。测定易挥发液体的相对密度时,宜采用韦氏比重秤法(图 6-9)。

5. 实例——畜禽肉中土霉素、四环素、金霉素残留量的测定

【实训要点】
①了解高效液相色谱仪的工作原理及使用方法。
②学习用高效液相色谱仪测定食品中抗生素残留情况。
【仪器试剂】
(1)仪器
高效液相色谱仪(HPLC):具紫外检测器。

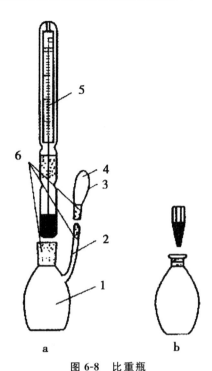

图 6-8　比重瓶

1—比重瓶主体;2—侧管;3—侧孔;4—罩;5—温度计;6—玻璃磨口

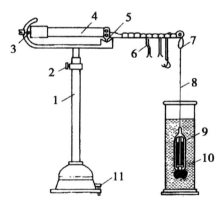

图 6-9　韦氏比重秤

1—支架;2—调节器;3—指针;4—横梁;5—刀口;6—游码;7—小钩;

8—细铂丝;9—玻璃锤;10—玻璃圆筒;11—调整螺丝

(2)试剂

①乙腈(分析纯)。

②0.01mol/L,磷酸二氢钠溶液:称取 1.56g(精确到 0.01g)磷酸二氢钠溶于蒸馏水中,定容到 100ml,经微孔滤膜 0.45μm 过滤,备用。

③土霉素(OTC)标准溶液:称取土霉素 0.0100g(精确到 0.0001g),用 0.1mol/L 盐酸溶液溶解并定容到 10.00ml,此溶液土霉素浓度为 1mg/mL,于 4℃保存。

④四环素(TC)标准溶液:称取四环素 0.0100g(精确到 0.0001g),用 0.01mol/L 盐酸溶液

溶解并定容到 10.00ml,此溶液四环素浓度为 1mg/mL,于 4℃保存。

⑤金霉素(OTC)标准溶液:称取金霉素 0.0100g(精确到 0.0001g),溶于蒸馏水并定容到 10.00ml,此溶液金霉素浓度为 1mg/mL,于 4℃保存。

⑥混合标准溶液:取土霉素、四环素标准溶液各 1.00ml,取金霉素标准溶液 2.00ml,置于 10ml 容量瓶中加水定容。此溶液土霉素、四环素浓度为 0.1mg/mL,金霉素浓度为 0.2mg/mL,临用时现配。

⑦5％高氯酸溶液。

【工作过程】

(1)色谱条件

色谱柱:ODS-C$_{18}$,5μm,6.2mm×15cm。

检测波长:355nm。

灵敏度:0.002AUFS。

柱温:室温。

流速:1.0mL/min。

进样量:10μl。

流动相:乙腈-0.01mol/L 磷酸二氢钠溶液(用 30％硝酸溶液调节 pH 为 2.5)体积比为 35∶65,使用前超声波脱气 10min。

(2)试样测定

称取 5.00g(精确到 0.01g)切碎的肉样(<5mm),置于 50ml 锥形瓶中,加入 5％高氯酸 25.0ml,于振荡器上振荡提取 10min,移入到离心管中,以 2000r/min 离心 3min。上清液经 0.45μm 微膜过滤,取溶液 10μl 进样,记录峰面积或峰高。

(3)工作曲线的绘制

分别称取 7 份切碎的肉样,每份 5.00g(精确到 0.01g),分别加入混合标准溶液 0μl、25μl、50μl、100μl、150μl、200μl、250μl,按试样测定中的方法操作,以峰面积或峰高为纵坐标、以抗生素含量为横坐标作标准工作曲线,给出回归方程。

【结果处理】

试样中抗生素含量按下式计算

$$X = \frac{c_i V \times 1000}{m}$$

式中:X——试样中抗生素含量,mg/kg;c_i——进样试样溶液中抗生素 i 的浓度,由回归方程算出,μg/ml;V——进样试样溶液的体积,μl;m——与进样试样溶液体积相当的试样质量,g。

第7章 生物毒素的检测

7.1 细菌毒素的检测

食品中天然存在的毒性物质、致癌物质、诱发过敏物质和非食品用的动植物中天然存在的有毒物质一般统称为天然毒素。

食品中天然毒素物质种类繁多,按其来源可分为动物性天然毒素、植物性天然毒素和微生物性天然毒素,其中大多数天然毒素物质具有很强毒性,常造成食物中毒事件的发生。我国食品中常被检测到的天然毒素物质有真菌毒素、细菌毒素、有毒蛋白类、生物碱类等。目前为止还有很多天然毒素物质的危害机理还不甚清楚,但是所有天然毒素物质具有共同的特点是天然存在于食品而非人为添加,尽管污染量小,但危害性大,往往与食品混为一体而难以去除和降解。因此,目前对食品中已知天然毒素物质的管理大多是在风险评估的基础上设置法定限量标准的方法来控制其对人体的危害。

由于天然毒素物质多以痕量形式存在于食品中,加上食品介质及不同毒素理化特性的差异等,采取何种检测技术能灵敏、有效检测天然毒素物质一直是监督管理的主要瓶颈问题。天然毒素物质检测技术经历了三个发展阶段,即色谱技术时代,免疫分析时代,现代集成技术时代。发展天然毒素物质的检测技术最突出的特点是精确化、简便化、在线化、规范化、国际化,同时在检测技术领域引入尖端生物技术、计算机技术、化学技术、数控技术、物理技术等,并集成各类高新技术形成检测样品的前处理、分离、测定、数据处理等一体化系统,不仅提高了检测效率而且也提高了检测精密度和检测限。

但是目前常见的天然毒素物质如真菌毒素、细菌毒素、鱼贝类毒素和其他生物碱类毒素等的标准检测方法还是主要依赖于传统技术,随着对天然毒素物质危害性认识的提高,世界各国都在不断加强对天然毒素物质检测技术方法方面的研究,我国也通过"十五""十一五"食品领域的重大科技攻关计划的组织实施,加强了对天然有害性物质检测方法的研究进程。

细菌毒素的检测通常采用的方法有生物学检测法、免疫学方法、聚合酶链技术、超抗原方法和生物传感器法等。其中生物学检测法虽然简便易行但是灵敏度低,免疫学方法种类很多,包括免疫琼脂扩散法、反向间接血凝试验、免疫荧光法和 ELISA 方法,免疫学方法是目前普遍采用的方法。

虽然目前国内外对各类细菌毒素研究的方法很多,但是制定的标准方法还不够全面,像 vero 毒素、链霉菌产生的缬氨霉素等细菌毒素还没有标准方法。

7.1.1 细菌毒素的特征及危害评价

细菌毒素是由细菌分泌产生于细胞外或存在于细胞内的致病性物质,通常分为内毒素和外毒素,是食品中的主要天然毒素物质之一。主要的细菌毒素有肠毒素,肉毒毒素和 vero 毒素。肠毒素产生菌主要有金黄色葡萄球菌和蜡样芽孢杆菌,肉毒毒素产生菌主要是肉毒梭菌,vero 毒素产毒菌主要是肠出血性大肠杆菌,此外还有链霉菌产生的缬氨霉素等细菌毒素。

外毒素的毒性强,几微克量就可使实验动物致死。多数外毒素不耐热,如白喉外毒素在58℃～60℃经 1～2h,破伤风外毒素在 60℃经 20min 可被破坏。但葡萄球菌肠毒素是例外,能耐 100℃ 30min。大多外毒素是蛋白质,具有良好的抗原性。

内毒素耐热,加热 100℃、1h 不被破坏;需 160℃加热至 2～4h,或用强碱、强酸、强氧化剂加温煮沸 30min 才灭活。各种细菌内素的毒性作用大致相同。引起发热、弥漫性血管内凝血、粒细胞减少血症、施瓦兹曼现象等。因此,能够及时有效的检测并杜绝食品中细菌毒素,保证食品安全性意义重大。

7.1.2 食品中肉毒毒素的检测分析

我国肉毒中毒的食品,常见于家庭自制的食物,如臭豆腐、豆豉、豆酱、豆腐渣、腌菜、变质豆芽、变质土豆、米糊等。因这些食物蒸煮加热时间短,未能杀灭芽孢,在坛内(20～30℃)发酵多日后,肉毒梭菌及芽孢繁殖产生毒素的条件成熟,如果食用前又未经充分加热处理,进食后容易中毒。另外动物性食品,如不新鲜的肉类、腊肉、腌肉、风干肉、熟肉、死畜肉、鱼类、鱼肉罐头、香肠、动物油、蛋类等亦可引起肉毒毒素食物中毒。

肉毒毒素毒性非常强,其毒性比氰化钾强 1 万倍,属剧毒。肉毒毒素对人的致死量为0.1～1.0μg。根据毒素抗原性不同可将其分为 8 个型,分别为 A、B、C₁、C₂、D、E、F、G。引起人类疾病的以 A、B 型常见。我国报道毒素型别有 A、B、E 三种。据统计我国报道的肉毒毒素食物中毒 A、B 型约占中毒起数的 95%,中毒人数的 98.0%。

肉毒中毒时,查毒素为主,查细菌为辅。

1. 适用范围

本标准适用于各类食品和食物中毒样品中肉毒毒素的检验。

2. 方法目的

检测食品和食物中毒样品中的肉毒毒素。

3. 原理

当肉毒毒素与相应的抗毒素混合后,发生特异性结合,致使毒素的毒性全被抗毒素中和失去毒力。以含有大于 1 个小白鼠最小致死量(MLD)的肉毒毒素的食品或培养物的提取液,注射于小白鼠腹腔内,在出现肉毒中毒症状之后,于 96h 内死亡。相应的抗毒素中和肉毒毒素并能保护小白鼠免于出现症状,而其他抗毒素则不能。

4. 试剂材料

肉毒分型抗毒诊断血清;胰酶:活力(1:250)。

5. 仪器设备

冰箱;恒温培养箱;离心机;架盘药物天平;灭菌吸管;90mm 灭菌平皿;灭菌锥形瓶;灭菌

注射器;12～15g 小白鼠。

6. 分析测定步骤

(1)肉毒毒素检验

液状检样可直接离心,固体或半流动检样须加适量(例如等量、倍量或 5 倍量、10 倍量)明胶磷酸盐缓冲液,浸泡,研碎。然后离心,上清液进行检测。

另取一部分上清液,调 pH 6.2,每 9 份加 10％胰酶(活力 1∶250)水溶液 1 份,混匀,不断轻轻搅动,37℃作用 60min,进行检测。肉毒毒素检测以小白鼠腹腔注射法为标准法。

(2)检出试验

取上述离心上清液及其胰酶激活处理液分别注射小白鼠 3 只,每只 0.5ml,观察 4d,注射液中若有肉毒毒素存在,小白鼠一般多在注射后 24h 内发病、死亡。主要症状为竖毛、四肢瘫软,呼吸困难,呼吸呈风箱式,腰部凹陷,宛若蜂腰,最终死于呼吸麻痹。

如遇小鼠猝死以至症状不明时,则可将注射液做适当稀释,重做试验。

(3)验证试验

不论上清液或其胰酶激活处理液,凡能致小鼠发病、死亡者,取样分成 3 份进行试验,一份加等量多型混合肉毒抗毒诊断血清,混匀,37℃作用 30min;一份加等量明胶磷酸盐缓冲液,混匀,煮沸 10min;一份加等量明胶磷酸盐缓冲液,混匀即可,不做其他处理。3 份混合液分别注射小鼠各 2 只,每只 0.5ml,观察 4d,若注射加诊断血清与煮沸加热的两份混合液的小白鼠均获保护存活,而唯有注射未经其他处理的混合液的小白鼠以特有的症状死亡,则可判定检样中的肉毒毒素存在,必要时要进行毒力测定及定型试验。

(4)毒力判断测定

取已判定含有肉毒毒素的检样离心上清液,用明胶磷酸盐缓冲液稀释 50 倍、100 倍及 5000 倍的液样,分别注射小鼠各 2 只,每只 0.5ml,观察 4d。根据动物死亡情况,计算检样所含肉毒毒素的大体毒力(MLD/mL,或 MLD/g)。例如:5 倍、50 倍及 500 倍稀释致动物全部死亡,而注射 5000 倍稀释液的动物全部存活,则可大体判定检样上清液所含毒素的毒力为 1000～10000MDL/mL。

(5)定性试验

按毒力测定结果,用明胶磷酸盐缓冲液将上清液稀释至所含毒素的毒力大体在 10～1000MLD/mL 的范围,分别与各单型肉毒抗诊断血清等量混匀,37℃作用 30min,各注射小鼠 2 只,每只 0.5ml,观察 4d。同时以明胶磷酸盐缓冲液代替诊断血清,与稀释毒素液等量混合作为对照。能保护动物免于发病、死亡的诊断血清型即为检样所含肉毒毒素的型别。

7.2　真菌毒素的检测

真菌毒素主要根据其结构、化学性质以及干扰因子的不同,其样品前处理和测定方法多种多样,传统的前处理方法主要采用溶剂提取法、柱层析法等,而测定方法多采用色谱等方法。20 世纪 80 年代后期开始在真菌毒素检测领域开始应用单克隆抗体技术,相继出现了放射免疫分析技术、酶联免疫吸附技术、荧光极性免疫分析技术、生物传感器免疫分析技术以及免疫亲和分离技术等。

目前,真菌毒素的检测主要有薄层色谱法(TLC)、酶联免疫吸附法(ELISA)、高效液相色谱法(HPLC)、气相色谱法(GC)以及气质联用、液质联用等方法。其中 TLC 是最早应用于真菌毒素检测的方法之一,随着薄层扫描仪用于真菌毒素等内容定性、定量分析,其精确度得到了显著提高,TLC 也成为目前最常用的仪器分析方法之一。在快速检测分析中,ELISA 方法是较为普遍采用的方法。但是在精确定性、定量检测中还是以 GC、HPLC、GC-MS、HPLC-MS 等方法为主。我国对真菌毒素的检测标准以国标方法为主,美国有 Association of Official Analytical Chemists(AOAC)、American Association of Cereal Chemists(AACC)等标准检测方法,近年来,也有人研究利用红外光谱分析,荧光极性免疫分析,生物传感器检测分析等对真菌毒素进行检测,也取得了良好测定结果。

7.2.1　真菌毒素的特征及危害评价

真菌毒素也有人称为霉菌毒素。

真菌毒素的特征主要表现在污染的普遍性、种类的多样性、危害的严重性上。由于自然界中真菌分布非常广泛。虽然产毒的真菌只占整个真菌的一小部分,但是从世界各国的研究报告可知,因真菌污染而造成的粮食及食品中真菌毒素残留现象非常普遍,即便发达的北美、欧盟、日本等每年也有大量食品或粮食作物受到真菌毒素污染的报告,据估计全世界每年有25%的粮食作物不同程度地受到真菌的影响,其中常见的产毒真菌有曲霉菌属、青霉菌属和镰刀菌属等。

目前已知的真菌毒素大概有 300 种左右,虽然每年都有新的真菌毒素被发现和检测到,但是对食品、饲料和粮食污染最为普遍。各国最为关注的真菌毒素主要有黄曲霉毒素(AFT)、赭曲霉毒素(OTA)、棒曲霉素(棒状曲霉)、伏马毒素、呕吐毒素(DON)、玉米赤霉烯酮(ZEN)、T-2 毒素等几类毒素。

真菌毒素直接的危害是由于毒素的暴露而引发急性疾病或许多慢性症状,如生长减慢、免疫功能下降、抗病能力差以及肿瘤的形成等。

随着对真菌毒素危害性认识的提高各国政府以及世界卫生组织、世界粮农组织为了保护消费者的饮食安全性对真菌毒素的残留限量进行了严格的规定,其中欧盟是对真菌毒素监控最为严格的地区之一。

7.2.2　食品中的黄曲霉毒素检测技术

黄曲霉毒素简称 AFT,是由黄曲霉菌和寄生曲霉菌在生长繁殖过程中所产生的一种对人类危害极为突出的一类强致癌性物质。黄曲霉毒素的化学结构见图 7-1。

目前已分离鉴定的有 AFB1、AFB2、AFG1、AFG2、AFM1、AFM2 以及其他结构类似物共12 种,其基本结构为一个双呋喃环和一个氧杂萘邻酮,黄曲霉毒素在紫外线照射下,B 族毒素发出蓝色荧光,G 族毒素发出绿色荧光。黄曲霉毒素难溶于水、乙烷、石油醚,可溶于甲醇、乙醇、氯仿、丙酮等有机溶剂。黄曲霉毒素容易侵染的农作物有花生、玉米、棉籽、调味品和发酵食品等。在奶制品中,常常见到是黄曲霉毒素 M1,在哺乳动物的肝脏和尿中,能见到黄曲霉毒素 P1 和 Q1。通常黄曲霉毒素的检测主要是依据其荧光性、理化性质的特点以及污染介质的特性等来采用不同的提取、净化和测定方法。

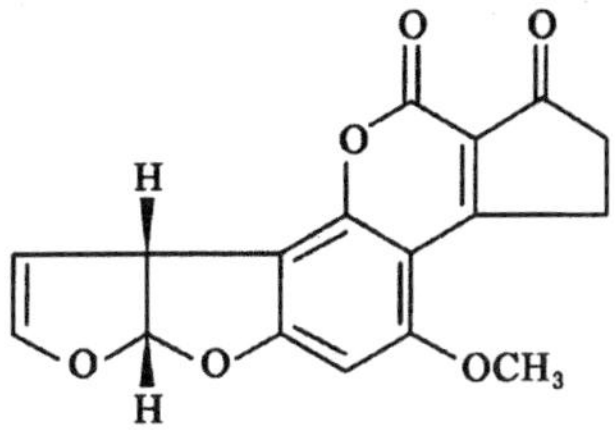

(a)aflatoxin B 1 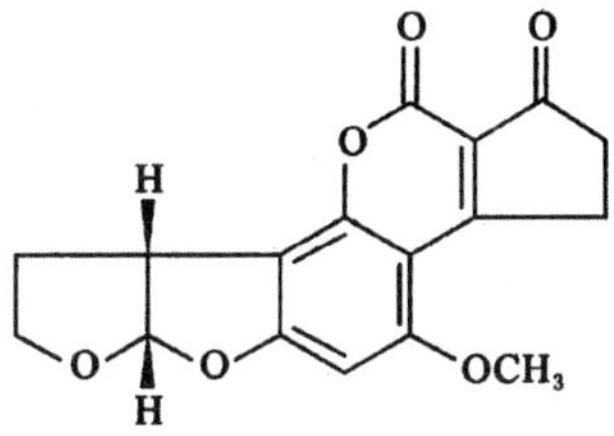　　　　(b)aflatoxin B2 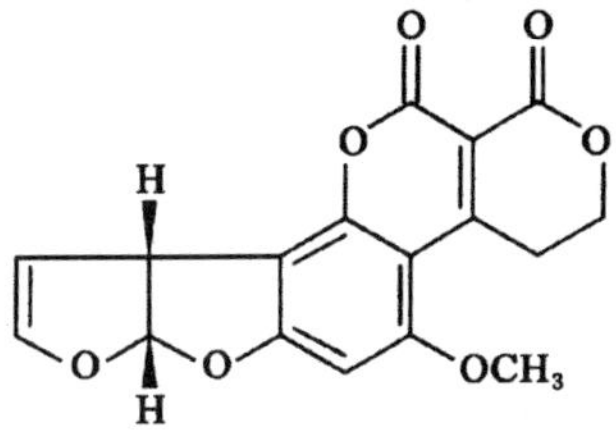　　　　(c)aflatoxin G1

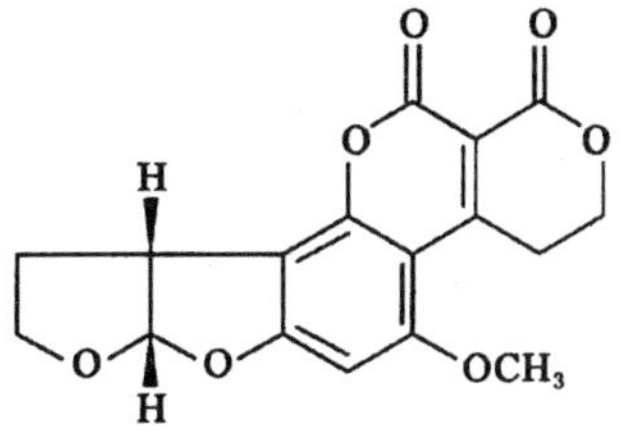

(d)aflatoxin G2 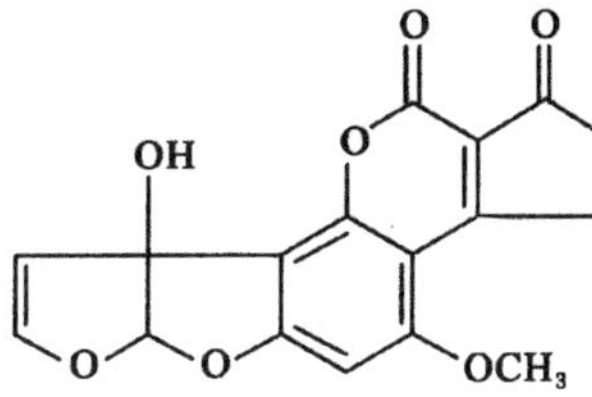　　　　(e）aflatoxin M1 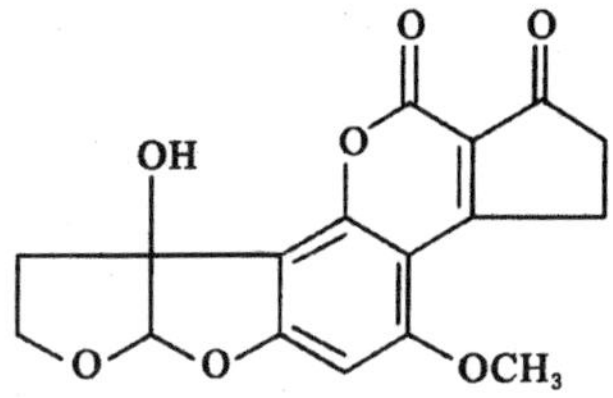　　　　(f)aflatoxin M2

图 7-1　黄曲霉毒素的化学结构式

　　黄曲霉毒素是最早为人们所认识的真菌毒素,其检测技术的发展可以认为代表了整个真菌毒素检测技术的最新发展趋势,由于黄曲霉毒素等真菌毒素在食品中的含量极小,因此现代真菌毒素分析方法首先考虑的是准确度、精密度,其次是快速性和简便性,这也是目前检测真菌毒素往往采用色谱-质谱、色谱-免疫亲和柱、酶联免疫分析等各类集成技术的原因之一。但是,最终选择什么方法还是应根据实际需要和目的来确定。

　　考虑到各类黄曲霉毒素检测的类似性,每一种黄曲霉毒素基本都可以应用光谱法、色谱法和酶联免疫法进行测定,本节主要介绍利用纳米金免疫快速检测技术检测黄曲霉毒素 B1,AOAC 中的色谱方法和 ELISA 试剂盒方法检测黄曲霉毒素 M1。

1. 食品中黄曲霉毒素的纳米金免疫法检测技术

(1)适用范围

纳米金免疫层析法适用于液体食品、粮食、饲料以及其他各类食品中黄曲霉毒素 B1 含量的测定,其中在粮食和饲料中黄曲霉毒素 B1 的检测灵敏度可达 1.0ng/mL。

(2)方法目的

掌握纳米金免疫快速检测技术定性检测食品中黄曲霉毒素 B1 的方法及要求。

(3)原理

该方法的原理见图 7-2。测试条由下至上依次为样品垫、金标垫、NC 膜和样品吸收垫。NC 膜上包被有 AFB1-O-BSA 抗原和二抗 IgG,分别作为检测线(T)和质控线(C)。将 AFB1 标准溶液或样品溶液加入测试条的下端,液体样品由于层析作用迁移至硝酸纤维素薄膜区域。若样品中不含有 AFB1(图 7-2B,阴性),缓冲液首先迁移至金标垫,金标抗体探针迅速溶解,并由于层析作用继续向前移动,在迁移至检测区时,与包被抗原发生特异性免疫反应,形成免疫复合物,在测试区域(T)即形成一条红色条带。若样品中存在 AFB1 时(图 7-2B,阳性),AFB1

溶液会首先与金标抗体探针发生免疫反应,形成免疫复合物,使得与检测区包被抗原反应的金标探针减少,致使检测区(T)带变浅。若 AFB1 足够多,金标探针发生完全反应,当迁移至检测区(T)处,就不会再与包被抗原发生反应,测试区域的红色条带就会消失,T 带消失则指示一定浓度的 AFB1 的存在。样品中 AFB1 与检测区包被抗原直接竞争与金标探针的反应,样品中 AFB1 含量与检测区(T)线的颜色强度呈反比。羊抗鼠等二抗 IgG 被固定在对照区(C),在这里不管有无 AFB1 存在,抗体探针及其复合物均会与二抗 IgG 结合,形成红色条带。

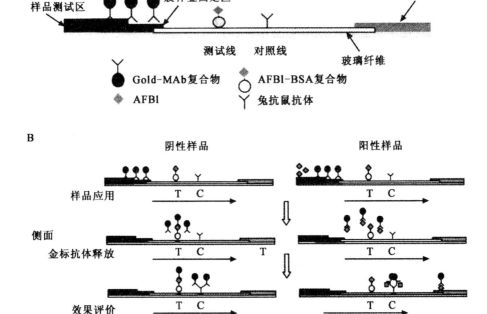

图 7-2　纳米金免疫快速检测技术方法原理图

（4）试剂材料

AFB1-O-BSA、金标 McAb 探针、二抗、纤维膜、金标垫、样品吸水垫、吸水纸、AFB1 标准溶液（溶于甲醇）、去离子水、待检样品。

（5）仪器设备

制备纳米金免疫快速检测试纸条金标点样仪、金标切条机、金标试条扫描仪、微量移液器、小型粉碎机、微量振荡器、恒温水浴锅、隔水式电热恒温培养箱、pH 计、超声波清洗器等。

（6）分析测定步骤

①AFB1 标准溶液的制备。

精确称量 10mg AFB1,用 1ml 甲醇溶解后再用甲醇-PBS 溶液（20∶80）稀释至浓度为 10mg/kg 的标准溶液。检测时,用甲醇-PBS 溶液将该标准溶液稀释至所需浓度后将工作液滴加于微孔中,将测试条垂直插入微孔,5～10min 时目测结果。

②样品提取与纯化。

粮食、花生及其制品:取粉碎过筛(20 目)样品 20g 于具塞锥形瓶中,加 100ml 甲醇水溶液,30ml 石油醚,具塞振摇 30min,静止片刻,过滤于 50ml 具塞量筒中,收集 50ml 甲醇水滤液(注意切勿将石油醚层带入滤液中),转入分液漏斗中,加 2%硫酸钠 50ml 稀释,加三氯甲烷10ml,轻摇 2~3min,静止分层,三氯甲烷通过装有 5g 无水硫酸钠的小漏斗(以少量脱脂棉球塞住漏斗颈口,并以少量三氯甲烷润湿),并滤入蒸发皿中,再向分液漏斗中加 3ml 三氯甲烷重提一次,脱水后滤入原蒸发皿中,加少量三氯甲烷洗涤漏斗,将蒸发皿放入通风橱,于 65℃水浴上通风挥干后,冷却。准确加入 10ml 甲醇-PBS(1:1)溶液,充分溶解凝结物,即为待测样品提取液,此样液 1ml 相当于 1.0g 样品。

植物油:称混匀油样 10g 于 10ml 的烧杯中,用 50ml 石油醚分数次洗入分液漏斗中,加50ml 甲醇轻摇 2~3min,静止分层,将下层甲醇水转入另一分液漏斗中,加 50ml 的 2%硫酸钠水溶液稀释,加三氯甲烷 10ml,轻摇 2~3min,静止分层,三氯甲烷通过装有 5g 无水硫酸钠的小漏斗(以少量脱脂棉球塞住漏斗颈口,并以少量三氯甲烷润湿),并滤入蒸发皿中,再向分液漏斗中加 3ml 三氯甲烷重提一次,脱水后滤入原蒸发皿中,以少量三氯甲烷洗涤,将蒸发皿放入通风橱,于 65℃水浴上通风挥干后,冷却。准确加入 10ml 甲醇-PBS(1:1)溶液,充分溶解凝结物,即为待测样品提取液,此样液 1ml 相当于 1.0g 样品。

发酵酒、酱油、醋等水溶性样品、啤酒等含二氧化碳的样品,需在烧杯中水浴上加热、搅拌、除去气泡后作为待测样品。

腐乳、黄酱类:称取混匀样品 20g 于具塞锥形瓶中,加甲醇水 100ml,石油醚 20ml。震荡30min,静止片刻,以折叠快速定性滤纸过滤于 50ml 具塞量筒中,收集甲醇水溶液 50ml(相当于 10g 样品,因为 10g 样品中约含有 5ml 水),置于分液漏斗中,加入三氯甲烷 10ml,轻摇2~3min,静止分层,三氯甲烷通过装有 5g 无水硫酸钠的小漏斗(以少量脱脂棉球塞住漏斗颈口,并以少量三氯甲烷润湿),并滤入蒸发皿中,再向分液漏斗中加 3ml 三氯甲烷重提一次,脱水后滤入原蒸发皿中,加少量三氯甲烷洗涤漏斗,将蒸发皿放入通风橱,于 65℃水浴上通风挥干后,冷却。准确加入 10ml 甲醇-PBS(1:1)溶液,充分溶解凝结物,即为待测样品提取液,此样液 1ml 相当于 1.0g 样品。

③样品测定分析。

将经预处理的待测样品溶液滴加于微孔中,测试条垂直插入微孔,5~10min 时目测结果。

(7)结果参考计算

观察 NC 膜上检测区(T 区)和质控区(C 区)情况。检测区和质控区均出现红线,表明所测样品中不含有 AFB1;质控区出现 1 条红线,而检测区未出现红线,表明测样品中含有AFB1;如果检测区出现红线而质控区未出现红线则实验或试纸条有问题,需重新做。

(8)方法分析与评价

①回收率实验。AFB1 在食品样品提取液和食品样品中加标回收实验见表 7-1。加标1μg/kg 时,三种样品提取液和样品中加标回收率都在 110%以上,说明实际应用中,1μg/kg 超出了有效检测范围。在 2~50μg/kg 范围内,分别加入大米样品空白提取液和大米样品中AFB1 的平均回收率分别为 101.77%(CV,7.51%)和 84.79%(CV,10.82%)。

表 7-1 大米、玉米和小麦粉中 AFB1 的加标回收

加入 AFB1/ (μg/kg)	回收率/%（变异系数）					
	大米提取液	大米样品	玉米提取液	玉米样品	大麦提取液	大麦样品
1	117.26(11.14)	129.06(14.50)	119.71(11.96)	140.90(13.41)	124.49(14.06)	136.36(14.56)
2	96.30(6.07)	83.09(10.09)	104.72(8.27)	82.15(14.63)	102.03(7.07)	81.1(11.74)
5	103.20(8.90)	85.57(10.64)	101.03(9.34)	86.16(13.71)	109.05(10.65)	83.9(14.65)
10	105.05(6.13)	82.96(10.21)	106.54(6.88)	84.91(9.42)	105.12(8.26)	84.72(8.65)
20	101.09(9.86)	88.10(9.7)	102.73(7.30)	82.19(10.51)	109.02(6.93)	80.62(9.25)
50	103.21(6.60)	84.23(13.5)	106.17(7.74)	80.05(10.64)	106.44(8.97)	80.54(10.92)

AFB1 添加入玉米提取液和玉米样品中的加标回收率分别为 104.24%（CV,7.91%）和 83.09%（CV,11.73%）。

AFB1 添加入小麦粉提取液和小麦粉中的加标回收率分别为 108.81%（CV,8.40%）和 80.54%（CV,11.04%）。

$2\sim50\mu g/kg$ 范围内所有检测的变异系数 CV 为 6.07%～14.63%。

②油脂含量对测定结果产生一定影响,分析油脂含量较高的样品一定要先除掉油脂。

③该方法检测黄曲霉毒素不仅简便、快速,而且对检验人员有较好的安全性,既有利于该项目检测工作的开展,又有利于提高卫生检验水平。但是,由于该方法中的金纳米颗粒的活性较敏感,某些特殊样品需经特殊处理,以避免对胶体金稳定性产生影响,防止出现假阳性、假阴性,提高测定准确性。

2. 食品中的黄曲霉毒素 M1 的 ELISA 试剂盒法检测技术

（1）适用范围

黄曲霉毒素 M1 的检测对象一般都是动物的组织、乳及其制品,酶联免疫吸附法适用于乳、乳粉和乳酪中黄曲霉毒素 M1 含量的测定。乳中黄曲霉毒素 M1 的检测灵敏度≤10pg/mL,乳酪中黄曲霉毒素 M1 的检测灵敏度≤250pg/mL。

（2）方法目的

分析测定试剂盒的目的是用来快速定量检测牛奶、奶粉和乳酪中的 AFM1。黄曲霉毒素 M1 是黄曲霉毒素 B1 在动物体内的代谢产物,并能够进入乳汁,乳品中经常受到黄曲霉毒素 M1 的污染,由于黄曲霉毒素 M1 一般条件较难分解,不易受到巴氏灭菌等安全处理的破坏,因此对乳及其制品的检测是保障食品安全的重要措施。

（3）原理

AFM1 检测试剂盒分析测定是一种固相竞争酶联免疫分析测定方法。聚苯乙烯微孔板中包被有抗 AFM1 的高亲和力抗体。将标准品或者样品与等体积 HRP（辣根过氧化物酶）标记的 M1 毒素混合加入微孔中,如果存在 AFM1,它将和标记毒素竞争性的与包被抗体结合,孵育一段时间后,倒出孔里的液体,清洗后加入显色底物,在酶的作用下孔里将会出现蓝色。

显色颜色的深浅与标准品或样品中 AFM1 的量成反比例关系。所以,标准品或样品中的 AFM1 浓度越高,显色的蓝色将会越浅。加入酸终止反应,底物颜色由蓝色变为棕黄色。微孔板放进酶标仪里,在 450nm 读取吸光度值。样品值与试剂盒中标准值相比较,得出结果。

(4)试剂材料

①生牛奶。

标准品溶解在经过均质处理的脱脂乳中,未加工的全脂奶应该低温过夜,使脂肪球上升,在表面自然形成乳状油层,这时就没有必要离心分离。如果样品是在室温或者经过运输混合,低温放置 1~2h,2000g 离心力离心 5min,分离出上层脂肪层。抽掉上层脂肪层,分析时用较底层的乳浆。

②均脂牛乳。

经过均质处理的脱脂乳应该被直接用来检测。因为均质过程使得脂肪球很稳定,很难再分离,即使是高速离心分离也很难从均质的全脂乳分离乳浆。所以均质脱脂乳可以直接用来检测分析。

③奶粉。

奶粉首先溶解于一定量的水,处理过程如上所述。

④乳酪。

带盖的离心管中用 5ml 甲醇混合 1g 被精细碾碎的或其他方式浸渍的乳酪,混合 5min,5000g 离心力离心 5min,转移上清。将 0.5ml 上清液移到玻璃试管中,利用氮吹仪使甲醇蒸发后在玻璃管内壁上会沉积一层黏稠的半固体物质。在试管中加入 0.5ml 空白脱脂乳,旋涡混匀 1min,取 200μl 奶提取物进行测定。

(5)仪器设备

100μl 或 200μl 单道或多道移液器,玻璃试管,计时器,洗瓶,吸水纸,离心机,450nm 滤光片的酶标仪。

(6)分析条件

试剂贮存在 2℃~8℃,不要使用过期的产品。使用前将所有的试剂置于室温(19℃~25℃),试剂盒内容物见表 7-2。

表 7-2 黄曲霉毒素 M1 测定 ELISA 试剂盒内容物

数量	试剂	状态
1×小袋	微孔板	96 孔板(用鼠源 AFM1 单克隆抗体包被)
6×小瓶	AFM1 标准品	3.0mL/瓶,AFM1 的浓度分别为 0.0、5.0、10.0、25.0、50.0、100.0pg/mL 溶解在稳定脱脂乳中
1×小瓶	HRP-AFM1 偶联物	15ml HRP-AFM1 添加防腐剂的缓冲溶液,可以直接使用
1×小瓶	底物试剂	15ml TMB,可以直接使用
1×小瓶	终止液	15ml 酸性液体,可以直接使用
1×小瓶	洗液	PBST
1×小瓶	M1 脱脂乳	15ml 脱脂乳用来制备乳酪提取物

（7）分析步骤

①使用前将试剂拿到室温，将装试剂的小袋开封，根据待测的标准品和样品的数量取出一定量的微孔。将不使用的微孔重新放入小袋，封好口避免潮湿的空气进入（分析检测完毕微孔支架将来可以继续使用）。

②每次都要使用新吸头，吸取 $200\mu l$ 标准品或样品加到两个复孔里。

③将板子装入袋子中封口，避免水蒸气和紫外光的照射。

④在室温（19～25℃）下孵育 2h。

⑤将孔里的液体倒入合适的容器中，从洗瓶里吸取 PBST 洗板或用多道洗板洗孔，然后迅速弃掉洗液到合适的容器中，重复洗 3 次。在一层厚的吸水纸上拍板，去掉残留的洗液。

⑥每个孔中加入 $100\mu l$ 的偶联物。

⑦再次用袋子封好板子，室温下孵育 15min，重复步骤⑤。

⑧每个孔中加入 $100\mu l$ 酶反应底物（TMB）孵育 15～20min。

⑨加入 $100\mu l$ 的终止液终止反应，板中颜色将会由蓝色变为棕黄色。

⑩450nm 下读取每个孔的吸光度值（使用一个空白对照）。

（8）结果参考计算

使用原有的吸光值或实验获得的吸光值与标准曲线中 AFM1 浓度为 0 时吸光值的百分比值建立剂量效应曲线。通过在标准品曲线中添加新数值计算被测物质中 AFM1 的浓度。标准品和样品获得的平均吸光度值除以标准品浓度为 0 时的吸光度值乘以 100，标准品浓度为 0 时为 100%，其他标准品和样品吸光度值都以这样的形式表示。

$$吸光值＝（标准品吸光值（或样品）/标准品 0 浓度时吸光值）\times 100\%$$

标准品数值输入到坐标图的坐标系统中，计算 AFM1 的浓度。根据相应的吸光度值每个样品都能从坐标曲线中读出 AFM1 的浓度。为了获得样品中 AFM1 的精确含量数据，从标准曲线读取的浓度应该乘以相应的稀释倍数。

（9）方法分析与评价

回收率和再现性见表 7-3，回收率在 60.5%～100% 之间，试剂盒检测黄曲霉毒素 M1 虽然具有简便、快速、灵敏的特点，非常适合于初期筛选，但是作为精密检测乳制品中的黄曲霉毒素污染还需要利用液相色谱和质谱等技术。

表 7-3　牛奶中添加 AFM1 回收率

添加量/pg	回收率/%	标准差系数批内分析/%
脱脂乳 50	100	4.2
1%脂均质奶 50	93	4.4
全脂均质奶 50	92	2.2
乳酪添加 100	60.5	5.5

3. 食品中黄曲霉毒素 M1 免疫亲和柱层析净化高效液相色谱法检测技术

(1)方法目的

分析测定的目的是用来精确定量检测牛奶、奶粉和乳酪中的 AFM1。

(2)原理

样品通过免疫亲和柱时,黄曲霉毒素 M1 被提取。亲和柱内含有的黄曲霉毒素 M1 特异性单克隆抗体交联在固体支持物上,当样品通过亲和柱时,抗体选择性地与黄曲霉毒素 M1(抗原)键合,形成抗体-抗原复合体。用水洗柱除去柱内杂质,然后用洗脱剂洗脱吸附在柱上的黄曲霉毒素 M1,收集洗脱液,用带有荧光检测器的高效液相色谱仪测定洗脱液中黄曲霉毒素 M1 含量。

(3)适用范围

免疫亲和柱层析净化高效液相色谱法适用于乳、乳粉,以及低脂乳、脱脂乳、低脂乳粉和脱脂、乳粉中黄曲霉毒素 M1 含量的测定。乳粉中的最低检测限是 $0.08\mu g/kg$,乳中的最低检测限是 $0.008\mu g/L$。

(4)试剂材料

①免疫亲和柱。应该含有黄曲霉毒素 M1 的抗体。亲和柱的最大容量不小于 100ng 黄曲霉毒素 M1(相当于 50ml 浓度为 $2\mu g/L$ 的样品),当标准溶液含有 4ng 黄曲霉毒素 M1(相当于 50ml 浓度为 80ng/L 的样品)时回收率不低于 80%。应该定期检查亲和柱的柱效和回收率,对于每个批次的亲和柱至少检查 1 次。

柱效检查方法是用移液管移取 1.0ml 的黄曲霉毒素 M1 储备液到 20ml 的锥形试管中。用恒流氮气将液体慢慢吹干,然后用 10ml 的 10%乙腈溶解残渣,用力摇荡。将该溶液加入到 40ml 水中,混匀,全部通过免疫亲和柱。淋洗免疫亲和柱,洗脱黄曲霉毒素 M1,将洗脱液进行适当稀释后,用高效液相色谱仪测定免疫亲和柱键合的黄曲霉毒素 M1 含量。

回收率检查的检查方法是用移液管移取 $0.005\mu g/mL$ 的黄曲霉毒素 M1 标准工作液 $0.8\sim 10ml$ 水中,混匀,全部通过免疫亲和柱,淋洗免疫亲和柱洗脱黄曲霉毒素 M1。将洗脱进行适当稀释后,用高效液相色谱仪测定免疫亲和柱键合的黄曲霉毒素 M1 含量。

②色谱级乙腈,氮气,三氯甲烷(加入 0.5%~1.0%质量比的乙醇),超纯水。

③黄曲霉毒素 M1 标准校准溶液:黄曲霉毒素 M1 三氯甲烷溶液标准浓度为 $10\mu g/mL$。根据在 $340\sim 370nm$ 处的吸光度值确定黄曲霉毒素 M1 的实际浓度。以三氯甲烷为空白,测定 $\lambda_{max}360nm$ 最大吸光度值,计算方法:

$$X = A \times M \times 100/\varepsilon$$

式中:X——标准溶液浓度,$\mu g/mL$;A——在 λ_{max} 处测得的吸光度值;M——328g/mol,黄曲霉毒素 M1 摩尔质量,g/mol;ε——1995,溶于三氯甲烷中的黄曲霉毒素 M1 的吸光系数,m^2/mol。

④标准储备液:确定黄曲霉毒素 M1 标准溶液的实际浓度值后,继续用三氯甲烷将其稀释至浓度为 $0.1\mu g/mL$ 的储备液。储备液密封后于冰箱中 5℃以下避光保存。在此条件下,储备液可以稳定 2 个月。2 个月后,应该对储备液的稳定性进行核查。

⑤黄曲霉毒素 M1 标准工作液:从冰箱中取出储备液放置至室温,移取一定量的储备液进行稀释制备成工作液。工作液当天使用当天制备。用移液管准确移取 1.0ml 的储备液到 20ml 的锥形试管中,用和缓的氮气将溶液吹干后用 20ml。10%的乙腈将残渣重新溶解,振摇

30min,配成浓度为 $0.005\mu g/mL$ 的黄曲霉毒素 M1 标准工作液。在用氮气对储备液吹干的过程中,一定要仔细操作,不能让温度降低太多而出现结露。

在作标准曲线时黄曲霉毒素 M1 的进样量分别为 0.05ng、0.1ng、0.2ng 和 0.4ng。根据高效液相色谱仪进样环的容积量,用工作液配制一系列适当浓度的黄曲霉毒素 M1 标准溶液,稀释液用 10% 乙腈。

(5)仪器设备

高效液相色谱仪、十八烷基硅胶柱、分光光度计、天平、一次性注射器 10ml 和 50ml、真空系统、离心机、移液管、玻璃烧杯、容量瓶、水浴、滤纸、带刻度的磨口锥形玻璃试管。

(6)色谱分析条件要求

根据色谱柱的型号调整乙腈-水的比例,以保证使黄曲霉毒素 M1 与其他成分的分离效果最佳。乙腈-水溶液的体积流速根据所用色谱柱而定。对于普通色谱柱(柱长约 25cm、柱内径约 4.6mm)而言,流速在 1mL/min 左右,效果最好;柱内径为 3mm 时,流速在 0.5mL/min 左右效果最好。为了确定最佳的色谱条件,可以先将不含有黄曲霉毒素 M1 的阴性样品提取液注入高效液相色谱仪,然后再注入样品提取液与黄曲霉毒素 M1 标准溶液的混合液。

标准曲线的线性度和色谱系统的稳定性需要经常检查,多次反复地注入固定量的黄曲霉毒素 M1 标准溶液,直至获得稳定的峰面积和峰高。相邻两次峰面积和峰高的差异不得超过 5%。黄曲霉毒素 M1 的保留时间与温度有关,所以对测定系统的漂移需要补能每隔一段时间测定固定量的黄曲霉毒素 M1 标准溶液,这些标准溶液的测定结果可以根据漂移的情况进行校正。进样 $20\mu l$。

(7)分析步骤

①乳样品处理。

将乳样品在水浴中加热到 35℃～37℃。4000g 离心力下离心 15min。收集 50ml 乳样。

②乳粉处理。

精确称取 10.0g 样品置于 250ml 的烧杯中。将 50ml 已预热到 50℃的水多次少量地加入到乳粉中,用搅拌棒将其混合均匀。如果乳粉不能完全地溶解,将烧杯在 50℃的水浴中放置至少 30min。仔细混匀后将溶解的乳粉冷却至 20℃,移入 100ml 容量瓶中,用少量的水分次淋洗烧杯,淋洗液一并移入容量瓶中,再用水定容至刻度。用滤纸过滤乳,或者在 4000g 离心力下离心 15min。至少收集 50ml 的乳样品。

③免疫亲和柱的准备。

将一次性的 50ml 注射器筒与亲和柱的顶部相连,再将亲和柱与真空系统连接起来。

④样品的提取与纯化。

用移液管移取 50ml 的样品到 50ml 的注射器筒中,控制样品以 2～3mL/min 稳定的流速过柱。取下 50ml 的注射器,装上 10ml 注射器。注射器内加入 10ml 水,以稳定的流速洗柱,然后,抽干亲和柱。脱开真空系统,装上另一个 10ml 注射器,加 4ml 乙腈。缓缓推动注射器栓塞,通过柱塞控制流速,洗脱黄曲霉毒素 M1 洗脱液收集在锥形管中,洗脱时间不少于 60s。然后用和缓的氮气在 30℃下将洗脱液蒸发至体积为 50～500μl 后定容待用。

⑤黄曲霉毒素 M1 标准曲线。

利用色谱仪分析,分别注入含有 0.05ng、0.1ng、0.2ng 和 0.4ng 的黄曲霉毒素 M1 标准溶液,绘制峰面积或峰高与黄曲霉毒素 M1 浓度的标准曲线。

⑥样品分析。

采用与标准溶液相同的色谱条件分析样品中的黄曲霉毒素 M1。从标准曲线上得出样品中的黄曲霉毒素 M1 含量。

(8)结果参考计算

$$X = m \times V_f / (V_i \times V)$$

式中:X——黄曲霉毒素 M1 的含量,$\mu g/L$;m_A——样品液黄曲霉毒素 M1 的峰面积或峰高从标准曲线上得出的黄曲霉毒素 M1 的质量数,ng;V_i——样品洗脱液的体积数,μl;V_f——样品液的最终体积数,μl;V——通过免疫亲和柱被测样品的体积数,ml。

(9)方法分析与评价

①免疫亲和柱能特效性地、高选择性地吸附黄曲霉毒素 M1,而让其他杂质通过柱子,可将提取、净化、浓缩一次完成,大大简化了前处理过程,提高工作效率,所以免疫亲和柱和高效液相色谱联用,是一种快速、高效、灵敏、准确、方便、安全的分析方法。

②实验室分析操作时应该有适当的避光措施,黄曲霉毒素标准溶液需要避光保护。

③非酸洗玻璃器皿(如试管、小瓶、容量瓶、烧杯和注射器)应用于黄曲霉毒素水溶液时会造成黄曲霉毒素含量的损失。所以新的玻璃器皿首先应在稀酸(比如 2mol/L 的硫酸)中浸泡几个小时,然后用蒸馏水冲洗除掉所有残留的酸液。

7.2.3　食品中的棒状曲霉检测技术

薄层色谱法是棒状曲霉检测的经典方法,该方法成本低、使用简单。回收率 85%～119%,检出限为 $100\mu g/L$。

高效液相色谱-紫外检测器是目前国际上最流行的检测棒状曲霉的方法。由于毒素有相对极性并显示了较强的吸收光谱。在前处理中,乙酸乙酯是常用的提取剂,而净化方式有多种形式,包括液液萃取、固相萃取等。由于棒状曲霉是极性小分子物质,因此,色谱条件应选择反相柱以及含水量高的流动相。常用的流动相是水和乙腈混合液(90%的水)或者四氢呋喃水溶液(95%的水)。在分析工作中,常常选择梯度条件来获得较好的色谱分离。气相色谱法检测包括乙酸乙酯提取、硅胶柱净化、棒状曲霉衍生化、电子捕获检测等步骤,检出限为 $10\mu g/L$。目前,尚没有酶联免疫法检测棒状曲霉的报道,不过,国际上针对棒状曲霉及其衍生物的抗体研究一直正在进行。

1. 食品中棒状曲霉的高效液相色谱法检测技术

(1)方法目的

掌握高效液相色谱分析棒状曲霉的方法原理。

(2)原理

样品中的棒状曲霉经乙酸乙酯提取,用碳酸钠溶液净化或经用 MycoSep228 净化柱净化后,高效液相色谱紫外检测器法测定,外标法定量。

(3)试剂和材料

①乙酸乙酯、乙脂、乙酸、乙酸盐缓冲液、1.4%碳酸钠溶液。

②棒状曲霉标准品(纯度≥99%):称取约 1.0mg 棒状曲霉,用乙酸盐缓冲液稀释成 100μg/mL 的标准储备液或用紫外分光光度计法进行浓度标定,避光于 0℃下保存。将上述标准储备液用乙酸盐缓冲液配备成浓度为 0.5μg/mL 的标准工作液,避光于 0℃下保存。

(4)仪器和设备

高效液相色谱分析仪-紫外检测器,旋转蒸发仪;MycoSep228 净化柱,分液漏斗 125ml,刻度移液管 1ml,一次性滤膜(0.45μm)。

(5)测定步骤

①提取。

量取样品 5ml,置于 125ml 分液漏斗,加入 20ml 水和 25ml 乙酸乙酯,振摇 1min,静置分层。将水层放入另一分液漏斗,用乙酸乙酯重复提取 2 次(每次用量 25ml)。弃去水层,合并三次乙酸乙酯提取液于原分液漏斗。

②净化。

将提取液加入 10ml 碳酸钠溶液,立即振摇,静置分层(此净化操作应尽可能在 2min 内完成)。再用 10ml 乙酸乙酯提取碳酸钠水层 1 次。弃去碳酸钠水层,合并乙酸乙酯提取液。并加入 5 滴乙酸。全部转移至旋转蒸发器内,于 40℃~45℃下,蒸至剩余溶液为 1~2ml,用乙酸乙酯将此溶液转移至 5ml 棕色小瓶内于 40℃下用氮气吹干。用 1.0ml 乙酸盐缓冲液溶解残留物,经 0.45μm 滤膜滤至样液小瓶内,供高效液相色谱测定。

利用 MycoSep228 净化柱进行净化时移取 10ml 上层提取液至小试管中,将超过 4ml 的提取液推入 MycoSep228 净化柱,移取 4ml 净化液至棕色小瓶,于 40℃下蒸发至接近干燥(要保留一薄层样品在小瓶内,避免棒状曲霉的蒸发或降解)。用 0.4ml 流动相溶解残留物,旋涡振荡 30s,经 0.45μm 滤膜滤至样液小瓶内,供高效液相色谱测定。

③色谱条件。

高效液相色谱-紫外检测器,检测波长 276nm;ODS 反相色谱柱,长 250mm,内径 4.6mm;流动相为乙腈-水(10∶90);流速:1.0mL/min。

④色谱测定。

分别准确注射 20μl 样液及标准工作溶液于高效液相色谱仪中,按照色谱条件进行色谱分析,响应值均应在仪器检测的线性范围内。对标准工作液和样液进样测定,以外标法定量。在色谱条件下,棒状曲霉的保留时间约为 4.9min。

(6)结果参考计算

$$X = S_1 \times c \times V / (S_0 \times V_f)$$

式中:X——样品中棒曲霉素含量,mg/L;S_1——样液中棒状曲霉峰面积,mm^2;S_0——标准工作液中棒状曲霉的峰面积,mm^2;c——标准工作液中棒状曲霉的浓度,μg/mL;V——最终样液体积,ml;V_f——最终样液相当的样品体积,ml。

(7)方法分析

方法的最小检测量:10μg/kg。方法的回收率试验是以空白样品为基底,进行三水平(10μg/kg、20μg/kg、50μg/kg)添加,每水平 2 个样品的回收率试验,结果见表 7-4。方法的线性范围 0~100μg/kg,棒状曲霉含量与峰面积间线性良好,相关系数为 0.99999。

表 7-4　棒状曲霉添加回收率试验

添加水平/(μg/kg)	棒状曲霉	
	测得值	平均回收率/%
Ⅰ 10	8.5;8.8	86.5
Ⅱ 20	19.9;18.7	96.5
Ⅲ 50	46.8;47.5	94.3

2. 食品中棒状曲霉的薄层色谱法检测技术

(1)方法目的

了解掌握薄层色谱法分析棒状曲霉的原理特点。

(2)原理

用乙酸乙酯提取果汁中棒状曲霉,并用硅胶柱进一步纯化。棒状曲霉的洗出液经浓缩后,在薄层板点样、展开,用 3-甲基-2-苯并噻唑酮腙盐酸溶液喷湿后进行检测,在波长 360nm 紫外光下,棒状曲霉呈黄棕色荧光斑点,检测限值约为 $20\mu g/L$。

(3)试剂

①棒状曲霉标准溶液:称取 0.500mg 展青霉素标准品,溶于三氯甲烷中,使其浓度为 $10\mu g/mL$,0℃避光保存,用时避光升至室温。

②3-甲基-2-苯并噻唑啉酮腙盐酸(MBTH·HCl)溶液:把 0.5g MBTH·HCl·H_2O 溶于 100ml 水中,4℃保存,每 3 天制备 1 次。

③无水硫酸钠。柱层析用 E. Merk 硅胶 60(0.063~0.2mm),薄层用 E. Merk 硅胶 G、苯、乙酸乙酯均重蒸后使用。

(4)仪器

小型粉碎机,电动振荡器,薄层色谱玻璃板 20cm×20cm,涂布器,固定盘,$10\mu l$ 微量注射器,展开槽,360nm 紫外灯,喷洒瓶。

(5)样品的提取

将 50ml 样品放入 250ml 分液漏斗中,用 3 份 50ml 乙酸乙酯剧烈提取 3 次,将上层提取液合并,用 20g 无水硫酸钠干燥约 30min,用玻璃棒将开始形成的团块捣碎,将上清液转入 250ml 有刻度的烧杯中,用 2 份 25ml 乙酸乙酯洗涤硫酸钠,并加到提取液中。在蒸汽浴上用缓慢的氮气流蒸发至 25ml 以下(不要蒸干)。冷却至室温,如需要,可用乙酸乙酯调整体积至 25ml,并用苯稀释至 100ml。

(6)纯化方法

①在装有约 10ml 苯的色谱管的底部放一团玻璃棉并压实,加入 15g 用苯调制的硅胶浆。

②用苯洗涤管壁,待硅胶沉降后,将溶剂放至硅胶顶部。小心地把样品提取物加入管中,放至硅胶顶部,弃去洗脱液。

③用 200ml 苯-乙酸乙酯(75:25)以约 10mL/min 速度洗涤棒状曲霉。

④在蒸汽浴上通入氮气流将洗涤液蒸发近干。用三氯甲烷将残留物移入具聚乙烯塞的小

瓶中,在氮气流下蒸汽浴蒸干,加入 $500\mu l$ 三氯甲烷溶解残渣,供薄层色谱分析用。

(7)薄层色谱分析

用 $10\mu l$ 注射器吸取样品提取液。在 0.25mm 的薄板上距底边 4cm 线上滴 2 个 $5\mu l$,1 个 $10\mu l$ 的样液点及 $1\mu l$,$3\mu l$,$5\mu l$,$7\mu l$,$10\mu l$ 的标准溶液点。在一个 $5\mu l$ 样液点上加滴 $5\mu l$ 标准液。用甲苯-乙酸乙酯-90%甲酸(5:4:1)将板展开至溶剂前沿达到距离板端 4cm 处时,取出薄层板,在通风橱中干燥。用 0.5% 的 MBTH 喷板,130℃ 加热 15min;在波长 360nm 紫外灯下观察,棒状曲霉呈黄棕色荧光斑点,其 R 值约 0.5,检出能力应正好为 $1\mu l$ 标准液($10\mu g/mL$)。

(8)结果测定

用目测比较样品与标准溶液荧光斑点强度。当样品斑点与内标斑点重叠,且样品斑点的颜色与棒状曲霉标准液相同时,可认为样品的荧光斑点即为棒状曲霉。含内标的样品斑点,其荧光强度应比样品或内标单独存在时更强。如果样品斑点的强度介于两个标准斑点之间,可用内推法确定其浓度,或重新点滴适当体积的样品及标准溶液,以得到较为接近的估计值。如果最弱的样品斑点仍比对应的标准溶液斑点强,则应将样品提取物稀释,并重新点样进行薄层分析。如有条件,可采用薄层色谱扫描仪定量分析。

(9)方法分析与评价

①展青霉素是一种抗生素,已证明有致突变性,在对此种物质操作时应尽量小心。

②在第一步的提取中,蒸发至 25ml 就不要再蒸发或干燥了。

③在空气中不到几小时喷过的薄层色谱板就会慢慢变蓝,因此需盖上玻璃板。

④本方法为 AOAC 974.18 方法。

7.2.4 食品中伏马毒素的检测技术

伏马毒素(FB)是一组镰刀菌产生的真菌毒素。

1. 食品中伏马毒素的酶联免疫吸附法检测技术

(1)方法目的

本方法利用竞争性酶标免疫法定量测定谷物和饲料中的伏马毒素。

(2)原理

测定的基础是抗原抗体反应。微孔板包被有针对 IgG(伏马毒素抗体)的羊抗体。加入伏马毒素标准或者样品溶液、伏马毒素抗体、伏马毒素酶标记物。游离的伏马毒素和伏马毒素酶标记物竞争性地与伏马毒素抗体发生反应,同时伏马毒素抗体与羊抗体连接。没有连接的酶标记物在洗涤步骤中被除去。将酶基质(过氧化尿素)和发色剂(四甲基联苯胺)加入到孔中孵育,结合的酶标记物将无色的发色剂转化为蓝色的产物。加入反应停止液后使颜色由蓝转变为黄色。在 450nm 处测量,吸收光强度与样品中的伏马毒素浓度成反比。

(3)试剂

每一个盒中的试剂足够进行 48 个测量(包括标准分析孔)。

①48 孔酶标板(6 条 8 孔板),包被有伏马毒素羊抗体。

②伏马毒素标准溶液:1.3mL/瓶,用甲醇/水配制的伏马毒素溶液,浓度分别为 0mg/kg,0.222mg/kg,0.666mg/kg,2mg/kg,6mg/kg。这些浓度值已经包括了样品处理过程中的稀

释倍数 70,所以测定样品时,可以直接从标准曲线上读取测定结果。

③过氧化物酶标记的伏马毒素浓缩液(3mL/瓶,红色瓶盖),伏马毒素抗体(3mL/瓶,黑色瓶盖),底物/发色剂混合液(红色,6mL/瓶,白色滴头),1mol/L 硫酸反应停止液(6mL/瓶,黄色滴头)。

(4)仪器设备

微孔板酶标仪(450nm),250ml 的玻璃或者塑料量筒,可以处理 300ml 溶液的漏斗、容量瓶,样品粉碎机,摇床,Whatman 1 号滤纸,50μl、100μl、1000μl 微量加样器。

(5)样品处理

样品应当在暗处及冷藏保存。有代表性的样品在提取前应该磨细、混匀。称取 5g 磨细的样品置于合适的试管中,加 25ml 的 70%甲醇/水。用均质器均质 2min,或者用手或者摇床摇匀 3min。用 Whatman 1 号滤纸过滤。用纯水以 1∶13 的比例将滤液稀释(即 100μl 的滤液加 1.3ml 的水)。在酶标板上每孔加 50μl。

(6)酶标免疫分析程序(室温 18℃～30℃条件下操作)

①分析要求。

使用之前将所有试剂回升至室温 18℃～30℃。使用之后立即将所有试剂放回 2～8℃。在使用过程中不要让微孔干燥。分析中的再现性,很大程度上取决于洗板的一致性,仔细按照推荐的洗板顺序操作是测定程序中的要点。在所有恒温孵育过程中,避免光线照射,用盖子盖住微孔板。

②伏马毒素酶标板。

沿着拉锁边将锡箔袋剪开,取出所需要使用的孔条和板架。不需要的板条与干燥剂一起重新放入锡箔袋,封口后置于 2℃～8℃。

③伏马毒素标准溶液。

这些标准溶液的浓度值已经包括了样品处理过程中的稀释倍数,所以测定样品时,可以直接从标准曲线上读取测定结果。

测定程序:

①将标准和样品的孔条插入微孔板架中,记录下标准和样品的位置。

②加入 50μl 标准和样品到各自的微孔中,每个标准和样品必须使用新的吸头。

③加入 50μl 酶标记物(红色瓶盖)到每一个微孔底部。

④加入 50μl 伏马毒素抗体(黑色瓶盖),充分混匀,在室温(18℃～30℃)温育 10min。

⑤倒出孔中的液体,将微孔架倒置在吸水纸上拍打(每行拍打 3 次)以保证完全除去孔中的液体。用多道移液器将纯水注满微孔,再次倒掉微孔中液体,再重复操作 2 次。

⑥加 2 滴(100μl)底物/发色剂混合液(白色滴头)到微孔中,充分混合并在室温(18℃～30℃)暗处孵育 30min。

⑦加入 2 滴(100μl)反应停止液(黄色滴头)到微孔中,混合好在 450nm 处测量吸光度值以空气为空白,必须在加入停止液后 30min 内读取吸光度值。

(7)测定结果

$$吸光度值＝(样品的吸光值/标准的吸光值)×100\%$$

将计算的标准吸光度百分值与对应的伏马毒素浓度值(mg/kg)在半对数坐标纸上绘制成

标准曲线图,测定样品的浓度值。

(8)方法分析与评价

①伏马毒素试剂盒的平均检测下限为 0.222mg/kg。

②酶联免疫吸附法作为初筛用于检测玉米及饲料中的伏马毒素,已有多家公司开发了商品化的成套试剂盒。这种方法简单、经济、设备投资小、一次可以同时测定多个样品。但在使用过程中需要注意试剂的有效性、试验条件的一致性控制、假阳性的确认。

③标准液含有伏马毒素,应特别小心,避免接触皮肤。

④所有使用过的玻璃器皿和废液最好在 10%次氯酸钠中(pH=7)过夜。

⑤反应停止液为 1mol 硫酸,避免接触皮肤。

⑥不要使用过了有效日期的试剂盒,稀释或掺杂使用会引起灵敏度的降低。不要交换使用不同批号试剂盒中试剂。

⑦试剂盒保存于 2℃~8℃,不要冷冻。

⑧将不用的微孔板放进原锡箔袋中并且与提供的干燥剂一起重新密封。

⑨底物/发色剂对光敏感,因此要避免直接暴露在光线下。

⑩微红色的底物/发色剂混合液变成蓝色表明该溶液已变质,应当弃之。标准的吸光度值小于 0.6 个单位($A_{450nm} < 0.6$)时,表示试剂可能变质,不要再使用。

2. 食品中伏马毒素的高效液相色谱法检测技术

(1)方法目的

测定玉米中伏马毒素 B_1、B_2、B_3。

(2)原理

利用甲醇-水溶液提取玉米中的伏马毒素。用固相离子交换柱过滤纯化提取物,用醋酸和甲醇溶液溶解伏马毒素。邻苯二醛和 2-巯基乙醇将溶解在甲醇中的提取物反应形成伏马毒素衍生物,用带有荧光检测器的反相液相色谱进行测定。

(3)使用范围

本方法适用于测定玉米中的伏马毒素大于等于 $1\mu g/g$ 的情况。

(4)试剂

①甲醇,磷酸,2-巯基乙醇(MCE),乙腈-水溶液(1:1),乙酸-甲醇溶液(1:99),0.1mol/L 磷酸氢二钠盐溶液,甲醇-水溶液(3:1),1mol/L 氢氧化钠溶液,0.1mol/L 硼酸二钠溶液。

②流动相:0.1mol/L 甲醇-NaH_2PO_4 溶液(77:23),用磷酸溶液调整 pH 为 3.3。滤液通过滤膜过滤,流速为 1mL/min。

③邻苯二醛(OPA)试剂:将 40mg OPA 溶解在 1ml 甲醇中,用 5ml 的 0.1mol/L NaB_4O_7 溶液稀释。加 50μl MCE 溶液,混匀。装于棕色容量瓶中,在室温避光处可以储藏 1 周。

④伏马毒素标准品:制备 FB_1、FB_2、FB_3 浓度为 250$\mu g/mL$ 的乙腈-水贮存溶液。移取 100μl 贮存溶液于干净玻璃小瓶中,并加入 200μl 乙腈-水溶液,摇匀,即可获得 FB_1、FB_2、FB_3 浓度为 50$\mu g/mL$ 的工作标准溶液,该标准溶液在 4℃下,可以稳定储藏 6 个月。

(5)仪器设备

液相色谱仪,反相 C_{18} 不锈钢管的液相色谱柱,荧光检测器,组织均质器,固相萃取柱

(SPE),500mg 硅胶键合强阴离子交换试剂,SPE 管,溶剂蒸发器,0.45μm 滤膜。

(6)提取和净化

①称取 50g 样品放入 250ml 离心管中。加入 100ml 甲醇-水溶液,以均质器 60％的速度均质 3min。如采用搅拌器提取,过程也不能超过 5min。

②提取物在 500g 的离心力下离心 10min,过滤。调整滤液的 pH 值为 5.8,如果需要可以用 2～3 滴的 pH 值为 5.8～6.5 的 NaOH 溶液调整。

③SPE 注射筒要与 SPE 管匹配。用 5ml 甲醇清洗注射筒,然后用 5ml 甲醇-水溶液清洗。将 10ml 过滤后的提取液加入到 SPE 注射筒中,控制流速小于等于 2mL/min。用 5ml 甲醇-水溶液清洗注射筒,然后用 3ml 甲醇清洗。不要让注射筒干燥。用 10ml 乙酸-甲醇溶液洗脱伏马毒素,流速小于等于 1mL/min(注意:严格遵守流速不得超过 1mL/min)。收集洗脱液到 20ml 玻璃小瓶中。

④接下来将洗脱液转移到 4ml 玻璃小瓶中,在氮气 60℃蒸气浴作用下将洗脱液蒸干。用 1ml 甲醇冲洗收集残渣到 4ml 小瓶内。蒸发剩下的甲醇,确保所有醋酸已蒸发。蒸干的残渣可在 4℃下保留 1 周用于液相色谱分析。

(7)衍生分析

①制备标准衍生物。

转移 25μl 标准伏马毒素工作溶液到一个小试管里。添加 225μl OPA 试剂,混匀后,将 10μl 混合液加到液相色谱仪中(注意:添加 OPA 试剂与注射到液相色谱分析仪里之间的连续时间是非常关键的,在荧光作用下 OPA-伏马毒素在 2min 内开始减少)。

②检测器和记录效应。

设定荧光检测器的灵敏度,使 FB1 标准品 OPA 衍生物能达到至少 80％的记录效应。

③分析。

用 200μl 甲醇再次溶解提取残渣。将 25μl 溶液转移到小试管中,加入 225μl OPA 试剂 (1min 内添加)。混匀后,将 10μl 混合液加到液相色谱仪中。所有伏马毒素的峰值应该在一定范围内。通过比较提取物与已知的伏马毒素标准品的保留时间来鉴定峰值。如果伏马毒素色谱峰超过伏马毒素标准,再用甲醇稀释提取物和加入 OPA 试剂,重复衍生试验。

(8)结果参考计算

$$F = S_u \times m_0 / S_f$$

式中:F——测定伏马毒素的浓度,ng;S_u——测试溶液伏马毒素波峰面积;S_f——伏马毒素标准品溶液波峰面积;m_0——注入到 LC 系统中伏马毒素标准品浓度,ng。

(9)方法分析与评价

伏马毒素在肝脏中有致癌作用;对人体的影响并不完全清楚。工作时要戴防护手套,以避免皮肤接触玉米提取物中的伏马毒素。任何实验接触泄漏物器皿都要用有 5％工业次氯酸钠溶液清洗,然后用水冲洗。

7.3　其他毒素的检测

食品中可能存在的天然物质有河豚毒素、皂甙、胰蛋白酶抑制剂、龙葵素、生物胺(BA)等,目前对这些天然毒素的检测通常采用小鼠试验法。但是小鼠试验法具有测定结果的重复性差、毒性测试所需时间长、操作人员需要受专门训练和小鼠维持费用较高等不足。因此很多研究者试图利用免疫检测法、化学检测法以及各类色谱法对其进行检测,其中国内外研究报告较多的是利用 HPLC 方法进行检测,虽然我国已研究出河豚毒素的免疫检测试剂盒,但是还未得到普及应用。

7.3.1 河豚毒素的检测技术

河豚毒素(TTX)是一种存在于河豚、蝾螈、斑足蟾等动物中的毒素,常用联免疫分析法进行检测。

(1)适用范围

适用于鲜河豚中 TTX 的测定。对 TTX 的量小检出量为 $0.1\mu g/L$,相当于样品中 $1\mu g/kg$,标准曲线线性范围为 $5\sim500\mu g/L$。

(2)方法目的

了解掌握河豚中河豚毒素酶联免疫法分析原理与技术特点。

(3)原理

样品中的河豚毒素经提取、脱脂后与定量的特异性酶标抗体反应,多余的酶标抗体则与酶标板内的包被抗原结合,加入底物后显色,与标准曲线比较测定 TTX 含量。

(4)试剂

①抗河豚毒素单克隆抗体:杂交瘤技术生产并经纯化的抗 TTX 单克隆单体。

②牛血清白蛋白(BSA)人工抗原:牛血清白蛋白-甲醛-河豚毒素连接物(BSA-HCHO-TTX),$-20℃$ 保存,冷冻干燥后的人工抗原可室温或 $4℃$ 保存。

③河豚毒素标准品:纯度 98%;乙酸(CH_3COOH)。

④氢氧化钠:乙酸钠,乙醚,N,N-二甲基甲酰胺,$3,3,5,5$-四甲基联苯胺(TMB)($4℃$ 避光保存),碳酸钠,碳酸氢钠,磷酸二氢钾,磷酸氢二钠,氯化钠,氯化钾,过氧化氢,纯水(Milli Q 系统净化),吐温-20(Tween-20),柠檬酸,浓硫酸。

⑤辣根过氧化物酶(HRP)标记的抗 TTX 单克隆抗体:$-20℃$ 保存,冷冻干燥的酶标抗体可室温或 $4℃$ 保存。

⑥$0.2mol/L$ 的 pH 4.0 乙酸盐缓冲液:取 $0.2mol/L$ 乙酸钠($1.64g$ 乙酸钠加水溶解定容至 100ml)$2.0ml$ 和 $0.2mol/L$ 乙酸($1.14g$ 乙酸加水溶解定容至 100ml)$8.0ml$ 混合而成。

⑦$0.1mol/L$ 的 pH 7.4 磷酸盐缓冲液(PBS):取 $0.2g$ 磷酸二氢钾、$2.9g$ 磷酸氢二钠、$8.0g$ 氯化钠、$0.2g$ 氯化钾,加纯水溶解并定容至 1000ml。

⑧TTX 标准储存液:用 $0.01mol/L$ PBS 配制成浓度分别为 $5000.00\mu g/L$、$2500.00\mu g/L$、$1000.00\mu g/L$、$500.00\mu g/L$、$250.00\mu g/L$、$100.00\mu g/L$、$50.00\mu g/L$、$25.00\mu g/L$、$10.00\mu g/L$、$5.00\mu g/L$、$1.00\mu g/L$、$0.50\mu g/L$、$0.10\mu g/L$、$0.05\mu g/L$ 的 TTX 标准工作溶液,现用现配。

⑨包被缓冲液($0.05mol/L$ 的 pH 9.6 碳酸盐缓冲液):称取 $1.59g$ 碳酸钠、$2.93g$ 碳酸氢钠,加纯水溶解并定容至 1000ml。

⑩封闭液:$2.0g$ BSA 加 PBS 溶解并定容至 1000ml。

⑪洗液:999.5ml PBS 溶液中加入 $0.5ml$ 的吐温-20。

⑫抗体稀释液：1.0g BSA 加 PBS 溶解并定容至 1000ml。

⑬底物缓冲液：0.1mol/L 柠檬酸(2.101g 柠檬酸加水溶解定容至 100ml)-0.2mol/L 磷酸氢二钠(7.16g 磷酸氢二钠加水溶解定容至 100ml)-纯水＝24.3：25.7：50，现用现配。

⑭底物溶液。

TMB 储存液：200mg TMB 溶于 20ml N,N-二甲基甲酰胺中而成，4℃ 避光保存。

底物溶液：将 75μl TMB 储存液、10ml 底物缓冲液和 10μl H_2O_2 混合而成。

终止液 2mol/L 的 H_2SO_4 溶液。试剂 0.1％乙酸溶液，1mol/L NaOH 溶液。

(5)仪器设备

组织匀浆器；温控磁力搅拌器；高速离心机；全波长光栅酶标仪或配有 450nm 滤光片的酶标仪；可拆卸 96 孔酶标微孔板；恒温培养箱；微量加样器及配套吸头(100μl、200μl、1000μl)；分析天平；架盘药物天平；125ml 分液漏斗；100ml 量筒；100ml 烧杯；剪刀；漏斗；10ml 吸管；100ml 磨口具塞锥形瓶；容量瓶(50ml、1000ml)；pH 试纸；研钵。

(6)分析步骤

①样品采集。

现场采集样品后立即 4℃ 冷藏，最好当天检验。如果时间长可暂时冷冻保存。

②取样。

对冷藏或冷冻后解冻的样品，用蒸馏水清洗鱼体表面污物，滤纸吸干鱼体表面的水分后用剪刀将鱼体分解成肌肉、肝脏、肠道、皮肤、卵巢等部分，各部分组织分别用蒸馏水洗去血污，滤纸吸干表面的水分后称重。

③样品提取。

将待测河豚组织用剪刀剪碎，加入 5 倍体积 0.1％的乙酸溶液(即 1g 组织中加入 0.1％乙酸 5ml)，用组织匀浆器磨成糊状。取相当于 5g 河豚组织的匀糨糊(25ml)于烧杯中，置温控磁力搅拌器上边加热边搅拌，100℃ 时持续 10min 后取下，冷却至室温后，8000r/min 离心 15min，快速过滤于 125ml 分液漏斗中。滤纸残渣用 20ml 的 0.1％乙酸分次洗净，洗液合并于烧杯中，温控磁力搅拌器上边加热边搅拌，达 100℃ 时持续 3min 后取下，8000r/min 离心 15min 过滤，合并滤液于分液漏斗中。向分液漏斗中的清液中加入等体积乙醚振摇脱脂，静置分层后，放出水层至另一个分液漏斗中并以等体积乙醚再重复脱脂一次，将水层放入 100ml 锥形瓶中，减压浓缩去除其中残存的乙醚后，提取液转入 50ml 容量瓶中，用 1mol/L NaOH 调 pH 至 6.5～7.0，用 PBS 定容到 50ml，立即用于检测(每毫升提取液相当于 0.1g 河豚组织样品)。当天不能检测的提取液经减压浓缩去除其中残存的乙醚后不用 NaOH 调 pH，密封后 -20℃ 以下冷冻保存，在检测前调节 pH 并定容至 50ml 检测。

④测定。

用 BSA-HCHO-TTX 人工抗原包被酶标板，120μl/孔，4℃ 静置 12h。将辣根过氧化物酶标记的纯化 TTX 单克隆抗体稀释后分别做以下步骤。

与等体积不同浓度的河豚毒素标准溶液在 2ml 试管内混合后，4℃ 静 12h 或备用。此液用于制作 TTX 标准抑制曲线。

与等体积样品提取液在 2ml 试管内混合后，4℃ 静置 12h 或 37℃ 温育 2h 备用。

已包被的酶标板用 PBS-T 洗 3 次(每次浸泡 3min)后，加封闭液封闭，200μl/孔，置 37℃

温育 2h。

封闭后的酶标板用 PBS-T 洗 3 次×3min 后,加抗原抗体反应液(在酶标板的适当孔位加抗体稀释液作为阴性对照),100μl/孔,37℃温育 2h,酶标板洗 5 次×3min 后,加新配制的底物溶液,100μl/孔,37℃温育 10min 后,每孔加入 50μl 2mol/L 的 H_2SO_4 终止显色反应,于波长 450nm 处测定吸光度值。

(7)结果参考计算

$$X = m_1 \times V \times D / (V_1 \times m)$$

式中:X——样品中 TTX 的含量,$\mu g/kg$;m_1——酶标板上测得的 TTX 的含量,ng,根据标准曲线按数值插入法求得;V——样品提取液的体积,ml;D——样品提取液的稀释倍数;V_1——酶标板上每孔加入的样液体积,ml;m——样品质量,g。

7.3.2　食品中龙葵素的检测技术

龙葵素又称茄素,属生物碱,其化学结构见图 7-3。龙葵素是一种有毒物质,人、畜使用过量均能引起中毒。龙葵素中毒的潜伏期为数分钟至数小时,轻者恶心、呕吐、腹泻、头晕、舌咽麻痹、胃痛、耳鸣;严重的丧失知觉、麻痹、休克,若抢救不及时会造成死亡。

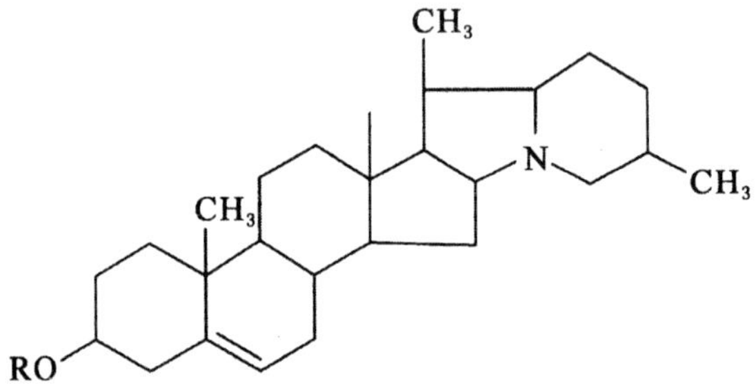

R＝Glu-Gla-Rham

图 7-3　龙葵素的化学结构

马铃薯块茎中含有龙葵素。一般成熟的正常马铃薯中,龙葵素含量为 $7\sim10mg/100g$,小于 $20mg/100g$ 的为安全限值。但马铃薯块茎生芽或经日光暴晒后,表皮会出现绿色区域,同时产生大量龙葵素,其含量可增至 $500mg/100g$,远远超过了安全阈值。另外,在未成熟的青色西红柿当中也有结构类似的番茄碱存在。

1. 食品中龙葵素的分光光度法检测技术

(1)方法目的

了解掌握龙葵素的定性、定量分析方法的原理特点。

(2)原理

当样品含有龙葵素时,可与硒酸钠、钒酸铵在一定温度条件下耦合反应,有不同颜色变化,反应显色过程较快不稳定,可定性鉴定,灵敏度较高。但龙葵素在酸化乙醇中于 568nm 左右有一较强稳定的吸收值,依此可定量分析。

(3)试剂

①酸化乙醇Ⅰ:95％乙醇-5％乙酸(1∶1);酸化乙醇Ⅱ:95％乙醇-20％ H_2SO_4(1∶1)。

②60％硫酸,甲醛溶液(用 60％ H_2SO_4 配制,浓度为 0.5％),氨水。

③龙葵素标准溶液(浓度分别为 0.05mmol/L、0.1mmol/L、0.2mmol/L、0.3mmol/L、0.4mmol/L、0.5mmol/L)。

④钒酸铵溶液。用 50％的硫酸溶液配制,浓度为 0.1％。

⑤硒酸钠溶液。用 50％的硫酸溶液配制,浓度为 1.5％。

(4)仪器

可见光分光光度计。

(5)测定步骤

①定性分析。

取 50g 样品压榨出汁,残渣用蒸馏水洗涤,合并为样液。样液用氨水调节 pH 值至 10 左右,3000r/min 离心 10min 得残渣。将残渣蒸干,在 60℃水浴中用乙醇回流提取 30min,然后过滤。滤液再次用氨水调节 pH 至 10,龙葵素沉淀析出,收集沉淀备用。

取少量沉淀,加入钒酸铵溶液 1ml,呈现黄色,后慢慢转为橙红、紫色、蓝色和绿色,最后颜色消失。

取少量沉淀,加入硒酸钠溶液 1ml,60℃保温 3min,冷却后呈现紫红色,随后转为橙红、黄橙和黄褐色,最后颜色消失。如有上述现象发生,则可定性判断样品中含有龙葵素。

②定量分析。

取 10g 样品,加入适量酸化乙醇Ⅰ研磨 10min。研磨后的匀浆通过滤纸过滤,滤液在 70℃的水浴中加热 30min 后取出冷却。用氨水将滤液的 pH 调至 10,然后在 5000r/min 的条件下离心 5min 使龙葵素沉淀。用氨水洗涤收集到的沉淀,干燥至恒重。

干燥的沉淀溶于酸化乙醇Ⅱ中并定容 100ml。取定容后的溶液 1ml,加入 5ml 60％的 H_2SO_4,5min 后,加甲醛溶液 5ml。静置 3h 后,在 565～570nm 处测定混合液的吸光度值。

标准溶液的测定操作同上。取龙葵素系列标准溶液各 1ml,加入 5ml 的 60％ H_2SO_4 后,加入甲醛溶液 5ml,静置 3h 后,在 565～570nm 测定混合液的吸光度值。以浓度为横坐标,吸光度值为纵坐标绘制标准曲线。样品含量高可适当稀释。

(6)方法分析与评价

定性方法灵敏度可达 0.01μg。定量分析方法灵敏度在 5μg 左右。

2. 食品中生物碱的高效液相色谱法检测技术

(1)方法目的

利用高效液相色谱法检测马铃薯块茎中的生物碱(α-龙葵素和 α-卡茄碱)。

(2)原理

用稀醋酸提取新鲜块茎组织中生物碱,一次性固相萃取浓缩和纯化提取物。最终分离并在 202nm 处通过液相色谱紫外测量 α-龙葵碱和 α-卡茄碱量。

(3)适用范围

适于新鲜土豆块茎中 10～200mg/kg 的 α-龙葵素和 20～250mg/kg 的 α-卡茄碱的质量测定。

（4）试剂材料

①色谱级乙腈。

②提取液：100ml 的 5％冰醋酸溶液，加入 0.5g 亚硫酸氢钠混合溶解。

③15％乙腈固相萃取洗液。

④0.1mol/L 磷酸氢二钾（称 1.74g 无水磷酸氢二钾，定容至 100ml），0.1mol/L 磷酸二氢钾（称 1.36g 磷酸二氢钾，定容至 100ml）。

⑤0.1mol/L 的 pH 7.6 磷酸盐缓冲溶液：取 100ml 磷酸氢二钾至具有磁搅拌器和 pH 电极的烧杯中，再加入磷酸二氢钾溶液，使 pH 达到 7.6，通过 0.45μm 过滤膜过滤。

⑥液相色谱流动相：将 60ml 乙腈与 40ml 的 0.01mol/L 的磷酸盐缓冲液混合。

⑦60％乙腈色谱冲洗溶液：配制成 600ml 的乙腈溶液，加入 400ml 的水。将其中的毒气除去。

⑧生物碱的标准溶液：称量大约 25.00mg 的 α-龙葵素和 α-卡茄碱，定量转移至 100ml 的容量瓶中，加 0.1mol 的磷酸二氢钾定容。

（5）仪器设备

液相色谱仪；液相色谱柱 250mm×4.6mm，离心机，分析天平，pH 计，高速均质机，固相萃取柱，多功能真空固相萃取机。

（6）分析步骤

①样品制备。

在食物处理器中将 10～20 个马铃薯块茎切成细条状。混合后并立即转移约 200g 至 2L 的装满液氮的不锈钢烧杯中并搅拌，以免它们黏合在一起。均质并使马铃薯离解成微粒，均质后将均质浆液转移到塑料容器中，置于阴凉处，让液氮蒸发。在马铃薯组织开始解冻之前，盖在密闭容器内并储存在－18℃或更低温度下。样品在下次操作前，至少能够储存 6 个月。

②提取。

除去上层可能包含浓缩水的冰冻马铃薯样品，称取 10.00g 冰冻的马铃薯样品迅速加入 40ml 提取溶液，均质机搅拌约 2min（控制搅拌速度，以防止产生泡沫）。4000r/min 下离心 30min 并澄清。收集上清液。提取物可在 4℃下至少稳定存放 1 周。

③纯化。

将 5.0ml 乙腈加入到 SPE 柱子，加 5.0ml 样液，接下来加 5.0ml 的萃取液，经柱子萃取，用 10.0ml 冲洗液分两次冲洗柱子（速度 1～2 滴/s）。合并各液，定容至 25ml。

④色谱分析方法。

在规定的液相色谱测定条件下，α-龙葵素和 α-卡茄碱在 10min 就出现峰值，如果操作时间持续 20min，α-龙葵素和 α-卡茄碱的单苷类会出现峰值。建立 α-龙葵素和 α-卡茄碱的标准曲线，通过标准回归曲线计算样品含量，单位 μg/mL 来表示。

（7）方法分析与评价

①α-龙葵素和 α-卡茄碱是有毒的，避免接触皮肤。

②处理液氮时要谨慎。特别是在极低温度（－196℃）可导致皮肤损伤，霜冻害，或类似烧伤一样。将液氮加入到热的容器中或是向液氮中加入药品时会沸腾并飞溅，所以应用皮手套和安全眼罩将手和眼保护起来。每次操作时，要尽量降低沸腾和喷溅的程度。蒸发的氮气和

凝结的氧气在密闭空间内所占一定百分比可以降低危险性。所以通常要在通风良好的情况下使用和贮藏液氮。由于从液态变成气体体积膨胀,那么,液氮储存在密封的容器中可能会产生危险的超压。

③结果参考计算时,注意样品含水率的换算误差,样品稀释误差及倍数换算。

7.3.3　食物中皂甙的检测技术

皂甙由皂甙元和糖、糖醛酸或其他有机酸组成,广泛存在于植物的叶茎、根、花和果实中。

(1)皂甙的理化特征

皂甙多具苦味和辛辣味,因而使含皂甙的饲用植物适口性降低。皂甙一般溶于水,有很高的表面活性,其水溶液经强烈振摇产生持久性泡沫,且不因加热而消失。

(2)氰苷

氰苷是由氰醇上的烃基(α-烃基)和 D-葡萄糖所形成的糖苷衍生物,其结构式见图 7-4。可从许多植物中分离鉴定出氰苷,如木薯、苦杏仁、桃仁、李子仁、白果、枇杷仁、亚麻仁等。这些能够合成氰苷的植物体内也含有特殊的糖苷水解酶,能够将氰苷水解释放出氢氰酸。这些水解释放出的氢氰酸被人体吸收后,将随血液进入组织细胞,导致细胞的呼吸链中断造成组织缺氧,机体随即陷入窒息状态。氢氰酸的口服最小致死剂量为 $0.5 \sim 3.5\text{mg/kg}$。氰苷测定的常用方法是先将氰苷用酶或酸水解,然后用色谱法或电化学分析测定放出的氢氰酸总量。

图 7-4　氰苷化学结构

1. 食物中氰甙的离子选择性电极法分析

(1)方法目的

了解掌握离子选择性电极法分析氰苷的原理特点。

(2)原理

样品中氰苷在淀粉酶作用下水解为氰离子,溶液中一定离子浓度在氰离子选择性电极产生的电极电位,与标准溶液比较可进行定量分析。

(3)试剂

α-淀粉酶、β-淀粉酶、0.025mol/L 的 pH 6.9 磷酸盐缓冲液、0.05mol/L 氰化钾标准储备液、0.01mol/L 盐酸、2mol/L 氢氧化钠溶液、去离子水。

(4)仪器

电化学分析仪或离子计、氰离子选择性电极、甘汞电极。

(5)分析步骤

样品真空干燥后磨成粉状,精确称取 5g 左右粉状样品放入烧杯中,视样品中淀粉含量的

多少加入 α-淀粉酶和 β-淀粉酶,再加入 50ml 去离子水。用稀盐酸调节 pH 至 5.0,在 30℃ 条件下回流水解 30min。

将水解液冷却后过滤至 100ml 容量瓶,然后加入 10ml 缓冲液和 1ml 的 2mol/L NaOH,再用去离子水定容,此时体系的 pH 为 11～12。

用甘汞电极作参比电极、氰离子选择性电极作指示电极,对照标准曲线测定样品中氰离子总量,样品中氰苷的含量以氢氰酸计。

(6)结果参考计算

$$X = M \times V \times M_0 / m$$

式中:X——样品中氰苷的含量(以氢氰酸计),mg/g;M——从标准曲线上查得的样品溶液中氰离子总量,mol/L;V——样品定容体积,ml;M_0——氢氰酸的毫摩尔质量,27mg/mmol;m——样品质量,g。

(7)方法分析与评价

①样品杯在测定中最好是恒温搅拌条件下进行,减少分析误差。

②测定过程最好在通风条件进行(通风橱)。

③方法检测灵敏度较高,可达 $0.01\mu g$。

2. 食物中氰苷的气相色谱法分析

(1)方法目的

掌握气相色谱法分析氰苷的原理方法和特点。

(2)原理

样品在酶和酸解后,用碱吸收,在特定缓冲溶液体系中,通过有机溶剂提取,经气相色谱分析,与标准物质比较定量分析。

(3)试剂

①氢氧化钠试纸(滤纸滴加 10％氢氧化钠溶液润湿),0.01mol/L 的 pH 7.0 磷酸盐缓冲液,1％氯胺 T 溶液,5％亚砷酸溶液,20％盐酸溶液,甲醇,乙醚。

②氢氰酸标准储备液(100mg/mL),用时稀释 1～20μg/mL。

(4)仪器

气相色谱仪(色谱柱 PORAPAK-QS),检测器(FID),载气(高纯氮)。

(5)操作步骤

样品真空干燥后磨成粉状。精确称取 5g 左右粉状样品放入烧杯中,视样品中淀粉含量的多少加入 α-淀粉酶和 β-淀粉酶,再加入 50ml 去离子水,用稀盐酸调节 pH 至 5.0,在 30℃ 条件下回流水解 30min。

回流结束后冷却水解液,将其过滤至 100ml 烧杯中,加入 20％的盐酸溶液 40ml 后立即封口,并在封口膜的内侧固定氢氧化钠试纸,然后将烧杯放入 30℃ 恒温箱中 1.0h。

将氢氧化钠试纸移入烧杯中,用 5ml 蒸馏水分次浸提。合并浸提液,加入缓冲液和氯胺 T 溶液各 2ml,5min 后加入亚砷酸溶液 2ml 和乙醚 5ml 振摇 3min。乙醚层用 K-D 浓缩器浓缩至干,用甲醇定容至 2.00ml 备用。

配制标准系列浓度样品,依据标准溶液定性、定量分析。

（6）色谱工作条件

进样温度 220℃，柱温 150℃，检测器温度 250℃，载气流速 35mL/min。

（7）结果参考计算

$$X = S_1 \times c \times V / (S_0 \times m)$$

式中：X——样品中氰苷的含量（以氢氰酸计），mg/g；S_1——样品峰面积；c——氢氰酸标样的浓度，mg/mL；V——样品的定容体积，ml；S_0——标样峰面积；m——样品的质量，g。

（8）方法分析与评价

采用顶空进样的气相色谱方法也可用于氰苷释放的氢氰酸的测定。该方法的样品处理过程与上述步骤略有不同。首先，样品也须先真空干燥后磨碎，然后在淀粉酶的作用下水解，并除去不溶性杂质。顶空密闭容器中事先加入 1ml 2mol/L 的硫酸溶液，然后用微量注射器加入一定体积的样品水解后的过滤液。将密闭容器激烈振荡后静置 1h，然后用微量进样器取上层气体供气相色谱分析。采用顶空进样的方法时，进样温度、柱温和检测器温度均采用较低的值。

7.3.4　食品中胰蛋白酶抑制物的检测技术

1. 胰蛋白酶抑制剂的特征

胰蛋白酶抑制剂是大豆以及其他一些植物性饲料中存在的重要的抗营养因子。

李子仁、白果、枇杷仁、亚麻仁等能够合成氰苷，当体内含有特殊的糖苷水解酶，能够将氰苷水解释放出氢氰酸。这些水解释放出的氢氰酸被机体吸收后，将随血液进入组织细胞，导致细胞的呼吸链中断造成组织缺氧，机体随即陷入窒息状态。氢氰酸的口服最小致死剂量为 0.5～3.5mg/kg。氰苷测定的常用方法是先将氰苷用酶或酸水解，然后用色谱法或电化学分析测定放出的氢氰酸总量。

综上所述，不论在食品安全检测方面，还是胰蛋白酶抑制剂药物等方面，建立胰蛋岛酶抑制剂快速、灵敏和准确的检测技术都显得尤为重要。

2. 作物中胰蛋白酶抑制剂的比色法分析

（1）方法目的

掌握分光光度法测定作物中胰蛋白酶抑制剂的方法原理。

（2）原理

胰蛋白酶可作用于苯甲酰-DL-精氨酸对硝基苯胺（BAPA），释放出黄色的对硝基苯胺，该物质在 410nm 下有最大吸收值。转基因植物及其产品中的胰蛋白酶抑制剂可抑制这一反应，使吸光度值下降，其下降程度与胰蛋白酶抑制剂活性成正比。用分光光度计在 410nm 处测定吸光度值的变化，可对胰蛋白酶抑制剂活性进行定量分析。

本方法适用于转基因大豆及其产品、转基因谷物及其产品中胰蛋白酶抑制剂的测定。其他的转基因植物，如花生、马铃薯等也可用该方法进行测定。

（3）试剂

①0.05mol/L 三羟甲基氨基甲烷（Tris）缓冲液：称取 0.605g Tris 和 0.294g 氯化钙溶于

80ml 水中,用浓盐酸调节溶液的 pH 至 8.2,加水定容至 100ml。

②0.01mol/L 氢氧化钠溶液,1mmol/L 盐酸,戊烷-己烷(1:1)。

③胰蛋白酶:大于 10000 BAEE u/mg。BAEE 为 Na-苯甲酰-*L*-精氨酸乙烷酯。BAEE u 表示胰蛋白酶与 BAEE 在 25℃、pH 7.6、体积 3.2ml 条件下反应,在 253nm 波长下每分钟引起吸光度值升高 0.001,即为 1 个 BAEE u。

④胰蛋白酶溶液:称取 10mg 胰蛋白酶,溶于 200ml 1mmol/L 盐酸中。

⑤苯甲酰-*DL*-精氨酸对硝基苯胺(BAPA)。

⑥BAPA 底物溶液:称取 40mg BAPA,溶于 1ml 二甲基亚砜中,用预热至 37℃ 的 Tris 缓冲液稀释至 100ml。BAPA 底物溶液应于实验当日配制。

⑦反应终止液:取 30ml 冰乙酸,加水定容至 100ml。

(4)仪器和设备

分光光度计,恒温水浴箱,旋涡搅拌器,电磁搅拌器。

(5)操作步骤

①样品的制备。

将试验材料磨碎,过筛(100~200 目)。称取 0.2~1g 样品,加入 50ml 的 0.01mol/L 氢氧化钠溶液,pH 应控制在 8.4~10.0 之间,低档速电磁搅拌下浸提 3h,过滤。浸出液用于测定,必要时,可进行稀释。如果样品的脂肪含量较高(如全脂大豆粗粉或豆粉),应在室温条件下先脱脂。将样品浸泡于 20ml 戊烷-己烷(1:1)中,低档速电磁搅拌 30min,过滤。残渣用约 50ml 戊烷-己烷(1:1)淋洗 2 次,收集残渣。然后进行浸提。

②测定管和对照管的制备。

取两组平行的试管,见表 7-5,在每组试管中依次加入样品浸出液、水和胰蛋白酶溶液,于 37℃ 水浴中混合,再加入 5.0ml 已预热至 37℃ 的底物溶液 BAPA,从第一管加入起计时,于 37℃ 水浴中摇动混匀,并准确反应 10min,最后加入 1.0ml 反应终止液。用 0.45μm 微孔滤膜过滤,弃初始滤液,收集滤液。

表 7-5　测定管反应体系

试剂	非抑管	测定管 1	测定管 2	测定管 3	测定管 4
样品浸出液	0.0	0.3	0.6	1.0	1.5
水	2.0	1.7	1.4	1.0	0.5
胰蛋白酶溶液	2.0	2.0	2.0	2.0	2.0
BAPA 底物溶液	5.0	5.0	5.0	5.0	5.0
反应终止液	1.0	1.0	1.0	1.0	1.0

在制备测定管的同时,应制备试剂对照管和样品对照管,即取 2ml 水或样品浸出液,然后按顺序加入 2ml 胰蛋白酶溶液、1ml 反应终止液和 5ml BAPA 底物溶液,混匀后过滤。

③测定。

以试剂对照管调节吸光度值为零,在 410nm 波长下测定各测定管和对照管的吸光度值,以平行试管的算术平均值表示。

（6）结果表示

①酶活性的表示方法。

胰蛋白酶活性单位（TU）：在规定实验条件下，每 10ml 反应混合液在 410nm 波长下每分钟升高 0.01 吸光度值即为一个 TU。

胰蛋白酶抑制率：在规定实验条件下，与非抑管相比，测定管吸光度值降低的比率。

胰蛋白酶抑制剂单位（TIU）：在规定实验条件下，与非抑管相比，每 10ml 反应混合液在 410nm 波长下每分钟降低 0.01 吸光度值即为一个 TIU。

②计算。

各测定管的胰蛋白酶抑制率按下式计算。

$$TIR(\%)=(A_N-A_T-A_{T0})/A_N$$

式中：TIR——胰蛋白酶抑制率，%；A_N——非抑管吸光度值；A_T——测定管吸光度值；A_{T0}——样品对照管吸光度值。

只有胰蛋白酶抑制率在 20%～70% 范围内时，测定管吸光度值可用于胰蛋白酶抑制剂活性计算，各测定管胰蛋白酶抑制剂活性按下式计算。

$$TI(\%)=(A_N-A_T-A_{T0})/A_N$$

式中：TI——胰蛋白酶抑制剂活性，TIU；A_N——非抑管吸光度值；A_T——测定管吸光度值；A_{T0}——样品对照管吸光度值；t——反应时间，min。

单位体积样品浸出液中胰蛋白酶抑制剂活性，以测定样品浸出液体积（ml）为横坐标，TI 为纵坐标作图，拟和直线回归方程，计算斜率，斜率值即是单位体积样品浸出液中胰蛋白酶抑制剂活性（单位为 TIU/mL）。当测定用样品浸出液体积和 TI 不是一条直线关系时，单位体积样品浸出液中胰蛋白酶抑制剂活性用各测定管单位体积胰蛋白酶抑制剂活性的算术平均值表示。

样品中胰蛋白酶抑制剂活性按下式计算。

$$TIM=V\times D\times TIV/m$$

式中：TIM——样品中胰蛋白抑制剂活性，TIU/g；TIV——单位体积样品浸出液中胰蛋白酶抑制剂活性，TIU/mL；V——样品浸出液总体积，ml；D——稀释倍数；m——样品质量，g。

（7）说明

重复条件下，两次独立测定结果的绝对差值不超过其算术平均值的 10%。

7.3.5　食品中生物胺类的检测技术

1. 食品中生物胺的分光光度法检测分析

（1）方法目的

组胺是生物胺中对人危害最大的一类有害物，利用分光光度计检测组胺，此方法操作简单，可以快速检测食品中组胺，且成本较低。

（2）原理

鱼体中的组胺经正戊醇提取后，与偶氮试剂在弱碱性溶液中进行偶氮反应，产生橙色化合物，与标准比较定量。

（3）适用范围

水产品中的青皮红肉类鱼，因含有较高的组氨酸，在脱羧酶和细菌作用后，脱羧而产生组胺,分光光度计检测水产品中组胺是我国现行采用的标准检验方法。

(4)试剂材料

①正丁醇,三氯乙酸溶液;碳酸钠溶液,氢氧化钠溶液,盐酸。

②组胺标准储备液。准确称取 0.2767g 于 100℃±5℃ 干燥 2h 的磷酸组胺溶于水,移入 100ml 容量瓶中,再加水稀释至刻度,此溶液为 1.0mg/mL 组胺。使用时吸取 1.0ml 组胺标准溶液,置于 50ml 容量瓶中,加水稀释至刻度。此溶液每毫升相当于 20.0μg 组胺。

③偶氮试剂甲液。称 0.5g 对硝基苯胺,加 5ml 盐酸溶解后,再加水稀释至 200ml,置冰箱中;乙液:0.5% 亚硝酸钠溶液,临时现配。吸取甲液 5ml、乙液 40ml 混合后立即使用。

(5)仪器设备

分光光度计。

(6)分析步骤

①样品处理。

称取 5.00～10.00g 切碎样品置于具塞三角瓶中,加三氯醋酸溶液 15～20ml,浸泡 2～3h,过滤。吸取 2ml 滤液置于分液漏斗中,加氢氧化钠溶液使呈碱性,每次加入 3ml 正戊醇,振摇 5min,提取 3 次,合并正戊醇并稀释至 10ml。吸取 2ml 正戊醇提取液于分液漏斗中,每次加 3ml 盐酸(1:11)振摇提取 3 次,合并盐酸提取液并稀释至 10ml 备用。

②测定分析。

吸取 2ml 盐酸提取液于 10ml 比色管中。另吸取 0ml、0.20ml、0.40ml、0.6ml、0.80ml、1.00ml 组胺标准溶液(相当于 0μg、4μg、8μg、12μg、16μg、20μg 组胺),分别置于 10ml 比色管中,各加盐酸 1ml。样品与标准管各加 3ml 的 5% 碳酸钠溶液,3ml 偶氮试剂,加水至刻度,混匀,放置 10min 后,以零管为空白,于波长 480nm 处测吸光度,绘制标准曲线计算。

(7)结果参考计算

$$X = m_1 \times 100 / [m_2 \times (2/V) \times (2/10) \times (2/10) \times 1000]$$

式中:X——样品中组胺的含量,mg/100g;V——加入三氯乙酸溶液(100g/L)的体积,ml;m_1——标准溶液中组胺的含量,μg;m_2——样品质量,单位为克,g。

(8)注意事项

在重复性条件下获得的两次独立测定结果的绝对差值不得超过算术平均值的 10%。

2. 食品中生物胺的高效液相色谱法检测分析

(1)方法目的

本方法使用苯甲酰氯衍生化-高效液相色谱-紫外检测法测定水中腐胺、尸胺、亚精胺、精胺及组胺含量的方法。

(2)原理

样品经苯甲酰氯衍生化后用乙醚萃取,萃取物经溶剂转换后用高效液相色谱-紫外检测器检测,外标法定量。

(3)适用范围

此方法适用于水中 2.0～40.0mg/L 的腐胺、尸胺、亚精胺、精胺及组胺的测定。

(4)试剂材料

①苯甲酰氯、乙醚、甲醇、乙腈、氯化钠、氮气(9.99%)、2.0mol/L 氢氧化钠、0.02mol/L 乙

酸铵、$0.45\mu m$ 滤膜、$\Phi13\sim\Phi15mm$ 过滤器。

②浓度均为 $1.00mg/mL$ 的腐胺标准溶液、尸胺（$C_5H_{14}N_2$）标准溶液、亚精胺（$C_7H_{19}N_3$）标准溶液、精胺（$C_{10}H_{24}N_4$）标准溶液、组胺（$C_5H_9N_3$）标准溶液。使用时分别取 10ml 腐胺、尸胺、亚精胺、精胺及组胺标准溶液，置于 100ml 容量瓶中，用水稀释至刻度，混匀，获得标准混合溶液。此标准混合溶液含腐胺、尸胺、亚精胺、精胺及组胺各 $0.100mg/mL$。按表 7-6 分别移取不同体积的标准混合溶液置于 50ml 容量瓶中，用水稀释至刻度，混匀。

表 7-6 标准工作溶液配制

标准混合溶液体积/ml	1.00	2.00	5.00	10.00	20.00
腐胺、尸胺、亚精胺、精胺、组胺浓度/(mg/L)	2.00	4.00	10.00	20.00	40.00
定容体积/ml	50	50	50	50	50

（5）仪器设备

高效液相色谱，紫外检测器，C_{18}色谱柱，液体混匀器（或称旋涡混匀器），恒温水浴箱，具塞刻度试管，分析天平。

（6）分析测定步骤

①样品的衍生和萃取。

移取 2.00ml 水样置于 10ml 具塞刻度试管中，加入 1ml 氢氧化钠溶液，$20\mu l$ 苯甲酰氯，在液体混匀器上旋涡 30s，置于 37℃ 水浴中振荡，反应时间 20min，反应期间间隔 5min 旋涡 30s。

衍生反应完毕后，加入 1g 氯化钠，2ml 乙醚，振荡混匀，旋涡 30s，静置。待溶液分层后，用滴管将乙醚层完全移取至 10ml 具塞刻度试管中，用氮气或吸耳球缓缓吹干乙醚，加 1.00ml 甲醇溶解，再用一次性过滤器过滤后，作为高效液相色谱分析用样品。

②不同浓度标准工作浓度的衍生和萃取。

移取 2.00ml 不同浓度的标准工作溶液分别置于 5 个 10ml 具塞刻度试管中，加入 1ml 氢氧化钠溶液，$20\mu l$ 苯甲酰氯，在液体混匀器上旋涡 30s 充分混匀。萃取步骤同上。

③色谱条件。

C_{18}色谱柱：$5\mu m$，$4.6mm\times250mm$；柱温为室温；流动相 A（乙腈），B（$0.02mol/L$ 乙酸铵），梯度洗脱条件见表 7-7；检测波长 254nm；进样量 $20\mu l$。

表 7-7 梯度洗脱条件

时间/min	流速/(mL/min)	A：乙腈/%	B：0.02mol/L 乙酸铵/%
0.00	1.0	30	70
5.00	1.0	75	25
10.00	1.0	75	25
15.00	1.0	30	70

④液相色谱分析测定。

根据腐胺、尸胺、亚精胺、精胺及组胺的标准物质的保留时间,确定样品中物质。定量分析,校准方法为外标法。

⑤校准曲线的制作。

使用衍生化的标准工作溶液分别进样,以标准工作溶液浓度为横坐标,以横面积为纵坐标,分别绘制腐胺、尸胺、亚精胺、精胺及组胺的标准曲线。

⑥样品测定。

使用样品分别进样,每个样品重复 3 次,获得每个物质的峰面积。根据校准曲线计算被测样品中腐胺、尸胺、亚精胺、精胺及组胺的含量(mg/L)。样品中各待测物质的响应值均应在方法的线性范围内。当样品中某种生物胺的响应值高于方法的线性范围时,需将样品稀释适当倍数后再进行衍生、萃取和测定。

(7)结果参考计算

$$X = D \times c$$

式中:X——水样中被测物质含量,mg/L;c——从标准工作曲线得到样品溶液中被测物质的含量,mg/L;D——稀释倍数。

(8)注意事项

方法重复性和再现性值以 95% 的置信度计算,精密度结果应满足表 7-8 要求。

表 7-8 水质中五种生物胺含量范围及重复性和再现性方程

成分	水平范围/(mg/L)	重复性限/r	再现性限/R
腐胺	2.0～40.0	$r = 0.7265 + 0.2501m$	$R0.9081 + 0.3814m$
尸胺	2.0～40.0	$r = 0.0908 + 0.3054m$	$R0.4746 + 0.4333m$
亚精胺	2.0～40.0	$r0.0084 + 0.2951m$	$R0.7766 + 0.3910m$
精胺	2.0～40.0	$r0.1886 + 0.3585m$	$R1.3930 + 0.6097m$
组胺	2.0～40.0	$r0.3334 + 0.3731m$	$R0.3369 + 0.5897m$

注:m 表示两次测定结果的算术平均数,单位为 mg/L。如果两次测定值的差值超过重复性限 r,应舍弃试验结果并重新完成两次单个实验的测定。

第8章　有害金属的检测

8.1　汞及其化合物的检测

汞分为元素汞、无机汞和有机汞。元素汞经消化道摄入，一般不造成伤害，因为元素汞几乎不被消化道所吸收。元素汞只有在大量摄入时，才有可能因重力作用造成机械损伤。但由于元素汞在室温下即可蒸发，因此可以通过呼吸吸入危害人体健康。无机汞进入人体后可通过肾脏排泄一部分，未排出的部分沉着于肝和肾，并对它们产生损伤。而有机汞如甲基汞主要通过肠道排出，但排泄缓慢，具有蓄积作用。甲基汞可通过血脑屏障进入脑内，与大脑皮层的巯基结合，影响脑细胞的功能。

8.1.1　食品中总汞的原子荧光光谱法检测技术

1. 方法目的

了解掌握氢化物原子荧光光谱技术分析重金属汞的原理和方法。

2. 原理

样品消解后，在酸性介质中，样品中汞被硼氢化钾（KBH_4）还原成原子态汞，由氩气带入原子化器中，在特制汞空心阴极灯照射下，基态汞原子被激发至高能态，在去活化回到基态时，发射出特征波长的荧光，其荧光强度与汞含量成正比，与标准系列比较定量。

3. 试剂材料

优级纯硝酸、过氧化氢、硼氢化钾、汞标准试剂。

4. 仪器设备

原子荧光光谱仪，微波消解装置或消化炉，超纯水仪，用稀硝酸处理后的玻璃仪器。

5. 分析方法

（1）样品处理

粮食及豆类等干样粉碎，蔬菜、水果、肉类及水产等含水量高的样品打浆捣匀。

样品高压消解法：根据样品中汞的含量和样品的含水量称取不同质量的样品。一般含水量低的样品称取 0.5～1.0g；含水量高的样品称取 1.00～5.00g（置于聚四氟乙烯塑料内罐中，于 80℃干燥箱中烘至近干），在聚四氟乙烯内罐中加 5ml 硝酸，混匀后放置过夜，次日再加 7ml 过氧化氢，盖上内盖放入不锈钢外套中，旋紧密封。然后将消解器放入烘箱中加热，升温至 120℃后保持恒温 2～3h,至消解完全,自然冷至室温。将消解液用硝酸-水(1∶9)转移并定容至 25ml,摇匀。同时做试剂空白试验。

样品微波消解法:称取 0.10～1.0g 样品于消解罐中加入 1～5ml 硝酸,1～2ml 过氧化氢,盖好安全阀后,将消解罐放入微波炉消解系统中,根据样品设置微波炉消解条件,至消解完全。冷却后用硝酸-水(1∶9)转移并定容至 25ml,混匀待测。

(2)测定

设定仪器最佳条件,仪器稳定 10～20min 后开始测量。连续用硝酸-水(1∶9)进样,待读数稳定之后,转入标准系列测量,绘制标准曲线。按同样方法测定样品空白和样品消化液,每测不同的样品前都应清洗进样器。

6. 方法分析及评价

①汞元素易挥发,在消解过程中要注意控制消解温度。

②分析纯的盐酸和硝酸中一般含有较高的汞,建议使用优级纯的盐酸和硝酸,并在使用时做试剂空白。

③玻璃器皿容易吸附汞,实验所用玻璃仪器均需以硝酸-水(1∶1)浸泡过夜,用水反复冲洗,最后用去离子水冲洗干净,晾干后使用。

④硼氢化钾浓度降低灵敏度会增加,但不能低于 0.01%。

8.1.2 食品中汞的冷原子吸收光谱法检测技术

1. 方法目的

了解掌握冷原子吸收光谱技术分析重金属汞的原理和方法。

2. 原理

样品经消解后,在强酸性介质中样品中离子态的汞被氯化亚锡还原成元素汞,在常温下以氮气或干燥空气作为载体,将元素汞吹入汞测定仪,汞蒸气对波长 253.7nm 的共振线具有强烈的吸收作用,在一定浓度范围其吸收值与汞含量成正比,与标准系列比较定量。

3. 试剂材料

优级纯硫酸、硝酸,五氧化二钒,盐酸羟胺,氯化亚锡,高锰酸钾,汞标准物质。

4. 仪器设备

测汞仪,压力消解仪,砂浴,玻璃仪器。

5. 样品处理

(1)硫酸-硝酸消解法

粮食或水分少的样品可称取 5.00～10.00g 样品,对含水量高的样品称取 10～20g 置于锥形瓶中,加玻璃珠数粒,依次加 20ml 硝酸、5ml 硫酸,转动锥形瓶防止局部炭化;油脂类样品先加硫酸混匀,再加硝酸,然后在锥形瓶上装上冷凝管后,小火加热,待开始发泡后停止加热,发泡停止后,加热回流 2h。如加热过程中溶液变少,再加 5ml 硝酸,继续回流 2h,放冷后从冷凝管上端小心加 20ml 水,加热回流 10min,放冷,用适量水冲洗冷凝管,洗液并入消化液中,将消化液经玻璃棉过滤于 100ml 瓶内,用少量水洗锥形瓶、滤器,洗液并入容量瓶内,加水至刻度,混匀。同时做试剂白试验。

(2)五氧化二钒消化法

取混匀水产品 1～5g 或蔬菜、水果等 10～20g,置于 50～100 锥形瓶中,加 50mg 五氧化二钒粉末,再加 8ml 硝酸振摇,放置 4h,加 5ml 硫,混匀,然后移至 140℃ 砂浴上加热,开始作用较猛烈,以后渐渐缓慢,待瓶口基本上无棕气体逸出时,用少量水冲洗瓶口,再热 5min,放冷,加 5ml 5% 高锰酸钾溶液,放置 4h(或过夜),滴加 20% 盐酸羟胺溶液使紫色褪去,振摇,放置数分钟,移入 50ml 容量瓶水稀释至刻度。同时做试剂空白。

(3)压力消解

称取干样、含脂肪高的样品 1.00g,鲜样 3.00g 于聚四氟乙烯内罐,加酸 2～4ml 浸泡过夜。次日加过氧化氢 2～3ml。盖好内盖,旋紧不锈钢外套,放入恒温干燥箱,120～140℃ 保持 3～4h 至消解完成,取出后冷却至室温,用滴管将消化液洗入 10.0ml 容量瓶中,用水少量多次洗涤罐,洗液合并于容量瓶中并定容至刻度,混匀备用;同时作试剂空白。

(4)测定

①回流消化法制备的样品消化液。

分别吸取浓度为 0.0μg/mL、0.01μg/mL、0.02μg/mL、0.03μg/mL、0.04μg/mL、0.05μg/mL 的汞标准液 10ml,置于试管中,各加 10ml 硝酸-硫酸-水混合酸(1:1:8),置于汞蒸气发生器内,连接抽气装置,沿壁迅速加入 3ml 还原剂 30% 氯化亚锡,立即通过流速为 1.0L/min 的氮气或经活性炭处理的空气,使汞蒸气经过氯化钙干燥管进入测汞仪中,读取测汞仪上最大读数,然后,打开吸收瓶的三通阀将产生的汞蒸气吸收于 5% 高锰酸钾溶液中,待测汞仪上的读数达到零点时进行下一次测定。根据汞含量和其所对应的吸光值绘制标准曲线计算线性方程。吸取 10.0ml 空白及样品消化液,按同样方法测定样品中汞的吸光值,计算样品中汞的含量。

②用五氧化二钒消化法制备的样品消化液。

分别吸取 10.0ml(相当 0μg、0.02μg、0.04μg、0.06μg、0.08μg、0.10μg 汞)标准使用液,置于 6 个 50ml 容量瓶中,各加 1ml 硫酸-水(1:1)、1ml 5% 高锰酸钾溶液,20ml 水,混匀,滴加 20% 盐酸羟胺溶液使紫色褪去,加水至刻度混匀。同时做样品及空白。吸取汞标准和样品消化液各 5.0ml 置于测汞仪的汞蒸气发生器的还原瓶中,分别加入 1.0ml 还原剂 10% 氯化亚锡,迅速盖紧瓶塞,随后有气泡产生,从仪器读数显示的最高点测得其吸收值,根据汞的量与其相对应的吸光值绘制标准曲线计算线性回归方程。根据样品的吸光值计算样品中的汞含量。

6. 方法分析及评价

①该方法的仪器简单易于操作,但检测灵敏度相对较低。

②仪器的光路、气路管道要保持干燥、无水汽凝结,汞原子蒸汽必须先经过干燥管脱水后进入仪器。五氧化二钒能缩短消解时间,但本身属于有毒试剂,用时需小心。

③压力法消解、微波消解较其他消解方法迅速、简便、安全、污染小、回收率高。

8.1.3 食品中甲基汞的气相色谱法检测技术

1. 方法目的

了解掌握气相色谱法分析甲基汞的原理和方法。

2. 原理

样品用氯化钠研磨后加入含有 Cu^{2+} 的盐酸-水(1:11),样品中结合的甲基汞与 Cu^{2+} 交换,甲基汞被萃取出来后,经离心或过滤,将上清液调至一定的酸度,用巯基棉吸附样品中的甲基汞,再用盐酸-水(1:5)洗脱,最后以苯萃取甲基汞,用色谱分析。

3. 试剂材料

①氯化钠、苯、无水硫酸钠,4.25%氯化铜溶液,4%氢氧化钠溶液。
②盐酸-水(1:5),盐酸-水(1:11),巯基棉。
③淋洗液(pH 3.0~3.5),用盐酸-水(1:11)调节水的 pH 为 3.0~3.5。
④甲基汞标准溶液(1mg/mL)准确称取 0.1252g 氯化甲基汞,用苯溶解于 100ml 容量瓶中,加苯稀释至刻度。放置冰箱(4℃)保存。吸取 1.0ml 甲基汞标准溶液,置于 100ml 容量瓶中,用苯稀释至刻度。取此溶液 1.0ml,置于 100ml 容量瓶中,用盐酸-水(1:5)稀释至刻度,此溶液每毫升相当于 0.10μg 甲基汞,临用时新配。
⑤0.1%甲基橙指示液:称取甲基橙 0.1g,用 95%乙醇稀释至 100ml。

4. 仪器设备

气相色谱仪附[63]Ni 电子捕获检测器或氚源电子捕获检测器,酸度计,离心机。
巯基棉管:用内径 6mm、长度 20cm、一端拉细(内径 2mm)的玻璃滴管内装 0.1~0.15g 巯基棉,均匀填塞,临用现装。

5. 操作步骤

(1)气相色谱参考条件
色谱柱内径 3mm,长 1.5m 的玻璃柱,内装涂有质量分数为 7%的丁二酸乙二醇聚酯(PEGS)或涂质量分数为 1.5%的 OV-17 和 1.95%QF-1 或质量分数为 5%的丁二乙酸二乙二醇酯(DEGS)固定液的 60~80 目 chromosorb WAWDMCS;[63]Ni 电子捕获检测器温度为 260℃,柱温 185℃,汽化室温度 215℃;氚源电子捕获检测器温度为 190℃,柱温 185℃,汽化室温度 185℃;载气(高纯氮)流量为 60mL/min。

(2)测定
称取 1.00~2.00g 肉类样品,加入等量氯化钠,研成糊状,加入 0.5ml 4.25%氯化铜溶液,轻轻研匀,用 30ml 盐酸-水(1:11)分次转入 100ml 带塞锥形瓶中,剧烈振摇 5min,放置 30min,样液全部转入 50ml 离心管中,用 5ml 盐酸-水(1:11)淋洗锥形瓶,洗液与样液合并,

2000r/min 离心 10min,将上清液全部转入 100ml 分液漏斗中,于残渣中再加 10ml 盐酸-水 (1:11),用玻璃棒搅拌均匀后再离心,合并两份离心溶液。加入等量的 4%氢氧化钠溶液中和,加 1~2 滴甲基橙指示液,调至溶液变黄色,然后滴加盐酸-水(1:11)至溶液从黄色变橙色 (溶液的 pH 在 3.0~3.5 之间)。

将塞有 0.1~0.15g 的巯基棉的玻璃滴管接在分液漏斗下面,控制流速为 4~5ml/min;然后用 pH 3.0~3.5 的淋洗液冲洗漏斗和玻璃管,取下玻璃管,用玻璃棒压紧巯基棉,用洗耳球将水尽量吹尽,然后加入 1ml 盐酸-水(1:5)分别洗脱 1 次,用洗耳球将洗脱液吹尽,收集于 10ml 具塞比色管中。另取 2 支 10ml 具塞比色管,各加入 2.0ml 样品提取液和甲基汞标准使用液(0.10μg/mL)。向含有样品及甲基汞标准使用液的具塞比色管中各加入 1.0ml 苯,提取振摇 2min,分层后吸出苯液,加少许无水硫酸钠脱水,静置,吸取一定量进行气相色谱测定,记录峰高,与标准峰高比较定量。

6. 结果参考计算

$$X = m_1 \times h_1 \times V_1 \times 1000/(m_2 \times h_2 \times V_2 \times 1000)$$

式中:X——样品中甲基汞的含量,mg/kg;m_1——甲基汞标准量,μg;h_1——样品峰高,mm; V_1——样品苯萃取溶剂的总体积,μl;V_2——测定用样品的体积,μl;h_2——甲基汞标准峰高, mm;m_2——样品质量,g。

7. 方法分析及评价

①为减少玻璃吸附,所有玻璃仪器均用硝酸-水(1:5)浸泡 24h,用水反复冲洗,最后用去离子水冲洗干净。

②苯试剂应在色谱上无杂峰,否则应重蒸馏纯化。

③无水硫酸钠用苯提取,避免干扰。

④巯基棉的制备。在 250ml 具塞锥形瓶中依次加入 35ml 乙酸酐、16ml 冰乙酸、50ml 硫代乙醇酸、0.15ml 硫酸、5ml 水混匀,冷却后加入 14g 脱脂棉,不断翻压,使棉花完全浸透,将塞盖好,置于恒温培养箱中,在(37±0.5)℃保温 4d(注意切勿超过 40℃),取出后用水洗至近中性,除去水分后平铺于瓷盘中,再在(37±0.5)℃恒温箱中烘干,成品放入棕色瓶中,放置冰箱(4℃)保存备用,使用前,应先测定巯基棉对甲基汞的吸附效率为 95%以上方可使用。

8.2　铅及其化合物的检测

8.2.1　铅的形态分析

铅元素是有代表性的重金属元素之一,在地壳丰度为 14mg/kg,分布很广。天然的铅主要产自铅矿,在自然界中铅主要与其他元素结合以化合态的形式存在。

铅在自然界不断迁移、转化。铅是通过有机的形态进入环境中,并在环境中传播。铅在工业中主要用于生产石油产品中的抗爆剂和蓄电池,作为汽车抗爆剂的四甲基铅、四乙基铅是空气中铅的主要污染来源,其在空气中的半衰期夏天为 10h 和 2h,冬天为 34h 和 8h。

各种铅化合物的毒性差异较大,在有机铅化合物中,带毒性的大小与取代基的种类及数目密切相关,研究表明,烷基铅的毒性比苯基铅要大,带正电荷的有机铅如三乙基铅的毒性比中性的四乙基铅的毒性大。铅通过皮肤、消化道及呼吸道进入人体内与多种器官亲和,主要毒性效应是贫血症、神经机能失调和肾损伤,易受害的人群有儿童、老人和免疫力低下人群。

8.2.2 食品中总铅的原子吸收光谱法检测技术

1. 方法目的

学习掌握原子吸收光谱法分析食品中铅的原理和方法及样品处理技术。

2. 原理

样品经灰化或湿法消解后,在原子吸收分光光度计中,铅原子吸收283.3nm共振线,在一定浓度范围,其吸收值与铅含量成正比,与标准系列比较定量。

3. 试剂

①硝酸、过氧化氢、高氯酸。

②硝酸-水(1:1),0.5mol/L硝酸(取16ml硝酸加入100ml水中,稀释至500ml),1mol/L硝酸(取6.4ml硝酸加入50ml水中,稀释至100m),2%磷酸铵溶液,硝酸-高氯酸(4:1)。

③铅标准液:准确称取0.100g金属铅(99.99%),加5ml硝酸-水(1:1),加热溶解,移入100ml容量瓶,加水至刻度。此溶液每毫升含1.0mg铅。工作时用0.5mol/L硝酸或1mol/L硝酸稀释配制每毫升含10.0ng、20.0ng、40.0ng、60.0ng、80.0ng铅标准使用液。

4. 仪器设备

原子吸收分光光度计,马弗炉,瓷坩埚,电热板。

5. 操作步骤

(1)干灰化法

根据样品中铅的含量,称取1.00～5.00g样品于瓷坩埚中,先小火在电热板上炭化至无烟,移入马弗炉500℃灰化6～8h时,冷却。若个别样品灰化不彻底,需冷却后小心加入1ml混合酸在电炉上小火加热,反复多次直到消化完全,放冷,用0.5mol/L硝酸将灰分溶解,过滤至25ml容量瓶中,用水少量多次洗涤瓷坩埚,洗液合并于容量瓶中,用水定容至刻度,混匀备用。同时作试剂空白。

(2)湿式消解法

称取样品1.00～5.00g于三角瓶中,放数粒玻璃珠,加10ml混合酸,加盖浸泡过夜,次日,在电炉上消解,若溶液变棕色,需再加混合酸,直至消化液呈无色透明或略带黄色,放冷后将样品消化液过滤入25ml容量瓶中,用水少量多次洗涤三角瓶,洗液合并于容量瓶中定容至刻度,混匀。同时作试剂空白。

（3）仪器参考条件

波长 283.3nm；狭缝 0.2～1.0nm；灯电流 5～7mA；干燥温度 120℃，20s；灰化温度 450℃，持续 15～20s；原子化温度 1700℃～2300℃，持续 4～5s；背景校正为氘灯或塞曼效应。

（4）标准曲线绘制

吸取铅标准使用液各 10μl，注入石墨炉，测得其吸光值并求得吸光值与浓度关系的一元线性回归方程。

样品测定及空白测定同上，测得其吸光值，通过回归方程求得样液中铅含量。对有干扰样品，需要注入 5μl 2‰磷酸二氢铵溶液作为基体改进剂以消除干扰。绘制铅标准曲线时也要加入与样品测定时等量的基体改进剂磷酸二氢铵溶液。

6. 结果参考计算

$$X = (c_1 - c_0) \times V \times 1000 / (m \times 1000)$$

式中：X——样品中铅含量，$\mu g/kg$ 或 $\mu g/L$；c_1——测定样液中铅含量，ng/mL；c_0——空白液中铅含量，ng/mL；V——样品消化液定量总体积，ml；m——样品质量或体积，g 或 ml。

7. 方法分析与评价

①铅元素在 500℃开始有挥发损失，因此采用石墨炉测定时灰化温度不能太高。

②对基质复杂的样品，可加入磷酸二氢铵作为基体改进剂，生成铅磷酸盐的熔点在 1000℃以上，可使灰化温度达到 900℃，以减少损失。

8.2.3 食品中铅的极谱法检测技术

1. 方法目的

了解掌握极谱法分析食品中铅的原理、方法和特点。

2. 原理

样品经消解后，铅以离子形式存在。在盐酸酸性介质中，铅离子与碘离子形成碘化铅络阴离子具有电活性，在滴汞电极上产生还原电流，峰电流与铅含量呈线性关系，可与标准比较定量。

3. 试剂

①盐酸，磷酸，碘化钾，酒石酸钾钠，抗坏血酸。

②铅标准 $1\mu g/mL$。

③底液组成：称取 10.0g 碘化钾，8.0g 酒石酸钾钠，1.0g 抗坏血酸于 500ml 烧杯中，用水溶解后，加入 5ml 盐酸，用水定容至 500ml。

4. 仪器设备

极谱仪，电热板或微波消化装置。

5. 操作步骤

(1)标准曲线绘制

吸取预先配制铅标准工作液 $0.00\mu g/mL$、$0.50\mu g/mL$、$1.00\mu g/mL$、$2.00\mu g/mL$、$3.00\mu g/mL$、$4.00\mu g/mL$ 于 10ml 比色管中,分别加入盐酸、磷酸 0.25ml,底液 5.0ml,用水定容至 10ml,混匀后转入电解池中,初始电位 $-0.35V$、终止电位 $-0.85V$、扫描速度 250mV/S,于峰电位约 $-0.45V$ 处测量铅峰电流。

(2)样品处理

称取 $1\sim2g$ 样品于 50ml 烧杯中,加入 $10\sim20ml$ 混合酸,加盖浸泡放置过夜后电热板上用低温加热消解,适时补加适量混合酸至消解溶液无色透明或略带黄色。同时作试剂空白。

(3)样品测定

样品液及试剂空白中分别加入盐酸、磷酸 0.25ml 和底液 5.0ml,溶解残渣,定容至 10ml 混匀。上清液转入电解池中,以下按绘制标准曲线项的仪器条件操作,记录样品峰电流,用标准曲线法计算样品中铅含量。

6. 方法分析与评价

①本方法线性范围为 $0.50\sim20\mu g/L$,最低检出限 $0.06\mu g/L$。方法的精密度 0.32%,添加回收率 82.4%~108%。

②钾、钠、钙、镁($300\mu g$),铁、锰、锌、铜($20\mu g$),铬、钴、镍、镉、银($10\mu g$),锡、砷、硒、汞($5\mu g$)不干扰分析。

8.3 砷及其化合物的检测

对食品加工分析来说,测定食品中有害元素水平是很重要的一部分,分析研究各个元素的毒理学性质和其营养性质,控制食品加工生产、包装过程中的元素污染,需要广泛调查各种食品中有害元素的含量水平,以及元素在食品中的存在形态。

在已往分析技术研究中,研究分析最多的是砷,约占 1/3,然后依次是铬、汞、碲、硒、锡、铅、铜、锰、钒、铂和镍等。

8.3.1 砷的形态分析

砷是自然环境中普遍存在的一种非金属元素,在地壳中的丰度为 1.8mg/kg,主要以负三价、正三价、正五价等价态存在。自然界的砷广泛存在于熔积岩和沉积岩中,主要与硫形成矿物质。由于其许多理化性质类似于金属,因此常称其为“类金属”。近年来,伴随着砷在玻璃制造、半导体工业、木材的防腐剂等工业中的应用,以及作为杀虫剂、除草剂、猪的生长促进剂、家禽的饲料添加剂在农业生产中的大量应用,大量的砷进入环境中。

砷化合物可以通过化学过程和生物转化以不同形态存在于水、底泥、土壤、植物、海洋生物和人体中。矿石中的砷主要以雌黄、雄黄及砷铁等形式存在,在风蚀、雨淋、水浸等情况下,砷可以进入水体和土壤中。空气、土壤、沉积物、水以及陆生植物中砷主要以亚砷酸盐(As^{3+})、砷酸盐(As^{5+})、一甲基碎酸(MMA)和二甲砷酸(DMA)形态存在。在水环境中,砷的形态最为丰富,砷的不同形态之间可以相互转化。在海水中砷主要以两种无机砷(氧化/还原态)和两种甲基化的有机砷存在,其他的有机砷形态的浓度较低,主要被浓缩到海洋生物的有机体内。研究发现,砷酸盐(As^{5+})是氧化性海水中的主要形态,As^{3+}在酸性海水中不稳定,可慢慢转化为 As^{5+}。在海水中,甲基砷约占溶解的总砷的 $5\%\sim20\%$,有机砷(MMA、DMA)相对稳定,它们在海水中的浓度及相对比值的变化可作为生物活性指示剂,海产品中可含有砷甜菜碱(AsB)和砷胆碱(AsC)。另外砷可以与大的有机基团结合形成更复杂的砷化合物,如砷糖、砷酯等。

砷元素在环境和生态中的效应并不取决于它的总水平,而是取决于它存在的形态,不同形态的砷毒性相差甚远。元素砷在自然界环境中极少出现,因其不溶于水,故毒性较小。砷的不同化合物的半致死量 LD_{50} 差异很大,见表 8-1。从表中可以看出无机砷的毒性大于有机砷,甲基化砷由于甲基的存在毒性降低,而砷甜菜碱和砷胆碱常被认为是无毒的。在有机体内无机砷含量较少,有机砷的比例相对较高。砷通过呼吸道、消化道和皮肤接触进入人体,如摄入量超过排泄量,砷就会在人体的肝、肾、肺、子宫、胎盘、骨骼及肌肉等部位蓄积,与细胞中的酶系统结合,使酶的生物作用受到抑制失去活性,特别是在毛发和指甲中蓄积,从而引起慢性砷中毒,潜伏期可达几年甚至几十年,慢性中毒有消化系统症状、神经系统症状和皮肤病变等。

表 8-1　不同砷化合物的半致死量

砷的形态	$LD_{50}/(g/kg)$	砷的形态	$LD_{50}/(g/kg)$
As^{3+}	0.0345	TMAO	10.6
MMA	1.8	AsC	>6.5
DMA	1.2	AsB	>10
TeMA	0.89		

砷在环境中可以相互转化,通常 As^{5+} 和 As^{3+} 在样品中可同时存在,在还原环境下则以 As^{3+} 为主,氧化环境下主要以 As^{5+} 为主,有时在某些微生物作用和化学还原反应中,可将无机砷还原成有机砷的衍生物,如甲基砷等。

针对样品基质及砷的形态不同,检测方法较多,高效液相色谱是最常用的分析手段,许多联用技术如高效液相色谱-等离子发射光谱-质谱、原子荧光光谱等的应用,提高了砷的检测范围和灵敏度,成为砷形态分析的主要研究技术。

8.3.2　食品中总砷的原子荧光光谱法检测技术

在研究食品加工中有害元素的工作中,分析检测技术发展很快,如微波消解样品预处理技术、原子吸收光谱仪(AAS)、原子荧光光谱技术、连续光源光谱技术、高效液相色谱(HPLC)与 ICP-MS 联用、毛细管电泳、超临界色谱和气相色谱等各种分离方法与 ICP-AES 或者 ICP-MS 联用等技术目前正广泛应用。

砷的检测技术是被研究应用得比较多的,包括古蔡氏法、银盐法、氢化物原子吸收光谱法、离子色谱-原子荧光光谱法、高效液相色谱-等离子发射光谱法等。下面就简单介绍一下砷化物的原子荧光光谱法。

1. 方法目的

了解掌握氢化物原子荧光光谱技术分析食品中砷的原理、方法和样品处理技术。

2. 原理

样品处理后，加入硫脲使五价砷还原为三价砷，再加入硼氢化钠或硼氢化钾使其还原生成砷化氢，由氩气载入原子化器中，样品中的砷在特制砷空心阴极灯的发射光激发下产生原子荧光，其荧光强度在一定条件下与被测液中的砷浓度成正比，与标准系列比较定量。

3. 试剂

①优级纯硝酸、硫酸、高氯酸、盐酸，氢氧化钠，5％硫脲溶液。

②1％硼氢化钠（$NaBH_4$）溶液：称取硼氢化钠 5g，溶于 0.2％氢氧化钠溶液 500ml 中混匀。此液于 4℃冰箱可保存 10d，（也可称取 7g 硼氢化钾代替）。

③砷标准储备液（0.1mg/mL）：精确称取于 100℃干燥 2h 以上的三氧化二砷（As_2O_3）0.1320g，加 10％氢氧化钠 10ml 溶解，用适量水转入 1000ml 容量瓶中，加 25ml 硫酸-水（1∶9），用水定容至刻度。吸取 1.00ml 砷标准储备液于 100ml 容量瓶中，用水稀释至刻度，浓度为 1μg/mL，此液应当日配制使用。

④15％六水硝酸镁干灰化试剂、氧化镁。

4. 仪器设备

原子荧光光度计。

5. 操作步骤

(1)仪器参考条件

光电倍增管电压：400V；砷空心阴极灯电流：35mA；原子化器：温度 820℃～850℃；高度 7mm；氩气流速：载气 600mL/min；测量方式：荧光强度或浓度直读；读数方式：峰面积；读数延迟时间：1s；读数时间：15s；硼氢化钠溶液加入时间：5s；进样量：连续进样 2ml。

(2)湿法消解

固体样品称样 1～2.5g，液体（匀浆）样品称样 5～10g（或 ml），置入 50ml 锥形瓶中，加硝酸 20～40ml，硫酸 1.25ml 摇匀，加几个玻璃珠，盖上表面皿，置于电热板上加热消解。若分解不完全或色泽变深，取下放冷，补加硝酸 5～10ml，再消解，如此反复两三次，注意避免炭化。如仍不能消解完全，则加入高氯酸 1～2ml，继续加热至消解完后，再持续蒸发至高氯酸的白烟散尽，硫酸的白烟开始冒出。冷却，加水 25ml，再蒸发至冒硫酸白烟。冷却，用水将消化液转入 25ml 容量瓶中，用少量水多次冲洗锥形瓶，合并洗液至容量瓶中，加入 5％硫脲 2.5ml，用水定容，待测。同时做试剂空白。

(3)干法灰化

称取 0.5～2.5g 固体样品于 50～100ml 坩埚中，加 15％硝酸镁 10ml 混匀，小心蒸干，将氧化镁 1g 仔细覆盖在干渣上,于电炉上炭化至无黑烟,移入 550℃ 高温炉灰化 4h。取出放冷,小心加入 10ml 盐酸-水(1∶1)中和氧化镁并溶解灰分,转入 25ml 容量瓶中,向容量瓶中加入 5% 硫脲 2.5ml,另用硫酸-水(1∶9)分次涮洗坩埚后转出合并,直至 25ml 刻度,混匀待测。同时做试剂空白。

(4)标准溶液的配制

准确吸取 1μg/mL 砷使用标准液 0.0ml、0.2ml、0.5ml、2.0ml、5.0ml 加入 25ml 容量瓶中(各相当于砷浓度 0.0ng/mL、8.0ng/mL、20.0ng/mL、80.0ng/mL、200.0ng/mL),各加 12.5ml 硫酸-水(1∶9),5% 硫脲 2.5ml,用水定容待测。

分别测定标准、空白和样品消化液,绘制标准曲线,根据回归方程求出试剂空白液和样品被测液的砷浓度,计算样品的砷含量。

6. 结果参考计算

$$X = (c_1 - c_0) \times 25 / (m \times 1000)$$

式中:X——样品的砷含量,mg/kg 或 mg/mL;c_1——样品被测液的浓度,ng/mL;c_0——试剂空白液的浓度,ng/mL;m——样品的质量或体积,g 或 ml。

7. 方法分析及评价

①使用硫脲和抗坏血酸将五价砷还原为三价砷时,还原时间应在 15min 以上,温度低时,要延长还原时间,温度高时可缩短还原时间。

②硼氢化钾浓度对测定有较大影响,应保证硼氢化钾的浓度。

③氢氧化钾或氢氧化钠中可能含有少量的砷,对测定结果有一定的影响,尽可能使用优级纯的试剂。

④硼氢化钾需储存在聚乙烯材质的容器中,避免使用玻璃仪器。

8.3.3　食品中的砷化物离子色谱-原子荧光光谱法检测技术

1. 方法目的

了解掌握离子色谱-原子荧光光谱分析砷化物的方法特点。

2. 原理

样品中的砷化物经离子色谱分离后,与盐酸和硼氢化钾反应,生成的气体经气液分离器分离,在载气的带动下进入原子荧光光度计进行检测。

3. 试剂

①甲醇,4% 乙酸,0.5% 氢氧化钾,7% 盐酸。

②流动相:5mmol/L 磷酸氢二铵(用 4% 乙酸调 pH 6.0)。

③砷储备液(1mg/mL)。

④1.5% 硼氢化钾:将硼氢化钾溶解在 0.5% 氢氧化钾溶液中。

4. 仪器设备

液相色谱,氢化物发生-原子荧光光度计。

5. 仪器参考条件

色谱柱:Hamilton PRP-X100(250mm×4.1mm i.d.,10μm);流动相:5mmol/L 磷酸氢二氨(用 4%乙酸调 pH 6.0);流速:1mL/min;进样量:20μl。

原子荧光光度计:1.5%KBH$_4$;灯电流:50mA;载流:7% HCl;流速 6.0mL/min;载气:氩气,400mL/min;PMT 电压:270V。

6. 操作步骤

样品用粉碎机粉碎,称取 0.5g,鲜样捣碎、混合均匀后称取 5g。放入离心管中,加入 10ml 甲醇-水溶液(1∶1),超声提取 10min,离心 10min。将上清液转移至圆底烧瓶中,样品重复提取 3 次,合并提取液,30℃ 旋干,用 10ml 水溶解,过 0.45μm 滤膜,供色谱分析。水样直接过 0.45μm 滤膜,备用。依据标准物质进行回归定量分析。参考色谱图见图 8-1。

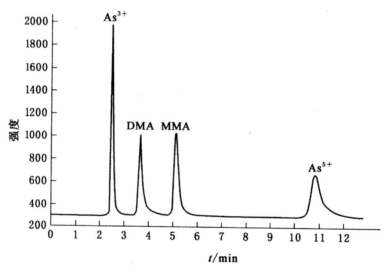

图 8-1 典型的砷化合物色谱图

7. 方法分析及评价

缓冲液的浓度对分离条件影响较大,浓度低时,分离效果好,但最后的 As^{5+} 脱尾严重;浓度高时 DMA 与 MMA 不易分离,因此,要控制流动相的 pH 6.0 左右。

8.3.4 食品中砷化物的高效液相色谱-等离子发射光谱法检测技术

1. 方法目的

了解掌握高效液相色谱-等离子发射光谱法分析砷化物的基本原理和方法。

2. 原理

样品中的砷化物提取后,经色谱柱分离,进入等离子发生光谱进行检测,外标法定量。

3. 试剂

①硝酸、甲醇、氨水、乙酸。

②20mmol/L 磷酸缓冲液,10mmol/L 嘧啶。

③砷标准溶液:砷甜菜碱(AsB)、砷胆碱(AsC)、三甲砷酸(TMAO)、三价砷、五价砷等标准储备液浓度 1000μg/mL;标准工作液浓度为 1.0～20.0μg/L。

4. 仪器设备

高效液相色谱仪,等离子发射光谱,超声波清洗仪。

5. 操作步骤

①样品处理。样品用粉碎机粉碎,称取干样 0.5g,鲜样捣碎、混合均匀后称取 5g 放入离心管中,加 10ml 甲醇-水溶液(1:1),超声提取 10min,离心 10min。将上清液转移至圆底烧瓶中,重复提取 3 次,合并提取液,30℃旋干,用 10ml 水溶解,过 0.45μm 滤膜,供色谱分析。

②仪器参考条件。

色谱条件:阴离子交换色谱柱 PRP-X100(4.1mm×250mm,10μm 粒径);柱温 40℃;流动相 20mmol/L 磷酸缓冲液(用氨水调 pH 6.0);流速 1.5mL/min。阳离子交换色谱柱 Zorbax 300 SCX 柱(4.6mm×250mm,10μm 粒径);温度 30℃;流动相 10mmol/L 嘧啶(用乙酸调 pH 2.3);流速 1.5mL/min;进样量 20μl。

等离子发射光谱条件:RF 电压 1.2kW;辅助氩气流量 0.8L/min;雾化氩气流量 0.96L/min;冷却氩气 15L/min。

③根据标准系列样品进行回归定量分析。

6. 方法分析与评价

①色谱的分离取决于 pH 值、不同的砷化物 pK_a 不同。As^{5+}(pK_{a1}=2.3)、MMA(pK_a=3.6)、DMA(pK_a=6.2)可作为阴离子;AC$^+$、TMAO、TeMA 可作为阳离子;AB(pK_a=2.18)作为两性离子;亚砷酸盐和 As^{3+}(pK_{a1}=9.3)在阴离子和阳离子均可发生置换反应。

②阳离子交换色谱可用于分离砷甜菜碱(AB)、砷胆碱(AC)、三甲基砷氧(TMAO)、四甲基砷离子(Me$_4$As$^+$AC);阴离子交换色谱可用于分离 As^{3+}、As^{5+}、MMA(V)、DMA(V)砷的无机形态。

8.4 其他有害金属元素及其化合物的检测

8.4.1 食品中镉及有机镉化合物的检测技术

1. 镉的形态分析

镉是一种银白色金属,在自然界中分布广泛,但含量甚微,地壳丰度为 0.11mg/kg,主要以正一价和正二价形式存在。

环境中的镉与人类的健康密切相关,镉在生物体内可以蓄积,通过食物链的生物富集作用,使镉在海产品、动物肾脏中浓度每千克高达几十至数百毫克。镉对肾、肺、睾丸、脑、骨髓等均可产生毒性。镉在人体内的半衰期长达 10～30 年,为已知的最易在人体内蓄积的毒物,所以机体摄入很微量的镉,也会对肾脏产生危害。

镉的检测方法有很多,有紫外可见分光光度法、原子吸收分光光度法、溶出伏安法、电感耦合等离子发射光谱法、色谱法、分子生物学法等。

2. 食品中总镉的原子荧光光谱法检测技术

(1)方法目的

了解掌握原子荧光光谱法分析食品中镉的原理及方法特点。

(2)原理

样品消化后,样品中的镉与硼氢化钾反应生成镉的挥发性物质。由氩气带入原子化器中,在特制镉空心阴极灯的发射光激发下产生原子荧光,其荧光强度在一定条件下与被测定液中的镉浓度成正比。

(3)试剂

①硫酸、硝酸、高氯酸、过氧化氢。

②二硫腙-四氯化碳溶液(0.05%):称取 0.05g 二硫腙用四氯化碳溶解于 100ml 容量瓶中,稀释至刻度,混匀。

③0.2mol/L 硫酸溶液:将 1.1ml 硫酸小心倒入 90ml 水中,冷却后稀释至 100ml。

④5%硫脲溶液:称取 5g 硫脲用 0.2mol/L 硫酸溶解并稀释至 100ml,混匀,现用现配。

⑤含钴溶液:称取 0.4038g 六水氯化钴(CoCl₂·6H₂O),或 0.220g 氯化钴(CoCl₂),用水溶解于 100ml 容量瓶中,稀释至刻度。此溶液每毫升相当于 1mg 钴,临用时逐级稀释至含钴离子浓度为 50μg/mL。

⑥3%硼氢化钾溶液:称取 15g 硼氢化钾,溶于 0.5 氢氧化钾溶液中。并定容至 500ml,混匀,临用现配。

⑦镉标准储备液(1mg/mL):准确称取 0.100g 金属镉(99.99%),加 2ml 盐酸-水(1:1)溶解,加 2 滴硝酸,移入 100ml 容量瓶,加水至刻度,混匀。吸取镉标准储备液,用 0.2mol/L 硫酸逐级稀释至 50ng/mL。

（4）仪器设备

原子荧光光谱仪，电热板。

（5）分析步骤

①样品处理。

水分含量高的样品应先置于 80℃ 鼓风烘箱中烘至近干。称取 0.50～5.00g 样品，置于三角瓶中，加入 10ml 硝酸-高氯酸（4∶1），放置过夜。次日在电热板上加热消解，至消化液呈淡黄色或无色，放冷，加水煮沸赶尽硝酸，用 0.2mol/L 硫酸约 25ml 将样品消解液转移至 50ml 容量瓶中，精确加入 5.0ml 二硫腙-四氯化碳，剧烈振荡 2min 加入 5％硫脲 10ml 及 1ml 含钴溶液，用 0.2mol/L 硫酸定容至 50ml，混匀待测，同时做试剂空白试验。

②标准系列配制。

分别吸取 50ng/mL 镉标准使用液。0.0ml、0.5ml、1.0ml、2.00ml、4.0ml、6.0ml 于 50ml 容量瓶中，各加入 0.2mol/L 硫酸约 25ml，精确加入 5.0ml 二硫腙-四氯化碳溶液，剧烈振荡 2min，加入 5％硫脲 10ml 及 1ml 含钴溶液，用 0.2mol/L 硫酸定容至 50ml。

③仪器参考条件。

负高压 380V，镉空心阴极灯电流 60mA，原子化器：炉温 760℃，炉高 12mm，氩气流速 700mL/min，屏蔽气 1100mL/min，读数时间 10.0s；延迟时间 0.0s，测量方式：标准曲线法，读数方式：峰面积，进样体积：1.0ml 或连续进样。

（6）方法分析及评价

①镉形成氢化物的酸度范围很窄，要严格控制标准及样品的酸度。

②加二硫腙-四氯化碳和硫脲-钴的先后顺序不能错。

③如果样品基质复杂，应尽可能排除铅、铜的干扰。

8.4.2　食品中硒及有机硒化合物的检测技术

1. 硒的形态分析

硒属于稀有元素，地壳丰度为 0.05mg/kg，在自然界中以多种形式存在，分布在大气、水体、土壤和底泥中。自然界中硒主要以微量形式分散于重金属硫化矿物中，它的化学性质与也与硫相似。硒元素的存在形式主要有硒元素、硒化物、亚硒酸盐和硒酸盐等。有机硒化物主要以硒代半胱氨酸和硒代蛋氨酸等形式存在。在生物体内，含硒的化合物常被还原生成硒化物或甲基化二甲基硒和三甲基硒，通常认为生物甲基化是一种解毒机制。

早期研究认为，硒是一种毒性元素，甚至有致癌性，因此对硒的研究主要是集中于毒性的研究。后来的研究发现，硒是人体必需的微量元素之一，是人体内的抗氧化剂，具有抗突变、抗氧化、促进致癌物的体内灭活、抗细胞增值、增强机体免疫力等多种生物功能。补硒可有效防治克山病，有效预防大骨节病，但摄入量过多会引起人体生化反应紊乱和中毒，症状为恶心、呕吐、毛发脱落、精神疲乏和贫血等。中国营养学会规定硒的摄入量为成人 50μg/(kg·d)。动物性食品（如肝、肾、肉类）及海产品是硒的良好来源。

硒在生物体内主要以有机硒化合物形式存在。主要有两类：一类是含硒氨基酸，另一类是含硒蛋白质。含硒氨基酸最主要的是硒代胱氨酸和硒代蛋氨酸，硒蛋白质中最主要的是谷胱甘肽过氧化物酶。

2. 食品中硒的示波极谱法检测技术

(1)方法目的

学习掌握示波极谱法分析食品中硒的方法原理与技术。

(2)原理

在 0.2mol/L 的甲酸-甲酸钠缓冲液(pH 3.5)中,硒(Ⅳ)于 $-0.70V$ 处有一灵敏的极谱波。在 $1\times10^{-5}\sim0.5g/L$ 范围内峰电流与样品浓度呈线性关系,检出限为 $1\times10^{-6}g/L$,加标回收率为 95.0%~114.5%,相对标准偏差为 4.44%~7.39%。

(3)试剂

①0.2mol/L 甲酸-甲酸钠缓冲液(pH 3.5),硝酸,硫酸,盐酸。

②硒标准 $10\mu g/mL$。

(4)仪器设备

示波极谱,酸度计。

(5)分析步骤

①标准曲线的绘制。分别配制浓度为 0.0ng/mL、1.0ng/mL、5.0ng/mL、10.0ng/mL、20.0ng/mL 的硒标准溶液于 10ml 比色管中,加甲酸-酸钠缓冲溶液至刻度,摇匀。示波极谱仪用三电极系统,阴极化,进行单扫描示波极谱测定,记录二阶导数还原波。原点电位为 $-0.40V$,Ep 为 $-0.70V$。

②称取 1~5g 样品于三角瓶中,加 5% 去硒硫酸 10ml,待样品湿润后,再加 20ml 混合酸液放置过夜。次日于电热板逐渐加热。当剧烈反应发生后,**溶液**呈无色,继续加热至白烟产生,溶液逐渐变成淡黄色即达终点。某些蔬菜样品消化后常出现浑浊,难以确定终点,这时可注意瓶内出现滚滚白烟,此刻立即取下溶液冷却后又变为无色,含硒较高的蔬菜需要在消化完成后再加入 10% 盐酸 10ml,将硒(Ⅵ)还原为硒(Ⅳ),定容。

根据标准曲线进行定量分析。

(6)方法分析与评价

①$0.1\mu g/mL$ 的硒(Ⅳ)标准管中,分别加入不同 pH 值的缓冲溶液,试验结果,随 pH 的升高,峰电位负移,当 pH 在 3.2~3.8 时,峰电流最大且稳定。

②分析时最好在室温条件工作。

8.4.3 锡及有机锡化合物的检测技术

1. 锡的形态分析

锡是一种柔软的银白色金属,地壳丰度为 2.2mg/kg。有机锡在人类的生产生活中广泛存在,它的大规模使用是在 20 世纪中期,主要应用于工业、农业、化工、交通、卫生等各个行业。一甲基锡、二甲基锡是 PVC 中最有效的稳定剂,也是饮用水中有机锡的主要来源,被用于生产农药和杀虫剂,并用于防治甜菜褐斑病、马铃薯晚疫病、大豆炭疽病、水稻稻瘟病等。三苯基氯化锡是有机锡杀菌农药中不可缺少的原料,可以用来合成毒菌锡和暑瘟锡,还可用作昆虫不育剂。作为船体防污剂的三丁基锡、三苯基锡是海洋环境中有机锡的主要来源,有机锡释放到水体中可以通过软体动物、鱼贝类和海洋藻类的富集,最终经过食物链进入人体,危害人类健康。由于海洋生物对有机锡有很强的富集能力,大约在 5000～10000 倍之间,因此,在浓度很低的情况下就能引起中毒或生理逆向性变化。研究表明,有机锡是一类环境内分泌干扰物质,它能影响生物的生殖功能,干扰体内激素的分泌,造成生殖和遗传的不良后果。引起海洋生物的性畸变,出现雄多雌少的情况,致使其性别比例失调,威胁到族群生存结构。

不同形态的元素性质差异很大,对有机锡的研究表明,其毒性与其分子结构和理化性质有关。有机锡化合物的通式为 $R_nS_nX_{4-n}$,R 代表烷基或芳香基,n 从 1～4 代表不同的有机锡化合物,X 基团的影响作用不大。通式中 n 为 3 的有机锡化合物毒性最强,主要破坏线粒体,并与某些蛋白质键合;n 为 1 和 2 的毒性居次,n 为 4 的毒性很低或无毒。在同一取代系列的有机锡化合物中,取代烷基数目越多,毒性越大,但当取代烷基数增加到一定程度后,由于分子体积过大,毒性反而降低。

2. 食品中总锡的分光光度法检测技术

(1)方法目的

了解掌握分光光度法测定食品中四价锡的原理及特点。

(2)原理

样品经消化后,在弱酸性溶液中四价锡离子与苯芴酮形成微溶性橙红色络合物,在保护性胶体存在下与标准物质比较定量。

(3)试剂

①10％酒石酸溶液、1％抗坏血酸溶液、0.5％动物胶溶液、1％酚酞指示液(10g/L)。

②氨水-水(1∶1),硫酸-水(1∶9),硝酸-硫酸(5∶1)。

③0.01％苯芴酮溶液:称取 0.010g 苯芴酮,加少量甲醇及硫酸-水(1∶9)数滴溶解,以甲醇稀释至 100ml。

④锡标准溶液(1mg/mL):准确称取 0.1000g 金属锡,置于小烧杯中,加 10ml 硫酸,盖以表面皿,加热至锡完全溶解,移去表面皿,继续加热至发生浓白烟,冷却,慢慢加 50ml 水,移入100ml 容量瓶中,用硫酸-水(1∶9)多次洗涤烧杯,并入容量瓶中,稀释至刻度。工作时用硫酸-水(1∶9)稀释锡标准使用液为 10μg/mL。

(4)仪器

分光光度计,电热板。

(5)分析步骤

①干灰化法。

称取 1.00～5.00g 样品于瓷坩埚中,先小火在电热板上炭化至无烟,移入马弗炉 500℃灰化 6～8h 时,冷却。若个别样品灰化不彻底,需冷却后小心加入 1ml 混合酸在电炉上小火加热,反复多次直到消化完全,放冷,用 0.5mol/L 硝酸将灰分溶解,过滤 25ml 容量瓶中定容,同时作试剂空白。

②湿式消解法。

称取样品 1.00～5.00g 于三角瓶中,放数粒玻璃珠,加 10ml 混合酸,加盖浸泡过夜,次日在电炉上消解,若溶液变棕色,需再加混合酸,直至消化液呈无色透明或略带黄色,过滤 25ml 容量瓶中定容,同时作试剂空白。

③测定。

吸取 0.0ml、0.5ml、1.0ml、1.5ml、2.0ml、2.5ml 锡标准使用液(相当于 0.0μg、5.0μg、10.0μg、15.0μg、20.0μg、25.0μg 锡),分别置于 25ml 比色管中,加入 0.5ml 酒石酸溶液及 1 滴酚酞指示液,混匀,加氨水-水(1:1)中和至淡红色,再加 3ml 硫酸溶液、0.5% 动物胶溶液 1ml 及 2.5ml 抗坏血酸溶液,再加水至 25ml,混匀,再各加 0.01% 苯芴酮溶液 1ml,混匀,1h 后,分别取样品消化液和试剂空白液在波长 490nm 处比色测定,绘制标准曲线。

(6)结果参考计算

$$X = (c_1 - c_0) \times V_1 \times 1000 / (m \times V_2 \times 1000)$$

式中:X——样品中锡的含量,mg/kg;c_1——测定用样品消化液中锡的质量,μg;c_0——试剂空白液中锡的质量,μg;m——样品质量,g;V_1——样品消化液的总体积,ml;V_2——测定用样品消化液的体积,ml。

(7)方法分析及评价

①抗坏血酸、动物胶需现用现配。

②苯芴酮试剂本身的颜色会影响变色反应后的颜色。因此苯芴酮用量的多少将关系到比色结果的准确度。

3. 食品中锡的原子荧光光谱检测技术

(1)方法目的

了解掌握原子荧光光谱法分析食品中锡的技术原理及特点。

(2)原理

样品经消化后,锡被氧化成四价锡。在硼氢化钾作用下生成锡的氢化物,并由载气带入原子化器中进行原子化,在锡空心阴极灯照射下,基态锡原子被激发至高能态,在去活化回到基态时,发射出特征波长的荧光,其荧光强度与锡的含量成正比。与标准系列比较定量。

(3)试剂

①硝酸,2% 盐酸,2% 铁氰化钾溶液,2% 草酸溶液,1% 氢氧化钾。

②2% 硼氢化钾溶液:称取 10.0g 硼氢化钾溶于 1% 氢氧化钾中,用去离子水定容至 500ml,混匀,现用现配。

③锡标准储备液(1mg/L):标准使用液用草酸逐步稀释到 10μg/mL。

(4)仪器

原子荧光光度计,电热板,马弗炉。

(5)分析步骤

①干灰化法。

称取 1.0~2.0g 样品于瓷坩埚中,在电热板上小心炭化至无烟,移入马弗炉中 500℃ 灰化 6~8h 时,冷却。若灰化不彻底,冷却后小心加入 1ml 混合酸在电炉上小火加热,反复多次直到消化完全,放冷,加 2ml 浓盐酸溶解,转移至 25ml 容量瓶中,加入 2% 草酸溶液 5ml、2% 铁氰化钾 2.5ml,定容,静置 30min 后测定,同时作试剂空白。

②湿式消解法。

称取样品 1.00～2.00g 于三角瓶中,放数粒玻璃珠,加 10ml 混合酸,加盖浸泡过夜,次日在电炉上消解,若溶液变棕色,需再加混合酸,直至消化液呈无色透明或略带黄色,加 1ml 浓盐酸转移至 25ml 容量瓶中,加入 2％草酸溶液 5ml、2％铁氰化钾 2.5ml,定容,同时作试剂空白。

③测定。

吸取 0.0ml、0.5ml、1.0ml、1.5ml、2.0ml、2.5ml 锡标准使用液(相当于 0μg、5.0μg、10.0μg、15.0μg、20.0μg、25.0μg 锡),分别置于 25ml 比色管中,加入 2％草酸溶液 5ml、2％铁氰化钾 2.5ml,用水定容到 25ml,放置 30min 后测定。

④仪器参考条件。

负高压 250V;灯电流 60mA;原子化温度 200℃;炉高 8mm;载气流速 400ml/min;屏蔽气流速 1000ml/min;测量方式标准曲线法;读数方式峰面积;延迟时间 1s;读数时间 15s;加液时间 8s;进样体积:2ml 或连续进样。

测定时首先进行空白值测量,待荧光值稳定后。进入标准系列测量。绘制标准曲线。标准系列按浓度由低到高的顺序测定,建立溶液浓度对荧光强度回归方程,对样品定量计算。

(6)方法分析及评价

①锡形成氢化物的酸度范围很窄,应严格控制样品的酸度。

②锡化氢不稳定易分解,应控制实验室的室内环境。

③样品消化后,大部分锡被氧化,需加入铁氰化钾还原。

④溶液中其他元素如镍、铁、铜、钴等对测定有影响,加入草酸为掩蔽剂可降低干扰。

4. 食品中三苯基锡的气相色谱法检测技术

(1)方法目的

了解掌握气相色谱法分析食品中锡的原理及样品处理技术。

(2)原理

在酸性条件下用丙酮提取样品中的三苯基锡,转溶至正己烷中,用乙基溴化镁-乙醚乙基化,经硅酸镁柱净化后,通过气相色谱-火焰光度检测器分析,外标法定量。

(3)试剂

①6mol/L 盐酸、0.5mol/L 硫酸、10％氯化钠、丙酮、正己烷、乙腈、无水硫酸钠。

②3mol/L 乙基溴化镁-乙醚溶液。

③三苯基锡标准品。

(4)仪器设备

气相色谱仪(附火焰光度检测器)。

(5)分析步骤

①提取方法。

样品粉碎后,称取干样 10g,加入 20ml 水,放置 2h。水果、蔬菜类等含水多的样品直接称取 20g 样品。加入 6mol/L 盐酸 1ml 和 100ml 丙酮,均质后抽滤。滤纸上的残留物再加入 50ml 丙酮,均质后过滤。合并滤液,40℃浓缩至 30ml。加入 10％的氯化钠溶液 200ml,用

100ml、50ml 正己烷振荡提取两次,提取液经无水硫酸钠脱水后,40℃浓缩,除去溶剂。残留物加入乙酸-正己烷(3∶97)混合液溶剂,定容至 10ml,待测。

含脂肪多的样品,经正己烷提取浓缩后,残留物中再加入 20ml 正己烷,每次用 40ml 正己烷饱和乙腈,振荡提取 3 次。以去除脂肪。提取液在 40℃下浓缩,除去溶剂,残留物用乙酸-正己烷(3:97)混合液溶剂溶解,定容至 10ml,待测。

②乙基化。

取 1ml 待测液,加入 3mol/L 乙基溴化镁-乙醚溶液 1ml,在室温下放置 20min。慢慢加入 0.5mol/L 硫酸 10ml,再加入 10ml 水,混匀。用 10ml、5ml、5ml 正己烷振荡提取 3 次,提取液加入无水硫酸钠脱水后,40℃下浓缩至 2ml。

③净化方法。

在玻璃管中加入 5g 悬浮在正己烷中的柱色谱用的合成硅酸镁,上层加入约 5g 的无水硫酸钠。加入乙基化的样品提取液后,再加 15ml 正己烷。接着注入 50ml 乙醚-正己烷(1∶99)混合液,和并全部流出液,40℃浓缩,除去溶剂,残渣用正己烷溶解,定容至 1ml。

④标准曲线的制作。

用乙酸-正己烷(3∶97)混合液将三苯基锡标准品配成 0.02～1mg/L 溶液,乙酰化后同样操作,注入 2μl 于气相色谱中,用峰高或峰面积绘成标准曲线。

⑤仪器参考条件。

色谱柱:甲基硅酮,内径 0.32mm,长 25m,膜厚 1.0μm。

升温程序:120℃保持 1min,以 10℃/min 到 200℃,再以 20℃/min 到 300℃,保持 5min。进样口温度:280℃;检测器温度 300℃。

(6)方法分析及评价

①本方法还可用于测定三苯锡、氢氧化三苯锡、乙酸三苯锡、氯化三苯锡等。

②豆类和种子类含脂肪多的样品需经乙腈-正己烷分配脱除脂肪后乙基化。

③加硫酸时,因反应较为剧烈,应缓慢加入。

8.4.4 食品中铝及有机铝化合物的检测技术

1. 铝的形态分析

铝在自然界中含量丰富,仅次于氧和硅,地壳丰度为 82000mg/kg,在金属元素中含量最高。自从 20 世纪 70 年代以来,随着全球范围内酸沉降问题严重和工业酸性废水排放量的增加,使得土壤和地表水中溶解铝含量增加,导致森林枯萎,谷物收成下降和水生生物的死亡。环境与生物体系中铝的形态分析引起了人们的广泛关注,已成为人们对生态系统和人类健康关注的热点。

土壤溶液中可溶态铝的形态较为复杂,含量取决于土壤 pH、原生和次生含铝矿物的数量和类型、铝与无机矿物表面的交换平衡以及与各种配体组分的络合反应。环境与生物体系中铝的毒性与其在水溶液中性质有关。在水生体系中铝的形态比较复杂:主要有自由铝(Al^{3+})、羟基铝络合物 $Al(OH)^{2+}$ 和 $Al(OH)_2^+$、$Al(OH)_2^+$ $Al(OH)_4^-$、单核氟化铝(AlF^{2+}、AF_2^+、AlF_3)、单核硫酸铝($Al-SO_4^+$)以及天然有机配体形成的有机铝和聚合铝等。

它们的分布取决于体系的 pH 值,不同配体浓度和总溶解有机碳等。

目前,得到广泛认同铝的形态为:在 pH<4 时,自由 Al^{3+} 占主导地位;在 pH4～6 之间,不稳定形态的铝如 $Al(OH)^{2+}$、$Al(OH)_2^+$、AlF^{2+}、AlF_2^+、$AlSO_4^+$、硅氧基铝占主导;在 pH>5 后才可能开始出现 $Al(OH)_4^-$,在 pH>8 左右该形态占主导地位。有机态铝一般带负电,是低毒或无毒的;无机态铝或不稳定态铝通常带正电,易穿透细胞膜,具有生物毒性。通过对植物、藻类和鱼类的研究表明单体态铝比聚合态铝毒性强,无机态铝比有机态铝毒性强。食品中的铝的形态及含量方面研究是人们非常关注的热点之一。

2. 食品中铝的分光光度法检测技术

(1)方法目的

了解掌握分光光度法分析食品中铝的原理及样品处理技术。

(2)原理

样品处理后,三价铝离子在乙酸-乙酸钠介质中,与铬天青 S 及溴化十六烷基三甲胺反应生成蓝色三元络合物,于 640nm 波长处测定吸光度并与标准系列比较测定。

(3)试剂

①硝酸,高氯酸,硫酸,6mol/L 盐酸,硝酸-高氯酸(5∶1)。

②0.05％铬天青 S 溶液,1％抗坏血酸溶液。

③乙酸-乙酸钠溶液:称取 34g 乙酸钠溶于 450ml 水中,加入 2.6ml 冰乙酸,调整 pH 至 5.5,用水稀释至 500ml。

④溴化十六烷基三甲胺溶液:称取 20mg 溴化十六烷基三甲胺用水溶解并稀释至 100ml。

⑤铝标准储备液(1mg/mL):准确称取 0.1000g 金属铝,加 6mol/L 盐酸溶液 5ml,加热溶解,冷却后,移入 100ml 容量瓶中,用水稀释至刻度。使用时将标准储备液用水稀释制成标准工作液 $1\mu g/mL$。

(4)仪器设备

分光光度计,电热板。

(5)分析步骤

①称取粉碎好的样品 1～5g,置于 100ml 三角瓶中,加数粒玻璃珠,加 10ml 硝酸-高氯酸混合酸,盖好表面皿,放置过夜,次日置于电热板上消解至消解液无色透明,并放出大量烟雾,取下三角瓶,冷却后加入 0.5ml 左右的硫酸,再置于电热板上加热除去高氯酸,加 10ml 水煮沸,放冷后,用水定容至 50ml。同时做试剂空白。

②吸取 0.0ml、0.5ml、1.0ml、2.0ml、3.0ml、4.0ml、6.0ml 铝标准工作液,置于 25ml 比色管中,依次加入 1ml 硫酸溶液,8.0ml 乙酸-乙酸钠溶液,1％抗坏血酸溶液 1.0ml,混匀,加 2ml 溴化十六烷基三甲胺溶液,混匀后再加入 2.0ml 铬天青 S 溶液,用水定容。室温下放置 20min 后在 640nm 下测定。吸取 1.0ml 消化好的样品及试剂空白按相同步骤加入试剂分析。

(6)方法分析及评价

①随铬天青 S 加入量增加,络合物的颜色加深,但铬天青 S 本身有颜色,加入量过多会干扰显色。

②消解液中加入硫酸既有利于除去高氯酸,又可以保证样品液中含 1％硫酸。

3. 食品中铝的色谱法检测技术

（1）方法目的

了解掌握液相色谱法分析食品中铝的原理及样品处理技术。

（2）原理

样品中痕量的铝离子与槲皮素发生反应，生成的铝-槲皮素螯合物经反相色谱柱分离后进入紫外检测器进行检测，外标法定量。

（3）试剂

①槲皮素储备液（0.01mol/L）：槲皮素溶解在甲醇中，4℃可保持 3 个月，工作时稀释为浓度 0.001mol/L 槲皮素。

②高氯酸、硝酸、盐酸；乙酸氨缓冲液（pH4.5）。

③0.02mol/L 铝标准溶液：高纯度铝粉用 6.0mol/L 盐酸溶解 25ml，用水稀释并定容到 500ml，测定时稀释至合适浓度。

（4）仪器设备

高效液相色谱仪（配二极管阵列检测器），超声波清洗仪。

（5）分析步骤

①取适量的样品加入 4ml 硝酸、5ml 高氯酸加热消解完全，冷却后用水溶解并定容至 25ml。取一定的样品消解液，加入 25ml 容量瓶中，加入 1.25ml 的乙酸氨缓冲液（pH 4.5），0.001mol/L 槲皮素甲醇溶液 2.5ml，加入 7.5ml 的甲醇，用水定容到 25ml，超声 3min 后，过 0.45μm 滤膜，测定。

②色谱条件

色谱柱：C_{18} 5μm，150mm×4.6mm；流动相：水-甲醇（70：30）；水用高氯酸调 pH 到 1.0；流速：1.0mL/min；检测波长：415nm；柱温：30℃；进样量：10μl。

③依据标准及标准曲线定性、定量。

（6）方法分析与评价

槲皮素在水中不溶解，在螯合反应时，保持溶液中甲醇为 10ml。

第9章　有害加工物质的检测

9.1　加工过程中有害物质的检测

食品中有毒、有害污染物是影响食品安全问题的直接因素,是食品检验的重要内容。

在食品加工、包装、运输和销售过程中由于食品添加剂的使用、采取不恰当的加工贮藏条件或者由于环境的污染使食品携带有毒有害的污染物质。如在肉类加工中亚硝酸盐和硝酸盐作为常用的食品添加剂,可以改善肉的色泽和风味,延迟脂肪的氧化和酸败,并且抑制肉毒梭状芽孢杆菌的繁殖,从而延长肉制品的货架期,但是亚硝酸盐可以和氨基酸等含氮化合物反应生成致癌物亚硝胺;食品在经烟熏,烧烤,油炸等高温处理,可受到苯并芘的污染;生产炭黑,炼油,炼焦,合成橡胶等行业的废水污染水源和饲料,用其饲喂后可在动物体内蓄积,也会造成肉品,乳品及禽蛋的苯并芘污染;在煎烤的鱼及牛肉等食品中发现有诱变物杂环胺生成,目前已鉴定了 20 种诱变性杂环胺,其前体主要是食品中的氨基酸及肌酸等;在酱油等调味品生产过程中,以脱脂大豆、花生粕和小麦蛋白或玉米蛋白为原料用盐酸水解的方法分解植物原料中的蛋白质,制成酸水解植物蛋白调味液,如果水解条件方式不恰当就会产生氯丙醇;不法商贩在加工食品(如水产及水发食品等)过程中,用禁用添加剂甲醛或者甲醛次硫酸钠来改善食品的外观和延长保存时间;人们在油炸及焙烤的薯条、土豆片、谷物以及面包食品中发现了具有神经毒性的潜在致癌物丙烯酰胺。随着科学技术的发展,食品中不断发现潜在的新的有毒有害污染物,必须建立高灵敏度的检测分析方法来监测食品中有毒有害物质的污染水平,采取各种控制措施来减少或消除食品中有毒、有害物质对人体的损害,确保食品的安全性。

在食品加工过程中形成的有害物质主要可分为三类:N-亚硝基化合物、多环芳烃和杂环胺。

9.1.1　食品中 N-亚硝基化合物检测技术

1. N-亚硝基化合物的分类

N-亚硝基化合物对动物是强致癌物,对 100 多种亚硝胺类化合物研究中,80 多种有致癌作用。N-亚硝基化合物是在食物贮存加工过程中或在人体内生成的。依其化学结构可分为 N-亚硝胺类与 N-亚硝酰胺类。前者化学性质较后者稳定,研究最多的 N-亚硝基化合物,其一般结构为 R2(R1)N—N=O。亚硝胺不易水解和氧化,化学性质相对稳定,在中性及碱性环境较稳定,但在酸性溶液及紫外线照射下可缓慢分解,在机体发生代谢时才具有致癌能力。亚硝酰胺性质活泼,在酸性及碱性溶液中均不稳定。

2. 食品中挥发性 *N*-亚硝胺的分光光度法检测技术

（1）适用范围

适用于食品中挥发性 *N*-亚硝基化合物的检测。

（2）方法目的

采用分光光度法测定挥发性 *N*-亚硝胺。

（3）原理

利用夹层保温水蒸气蒸馏对食品中挥发性亚硝胺提取吸收,在紫外光的照射下,亚硝胺分解释放亚硝酸根,再通过强碱性离子交换树脂浓缩,在酸性条件下与对氨基苯磺酸形成重氮盐,与 *N*-萘乙烯二胺二盐酸盐形成红色偶氮化合物,颜色的深浅与亚硝胺的含量成正比。

（4）试剂材料

①0.1mol/L 磷酸缓冲溶液（pH 7.0）,0.5mol/L 氢氧化钠溶液,1.7mol/L 盐酸溶液,正丁醇饱和的 1.0mol/L 氢氧化钠溶液,1％硫酸锌溶液。

②显色剂 A（0.1％对氨基苯磺酸,30％乙酸）,显色剂 B（0.2％*N*-1-萘乙烯二胺二盐酸盐,30％乙酸）。

③100μg/mL 二乙基亚硝胺标准溶液,100μg/mL 亚硝酸钠标准溶液。

④强碱性离子交换树脂（交链度 8,粒度 150 目）。

（5）仪器设备

分光光度计,紫外灯（10W）。

（6）分析步骤

①亚硝胺标准曲线的绘制。

用微量取样器准确吸取 100.0μg 的亚硝胺标准溶液 0ml、0.02ml、0.04ml、0.06ml、0.08ml、0.10ml,并分别加入 pH 7.0 的磷酸缓冲液,使每份反应溶液的总体积达 2.0ml。按顺序加入 0.5ml 显色剂 A,然后再摇匀后加入 0.5ml 显色剂 B,待溶液呈玫瑰红色后,分别在 550nm 波长下测定光密度,绘制标准曲线。

②样品制备。

固体样品取经捣碎或研磨均匀的样品 20.0g,加入正丁醇饱和的 1mol/L 氢氧化钠溶液,移入 100ml 容量瓶中,定容,摇匀,浸泡过夜,离心后取上清液待测。

③测定分析。

吸取样品上清 50ml,进行夹层保温水蒸气蒸馏,收集 25ml 馏出液,用 30％醋酸调节至pH 3~4。再移入蒸馏瓶内进行夹层保温水蒸气蒸馏,收集 25ml 馏出液,用 0.5mol/L 氢氧化钠调节至 pH 7~8。将馏出液在紫外光下照 15min,通过强碱性离子（氯离子型）交换柱（1cm×0.5cm）浓缩,经少量水洗后,用 1mol/L 氯化钠溶液洗脱亚硝酸根,分管收集洗脱液（每管 1ml）。各管中加入 1.0ml 的磷酸缓冲液（pH 7.0）和 0.5ml 显色剂 A,摇匀后再加入0.5ml 显色剂 B,其他操作同标准曲线的绘制。根据测得的光密度,从标准曲线中查得每管亚硝胺的含量,并计算总含量。

（7）结果参考计算

$$挥发性\ N\text{-}亚硝胺（\mu g/kg）＝c\times1000/W$$

式中:c——相当于挥发性 N-亚硝胺标准的量(μg);W——测定样品溶液相当质量(g)。

(8)方法分析及评价

由于二甲胺与亚硝酸盐在酸性条件下能结合产生亚硝胺。对于亚硝酸盐含量高的样品,为了消除样品中的亚硝酸盐的影响,可采用同样方法先测出亚硝酸盐相当的挥发性 N-亚硝胺含量(X_0),样品中实际挥发性 N-亚硝胺含量为测定值减去 X_0。

3. 食品中亚硝胺的薄层层析法检测技术

(1)适用范围

适用于粉类、腌制类食物、蔬菜类食品中亚硝胺类物质的检测。

(2)方法目的

了解掌握食品中亚硝胺类物质的薄层测定分析方法。

(3)原理

经提取纯化所得的亚硝胺类化合物在薄层板上展开后,利用其光解生成亚硝酸和仲胺,分别用二氯化钯二苯胺试剂、Griess 试剂(对亚硝酸)和茚三酮试剂(对仲胺)进行显色。对以上三种试剂的显色综合判定,计算出样品中亚硝胺含量。

(4)试剂材料

①无水碳酸钾,无水硫酸钠,氯化钠,正己烷,二氯甲烷,乙醇,吡啶,30% 乙酸溶液。

②阳离子交换树脂(强酸性,交联聚苯乙烯),层析用硅胶 G。

③磷酸盐缓冲液(混合 5ml 1.0mol/L 磷酸二氢钾溶液和 20ml 0.5mol/L 磷酸氢二钠溶液,用水稀释至 250ml,pH 为 7~7.5)。

④二氯化钯二苯胺试剂(1.5% 二苯胺乙醇溶液和含 0.1% 二氯化钯的 0.2% 氯化钠溶液,保存于 4℃,使用前以 4∶1 混合使用)。

⑤格林(Griess)试剂(含 1% 对氨基苯磺酸的 30% 乙醇溶液和含 0.1% α-萘胺的 30% 乙酸溶液,保存于 4℃,使用前以 1∶1 混合使用)。

⑥茚三酮试剂(含 0.3% 茚三酮的 2% 吡啶乙醇溶液)。

⑦无水无过氧化物的乙醚(乙醚中往往含有过氧化物而影响亚硝胺的测定。将 500ml 乙醚置于分液漏斗中,加入 10ml 硫酸亚铁溶液,不断摇动,20min 后弃去硫酸亚铁溶液,再加 10ml 硫酸亚铁重复处理一次,然后再用水洗两次。取出处理过的乙醚 5ml,置于试管中,加入稀盐酸酸化的碘化钾溶液 2ml,振摇,于 30min 后碘化钾溶液不变黄,乙醚处理为合格)。

(5)仪器设备

薄层层析用仪器,高速组织捣碎器,电热恒温水浴锅,薄层板,具塞三角瓶,长颈圆底烧瓶,分液漏斗,微量注射器,40W、波长 253nm 紫外灯,索氏抽提器,滤纸。

(6)分析测定步骤

①亚硝胺标准溶液。

制备的二甲基亚硝胺、二乙基亚硝胺、甲基苯基亚硝胺、甲基苄基亚硝胺,重蒸馏或减压蒸馏 1~2 次,制得纯品。精确称取各类亚硝胺纯品,用无水、无过氧化物的乙醚作溶剂。配制成 10μg/μl 的乙醚溶液,再稀释成 1μg/μl 和 0.1μg/μl 的乙醚溶液,用黑纸或黑布包裹后置于冰箱中保存。

②样品处理。

粉类食物(面粉、玉米粉、糠粉等):取样 20.0g,用处理过的滤纸包好,放入 250ml 索氏抽提器内,加入已知去过氧化物的乙醚 100ml,在 40~45℃恒温水浴上回流提取 10h。将乙醚提取液移入圆底烧瓶中,并加入 20ml 水,进行水蒸气蒸馏,收集水蒸馏液大约 40ml,加 5g 碳酸钾,搅拌,溶解,并转入分液漏斗内。分出乙醚层,置于 100ml 带塞的三角瓶内。水层用无过氧化物的乙醚提取三次,每次用 10ml,每次强烈振摇 8~10min,收集乙醚于上述 100ml 带塞的三角瓶内,并加入 5g 无水硫酸钠,振摇 30min 后用处理过的滤纸过滤。用无水乙醚 10ml洗涤滤纸上的硫酸钠;合并乙醚,与 40~45℃恒温水浴上浓缩至体积为 0.5ml,浓缩液置于冰箱内备用。上述操作要尽量避光,有些步骤需要用黑布或黑纸遮盖。

蔬菜类食品(腌菜、泡菜、菠菜、韭菜、芹菜等):取样 20.0g,切碎,于组织捣碎机中加入二氯甲烷 100ml 和碳酸钠 2.0g,捣碎 5min,过滤于长颈圆底烧瓶中,再以二氯甲烷 10ml 洗涤残渣,洗液合并于滤液中。加入 10ml 磷酸缓冲液和 50ml 水于滤液中,在 60℃水浴中除去二氯甲烷后,加热 10~15min(二氯甲烷可回收)。然后用水蒸气蒸馏,收集馏出液 80ml,蒸馏瓶需要用黑布包好。在馏出液中加入 5.0g 碳酸钾,在 250ml 分液漏斗中,以每次 20ml 二氯甲烷,重复三次提取。用无水硫酸钠吸收,过滤,并用二氯甲烷洗涤残渣,洗液合并于滤液中,浓缩至10ml,取定量置于具塞试管中再浓缩至 0.5ml 备用。上述操作要尽量避光,装浓缩液的试管需要用黑布或黑纸遮盖,置于冰箱内。

腌制肉类、鱼干、干酪等:取样 20.0g,切成小块,移入组织捣碎机中加入二氯甲烷 100ml和碳酸钠 2.0g,捣碎 5min,过滤于长颈圆底烧瓶中,再以二氯甲烷 20ml 洗涤残渣,洗液合并于滤液中。加 10ml 磷酸缓冲液和 50ml 水于滤液中,在 60℃水浴中除去二氯甲烷后,加热10~15min(二氯甲烷可回收);然后用水蒸气蒸馏,收集馏出液 80ml,蒸馏瓶需要用黑布包好。在馏出液中加入 5%醋酸钠溶液(缓冲液)1ml,使 pH 为 4.5,通过阳离子交换树脂(2.5cm×2.5cm),约用水 10ml 洗柱,合并流出物,加入 5.0g 碳酸钾碱化,以下用二氯甲烷提取,与蔬菜类食品的操作相同。

③薄层层析。

制板活化:取硅胶 G 加双倍体积水调制到黏度适宜后涂板,于 105℃活化 1.5h。

点样:用微量注射器将亚硝胺标准溶液按 0.5μg 和 1.0μg 的量点于薄板两侧,再用微量注射器或毛细管将样品溶液 0.1ml 点于薄板中间一点上,共点三块板。

展开:第一次用正己烷展开至 10cm,取出吹干。第二次用正己烷-乙醚-二氯甲烷(4∶3∶2)展开至 10cm,取出吹干。展开缸用黑纸或黑布遮盖。

光介和显色:薄板层喷二氯化钯二苯胺试剂,湿润状态放置在紫外灯下照射 3 砝 5min,亚硝胺化合物呈蓝色或紫色斑点;薄层板在紫外灯下照射 5~10min 后,喷 Griess 试剂,亚硝胺化合物呈玫瑰红斑点;薄层板先喷 30%乙酸,然后紫外灯下照射 5~10min 后,用热吹风机吹5~10min,使乙酸挥发,再喷茚三酮试剂,并将板放在 80℃烤箱内烤 10~15min,亚硝胺化合物呈橘红色斑点。如果三种试剂均为阳性,则可以认为食物中存在亚硝胺;若样品中出现与标准品 Rf 值相同的斑点,可以初步认为样品中存在的亚硝胺与已知亚硝胺相同。样品中亚硝胺的量,需要做样品的限量实验,并与标准亚硝胺的灵敏度实验相比较,以计算出样品中亚硝胺的大概含量。

（7）结果参考计算

$$亚硝胺 = c \times V_2 \times 1000/(W \times V_1)$$

式中：c——相当于亚硝胺标准的量（μg）；W——样品重量（g）；V_1——样品经纯化浓缩后的点样量（ml）；V_2——样品经纯化浓缩后的容积（ml）。

（8）注意事项

操作时注意避光，避免氧化，回收率可达到 80% 左右。薄层板活性较好时灵敏度约为 0.5～1.0μg。为避免假阳性，应对三种试剂的显色综合判定。

4. 食品中挥发性亚硝胺的气相色谱-质谱法检测技术

（1）适用范围

本法适用于酒类、肉及肉制品、蔬菜、豆制品、调味品等食品中 N-亚硝基二甲胺、N-亚硝基二乙胺、N-亚硝基二丙胺及 N-亚硝基吡咯烷含量的测定。

（2）方法目的

掌握气相色谱-质谱法确证食品中挥发性亚硝胺方法原理及特点。

（3）原理

样品中的挥发性亚硝胺用水蒸气蒸馏分离和有机溶剂萃取后，浓缩至一定量，采用气相色谱-质谱联用仪的高分辨峰匹配法进行确证和定量。

（4）试剂材料

①重蒸二氯甲烷，重蒸正戊烷，重蒸乙醚，硫酸，无水硫酸钠。

②亚硝胺标准贮备溶液：每一种亚硝胺标准品（二甲、二乙、二丙基亚硝胺）用正己烷配制成 0.5mg/mL；再用正戊烷配制成 0.5μg/mL 亚硝胺工作液；用二氯甲烷配制 5μg/mL 亚硝胺质谱测定工作液；用重蒸水配制成回收试验的亚硝胺标准液 0.5mg/mL。

③耐火砖颗粒（将耐火砖破碎，取直径 1～2mm 的颗粒，分别用乙醇、二氯甲烷清洗，用作助沸石）。

（5）仪器设备

气相色谱仪（火焰热离子检测器），色谱-质谱联机（色谱仪与质谱仪接口为玻璃嘴分离器并有溶剂快门），水蒸气装置，K-D 蒸发浓缩器，微型的 Snyder 蒸发浓缩柱，层析柱（1.5cm×20cm，带玻璃活塞）。

（6）分析条件

①色谱条件。

汽化室温度 190℃；色谱柱温：对 N-亚硝基二甲胺、N-亚硝基二乙胺、N-亚硝基二丙胺及 N-亚硝基吡咯烷分别为 130℃、145℃、130℃和 160℃；玻璃色谱柱内径 1.8～3.0mm，长 2m，内装涂以 15%（质量分数）PEG20M 固定液和 1% 氢氧化钾溶液的 80～100 目 Chromosorb WAW DWCS；载气为氦气；流速 40ml/min。

②质谱条件。

分辨率 ≥7000，离子化电压 70V，离子化电流 300μA，离子源温度 180℃，离子源真空度 1.33×10^{-4}Pa，界面温度 180℃。

（7）分析测定步骤

①水蒸气蒸馏。

称取 200g 切碎后的试样，置于水蒸气蒸馏装置的蒸馏瓶中，加入 100ml 水，摇匀。在蒸馏瓶中加入 120g 氯化钠，充分摇动，使氯化钠溶解。将蒸馏瓶与水蒸气发生器及冷凝器连接好，并在锥形接收瓶中加入 40ml 二氯甲烷及少量冰块，收集 400ml 馏出液。

②萃取纯化。

在锥形接收瓶中加入 80g 氯化钠和 3ml 硫酸-水（1：3），搅拌溶解。然后转移到 500ml 分液漏斗中，振荡 5min，静置分层，将二氯甲烷层移至另一个锥形瓶中，再用 120ml 二氯甲烷分 3 次萃取水层，合并 4 次萃取液，总体积为 160ml。

③浓缩。

有机层用 10g 无水硫酸钠脱水，转移至 K-D 浓缩器中，加入耐火砖颗粒，于 50℃ 水浴浓缩至 1ml 备用。

④样品的测定。

测定采用电子轰击源高分辨峰匹配法，用（PFK）的碎片分子（它们的 m/z 为 68.99527、99.9936、130.9920、99.9936）监视 N-亚硝基二甲胺、N-亚硝基二乙胺、N-亚硝基二丙胺和 N-亚硝基吡咯烷的分子及离子（m/z 为 74.0480、102.0793、130.1106、100.0630）碎片，结合它们的保留时间定性，以该分子、离子的峰定量。

（8）计算

$$X = h_1 \times c \times V \times 1000 / (h_2 \times m)$$

式中：X——试样中某一 N-亚硝胺化合物的含量，$\mu g/kg$ 或 $\mu g/L$；h_1——浓缩液中该 N-亚硝胺化合物的峰高，mm；h_2——标准工作液中该 N-亚硝胺化合物的峰高，mm；c——标准工作液中该 N-亚硝胺化合物的浓度，$\mu g/mL$；V——试样浓缩液的体积，ml；m——试样质量（体积），g 或 ml。

（9）注意事项

对于含较高浓度乙醇的试样如蒸馏酒、配制酒等，需用 50ml 的 12% 氢氧化钠溶液洗有机层 2 次，以除去乙醇的干扰。

5. N-亚硝基化合物的危害评价

（1）通过食物和水直接摄入 N-亚硝基化合物

食品加工和贮藏过程中形成的 N-亚硝基化合物，如鱼肉制品或蔬菜的加工中，常添加硝酸盐作为防腐剂和护色剂，而这些食物如香肠、腊肉、火腿和热狗等，直接加热（如油炸、煎烤等）会引起亚硝胺的合成；麦芽在干燥过程中也会形成亚硝胺，其他食品如果采用明火直接干燥也会形成亚硝胺；蔬菜在贮藏过程中，其所含有的硝酸盐和亚硝酸盐也会在适宜的条件下与食品中蛋白质分解的胺反应生成亚硝胺类化合物；食品与食品容器或包装材料的直接接触，可以使挥发性亚硝胺进入食品；某些食品添加剂和中间处理过程可能含有挥发性亚硝胺。

（2）摄入前体物在胃肠道中合成亚硝胺

研究发现人体内能够内源性合成 N-亚硝基化合物。当人体摄入的食品中含有硝酸盐和亚硝基化的胺类时，它们常常以相当大的量进入胃中，胃中有适合亚硝基化反应的有利条件，如酸性、卤素离子等可以明显地加快体内 N-亚硝基化合物的形成,可合成 N-亚硝基化合物的前体物包括 N-亚硝化剂和可亚硝化含氮化合物,N-亚硝化剂有硝酸盐、亚硝酸盐和其他氮氧化物。亚硝酸盐和硝酸盐广泛存在于人类环境中,硝酸盐在生化系统的作用下,常伴随亚硝酸盐的存在。蔬菜植物体吸收的硝酸盐由于植物酶作用在植物体内还原为氮,经过光合作用合成的有机酸生成氨基酸和核酸而构成植物体,当光合作用不充分时,植物体内就积蓄多余的硝酸盐,如莴苣与生菜可以积蓄硝酸盐最高达 5800mg/kg、菠菜最高在 7000mg/kg、甜菜可在 6500mg/kg。

（3）体内合成前体物后再在体内合成亚硝胺

人体口腔中合成的硝酸盐进入胃肠道后,在适宜的条件下可以合成亚硝胺,唾液中的硝酸盐可以转化为亚硝酸盐,而且亚硝酸盐含量很高。由于唾液腺可以浓缩富集硝酸盐并分泌到口腔中,唾液中的硝酸盐水平是血液的 20 倍,而唾液中的硝酸盐可以还原为亚硝酸盐。尽管不同个体唾液中的硝酸盐和亚硝酸盐含量的波动水平差别较大,但 24h 内唾液腺分泌的硝酸盐累积量占硝酸盐摄入量的 28％左右,而唾液中产生的亚硝酸盐可以占硝酸盐摄入量的 5％～8％。此外,如在胃酸不足的情况下,造成细菌生长,还可以将硝酸盐还原为亚硝酸盐,使胃液中亚硝酸盐含量升高 6 倍。

硝酸盐、亚硝酸盐及 N-亚硝基化合物的毒理动力学及代谢途径是紧密相连的,这种转化联系是人们摄入硝酸盐后对人体危害的关键。硝酸盐的急毒性表现为不同的受试动物其生物半致死剂量不同。按每千克体重计算,硝酸钠对小白鼠的半数致死量为 2480～6250mg,大白鼠为 4860～9000mg,兔为 2680mg;硝酸钾对大白鼠的半数致死量为 3750mg,兔为 1900mg;硝酸铵对大白鼠的半数致死量为 2450～4820mg。硝酸盐的受试动物短期毒性表现出不同差异,据报道用 F-344 大白鼠连续饲喂含不同量的硝酸钠(对照 1.25％、2.55％、10％和 20％,占饲料质量百分数)6 周,结果发现,除高剂量组(10％和 20％)大白鼠的体重减少和高铁血红蛋白积累外,其他剂量组没有负面影响。硝酸盐的慢性中毒实验表明,不同性别 5 组大白鼠连续饲喂含不同量的硝酸钠(对照 0.1％、1％、5％和 10％,占饲料质量百分数)2 年,除高剂量组,大白鼠的生长率有轻微影响并表现有一定的迟钝外,其他剂量组没有负面影响。硝酸盐的致畸性实验表明,在猪交配及怀孕期前,连续 142d 和 204d,饮用含不同浓度的硝酸钾(对照 300mg/L、3500mg/L、10000mg/L、30000mg/L)水,除高剂量组对母猪的生育能力有一定的影响外,其他剂量组没有影响。也就是说按每天每千克体重计算,从食物中摄入 507mg 的硝酸钾或 310mg 的硝酸钾离子对猪的生殖能力没有负面影响。给怀孕 21d 的羊连续 15d 饮用浓度在 0.3％～1.2％的硝酸钠水溶液,也不足以使血红蛋白过量转化为高铁血红蛋白。硝酸盐的诱变性实验表明,在好氧条件下硝酸盐对微生物(*Salmonella typhimurium* 或 *Escherichia coli*)无诱变性影响,但在厌氧条件下硝酸盐对 *Escherichia coli* 有诱变性,这可能与硝酸盐在厌氧条件下被还原成亚硝酸盐有关。硝酸钾及硝酸钠对几种微生物菌株的 Ames 检测无诱变性。

亚硝酸盐的急性毒性表现为不同的受试动物其生物半致死剂量不同。按每千克体重计算,亚硝酸钠对小白鼠的半数致死量为 214mg,大白鼠为 180mg。按每千克体重 100mg 的剂量每 2h 给大白鼠饲喂一次亚硝酸钠,结果有高的死亡率,但如果间隔期变为 4h,则无死亡出现。亚硝酸盐的短期毒性实验表明,大白鼠连续 200d 饮用含 170mg 和 340mg(按每千克体重计算)的亚硝酸钠,结果发现,受试大白鼠体内有高铁血红蛋白积累现象,雌鼠的肝重及雌雄大白鼠的肾重也有变化。在正常情况下人血中高铁血红蛋白含量较低,一般保持在 $1\%\sim2\%$,当有少量的亚硝酸盐存在时,所引起的高铁血红蛋白可被人体酶促还原和非酶还原作用还原;当有高剂量的亚硝酸盐存在时,由于高铁血红蛋白的形成速度超过还原速度,高铁血红蛋白积累增多,血红蛋白的携氧和释氧能力下降,当体内高铁血红蛋白浓度达到 $20\%\sim40\%$ 时就会出现全身组织缺血等症状,如果高铁血红蛋白浓度达到 70% 以上就可致死。按此计算,人体摄入 $0.3\sim0.5g$ 的亚硝酸盐就可引起中毒,$3g$ 可致死亡。亚硝酸盐的长期毒性及致癌性的实验表明,给雄性大鼠连续 2 年饮用浓度为 $100mg/L$、$1000mg/L$、$2000nag/L$ 和 $3000mg/L$ 水,其中 $1000mg/L$、$2000mg/L$ 和 $3000mg/L$ 处理组的大鼠体内高铁血红蛋白有所增加,分别为血红蛋白的 5%、12% 和 22%;而 $100mg/L$ 处理组,相当于按每千克体重摄入 $5\sim10mg$ 的亚硝酸钠,无明显影响。用含 0.2% 或 0.5% 的亚硝酸钠(按饲料质量比)的饲料连续饲喂大鼠 $115d$,无致癌表现。给 ICR 小白鼠连续 18 个月饮用浓度为 $1000mg/L$、$2500mg/L$ 和 $5000mg/L$ 水,无肿瘤发现。

据报道在所知的 N-亚硝基化合物中约有 90% 对受试动物具有致癌性,尤其是非挥发性亚硝基化合物。考虑到能形成 N-亚硝基化合物的前体较多,如硝酸盐、亚硝酸盐、胺类及氨基化合物等,而这些前体广泛存在于人类食物中,易被人类从食物中摄入。因此,过量摄入这些前体就要考虑它们在体内转化为亚硝基化合物的可能性。

按每天每千克体重摄入 $2500mg$ 的硝酸盐,大鼠无负面影响。硝酸盐对生殖能力影响的数据尚不明确。硝酸盐在本质上是没有基因毒性,但它能转化为亚硝酸盐和 N-亚硝基化合物。亚硝酸盐虽有基因毒性,但啮齿动物实验表明,连续 2 年大鼠按每天每千克体重摄入 $6.7mg$ 的亚硝酸离子,无负面作用。亚硝酸盐能引起高铁血红蛋白的积累,当高铁血红蛋白超过 10% 时,会产生毒性。N-亚硝基化合物具有强烈的致癌性。

9.1.2 食品中苯并(a)芘的检测技术

1. 苯并(a)芘的特征及危害评价

(1)苯并(a)芘的理化性质

苯并(a)芘,又称 3,4-苯并(a)芘[3,4-benzo(a)pyrene,B(a)P],主要是一类由 5 个苯环构成的多环芳烃类污染物苯并(a)芘能被带正电荷的吸附剂如活性炭、木炭或氢氧化铁所吸附,并失去荧光性,但不被带负电荷的吸附剂所吸附。

(2)苯并(a)芘的危害性评价

致癌性:苯并(a)芘是目前世界上公认的强致癌物质之一。实验证明,经口饲喂苯并(a)芘对鼠及多种实验动物有致癌作用。随着剂量的增加,癌症发生率可明显提高,并且潜伏期可明显缩短。给小白鼠注射苯并(a)芘,引起致癌的剂量为 $4\sim12\mu g$,半数致癌量为 $80\mu g$。早在1933 年已得到证实,苯并(a)芘对人体的主要危害是致癌作用。通过人群调查及流行病学调查资料证明,苯并芘等多环芳烃类化合物通过呼吸道、消化道、皮肤等均可被人体吸收,严重危害人体健康。苯并(a)芘对人引起癌症的潜伏期很长,一般要 $20\sim25$ 年。1954 年有人调查了3753 例工业性皮肤癌中,有 2229 人是接触沥青与煤焦油,$20\sim25$ 年的潜伏期,发病年龄在

40～45 岁。德国有报道大气中的苯并(a)芘浓度达到 $10 \sim 12.5 \mu g/100m^3$ 时,居民肺癌死亡率为 25 人/10 万人,当苯并(a)芘浓度达到 $17 \sim 19 \mu g/100m^3$ 时,居民肺癌死亡率为 35～38 人/10 万人。

致畸性和致突变性:苯并(a)芘对兔、豚鼠、大鼠、鸭、猴等多种动物均能引起胃癌,并可经胎盘使子代发生肿瘤,造成胚胎死亡或畸形及仔鼠免疫功能下降。苯并(a)芘是许多短期致突变实验的阳性物,在 Ames 实验及其他细菌突变、细菌 DNA 修复、姊妹染色单体交换、染色体畸变、哺乳类细胞培养及哺乳类动物精子畸变等实验中均呈阳性反应。

长期性和隐匿性:苯并(a)芘如果在食品中有残留,即使人当时食用后无任何反应,也会在人体内形成长期性和隐匿性的潜伏,在表现出明显的症状之前有一个漫长的潜伏过程,甚至它可以影响到下一代。

人体每日进食苯并(a)芘的量不能超过 $10 \mu g$。假设每人每日进食物为 1kg,则食物中苯并(a)芘应在 $6 \mu g/kg$ 以下。卫生部于 1988 年颁布国家标准有关食品植物油中苯并(a)芘的允许量为 $10 \times 10^{-9} g/kg$。我国食品安全标准中规定,熏烤肉制品中苯并(a)芘含量为 $5 \times 10^{-9} g/kg$。

目前常用的苯并芘的检测方法主要有荧光分光光度法、液相色谱法、气相色谱以及气-质联用法等。荧光分光光度法可准确用于苯并(a)芘的定量分析,是我国食品卫生检验标准的首选方法,也是公认的方法之一。

2. 食品中苯并(a)芘的荧光分光光度法检测技术

(1)方法目的

了解掌握荧光光度法检测食品中的苯并(a)芘的原理方法。

(2)原理

样品先用有机溶剂提取,或经皂化后提取,再将提取液经液-液分配或色谱柱净化,然后在乙酰化滤纸上分离苯并(a)芘,因苯并(a)芘在紫外光照下呈蓝紫荧光斑点,将分离后有苯并(a)芘的滤纸部分剪下,用溶剂浸出后,用荧光分光光度计测荧光强度,与标准比较定量。

(3)试剂材料

①苯(重蒸馏),环己烷(或石油醚,沸程:30℃～60℃,重蒸馏或经氧化铝柱处理至无荧光),二甲基甲酰胺或二甲基亚砜,无水乙醇,95%乙醇,无水硫酸钠,氢氧化钾,丙酮(重蒸馏),95%乙醇-二氯甲烷(2:1),乙酸酐,硫酸。

②硅镁型吸附剂。将 60～100 目筛孔的硅美吸附剂经水洗 4 次,每次用水量为吸附剂质量的 4 倍,于古氏漏斗上抽滤干后,再以等量的甲醇洗,甲醇与吸附剂克数相等,抽滤干后,吸附剂铺于干净瓷盘上,在 130℃干燥 5h 后,装瓶贮存于干燥器内,临用前加 5%水减活,混匀并平衡 4h 以上,放置过夜。

③层析用氧化铝(中性,120℃活化 4h)。

④乙酰化滤纸。将中速层析用滤纸裁成 30cm×40cm 的条状,逐条放入盛有乙酰化混合液(180ml 苯、130ml 乙酸酐、0.1ml 硫酸)的 500ml 烧杯中,使滤纸条充分接触溶液,保持溶液温度在 21℃以上,连续搅拌反应 6h,再放置过夜。取出滤纸条,在通风柜内吹干,再放入无水乙醇中浸泡 4h,取出后放在垫有滤纸的干净白瓷盘上,在室温内风干压平备用。一次处理滤纸 15～18 条。

⑤苯并(a)芘标准溶液。精密称取 10.0mg 苯并(a)芘,用苯溶解后移入 100ml 棕色容量瓶中,并稀释至刻度,此溶液浓度为 $100\mu g/mL$,放置冰箱中保存;使用时用苯稀释浓度为 $1.0\mu g/mL$ 及 $0.1\mu g/mL$ 苯并芘两种标准使用溶液,放置冰箱中保存。

(4)仪器设备

荧光分光光度计,脂肪提取器,层析柱(内径 10mm,长 350mm,上端有内径 25mm,长 80～100mm 漏斗,下端具活塞),层析缸,K-D 浓缩器,紫外灯(波长 365nm、254nm),回流皂化装置,组织捣碎机。

(5)分析测定步骤

①样品提取。

粮食或水分少的食品:称取 20～30g 粉碎过筛的样品,装入滤纸筒内,用 35ml 环己烷润湿样品,接收瓶内装入 3～4g 氢氧化钾,50ml 95%乙醇及 30～40ml 环己烷,然后将脂肪提取器接好,于 90℃水浴上回流提取 6～8h,将皂化液趁热倒入 250ml 分液漏斗中,并将滤纸筒中的环己烷倒入分液漏斗,用 25ml 95%乙醇分两次洗涤接收瓶,将洗液合并于分液漏斗。加入 50ml 水,振摇提取 3min,静置分层,下层液放入第二分液漏斗中,再用 35ml 环己烷振摇提取 1 次,待分层后弃去下层液,将环己烷合并于第一分液漏斗中,用 6～8ml 环己烷洗第二分液漏斗,洗液合并。用水洗涤合并后的环己烷提取液 3 次,每次 50ml,三次水洗液合并于第二分液漏斗中,用环己烷提取 2 次,每次 30ml,振摇 30s,分层后弃去水层液,收集环己烷液并入第一分液漏斗中。再于 50℃～60℃水浴上减压浓缩至 20ml,加适量无水硫酸钠脱水。

植物油:称取 10～20g 的混合均匀的油料,用 50ml 环己烷分次洗入 250ml 分液漏斗中,以环己烷饱和过的二甲基甲酰胺提取 3 次,每次 20ml,振摇 1min,合并二甲基甲酰胺提取液,用 40ml 经二甲基甲酰胺饱和过的环己烷提取 1 次,弃去环己烷液层。二甲基甲酰胺提取液合并于预先装有 120ml 2%硫酸钠溶液的 250ml 分液漏斗中,摇匀,静置数分钟后,用环己烷提取 2 次,每次 50ml,振荡 3min,环己烷提取液合并于第一分液漏斗。也可以用二甲基亚砜代替二甲基甲酰胺。用 40℃～50℃温水洗涤环己烷提取液 2 次,每次 50ml,振摇 30s,分层后弃去水层液,收集环己烷层,于 50℃～60℃水浴上减压浓缩至 20ml,加适量无水硫酸钠脱水。

鱼、肉及其制品:称取 25～30g 切碎混匀的样品,再用无水硫酸钠搅拌(样品与无水硫酸钠的比例为 1∶1 或 1∶2,如水分过多则需在 60℃左右先将样品烘干),装入滤纸筒内,然后将脂肪提取器接好,加入 50ml 环己烷,于 90℃水浴上回流提取 6～8h,然后将提取液倒入 250ml 分液漏斗中,再用 6～8ml 环己烷淋洗滤纸筒,洗液合并于 250ml 分液漏斗中。

蔬菜:称取 100g 洗净、晾干的可食部分的蔬菜,切碎放入组织捣碎机内,加 150ml 丙酮,捣碎 2min。在小漏斗上加少许脱脂棉过滤,滤液移入 500ml 分液漏斗中,残渣用 50ml 丙酮分数次洗涤,洗液与滤液合并,加 100ml 水和 100ml 环己烷,振摇提取 2min,静置分层,环己烷层转入另一 500ml 分液漏斗中,水层再用 100ml 环己烷分 2 次提取,环己烷提取液合并于第一分液漏斗中,再用 250ml 水分二次振摇,洗涤,收集的环己烷于 50℃～60℃水浴上减压浓缩至 20ml,加适量无水硫酸钠脱水。

饮料(如含二氧化碳,先在温水浴上加温除去):吸取 50～100ml 样品于 500ml 分液漏斗中,加 2g 氯化钠溶解,加 50ml 环己烷振摇 1min,静置分层,水层分于第二分液漏斗中,再用 50ml 环己烷提取 1 次,合并环己烷提取液,每次用 100ml 水振摇、洗涤二次。收集的环己烷于

50℃～60℃水浴上减压浓缩至 20ml,加适量无水硫酸钠脱水。

提取可用石油醚代替环己烷,但需将石油醚提取液蒸发至近干,残渣用 20ml 环己烷溶解。

②净化。

层析柱下端填少许玻璃棉,先装入 5～6cm 的氧化铝,轻轻敲管壁使氧化铝层填实,顶面平齐,再装入 5～6cm 的硅镁型吸附剂,上面再装入 5～6cm 无水硫酸钠,用 30ml 环己烷淋洗装好层吸柱,待环己烷液流下至无水硫酸钠层时关闭活塞。将样品提取液倒入层吸柱中,打开活塞,调节流速为 1mL/min,必要时可用适当方法加压,待环己烷液面下降至无水硫酸钠层时,用 30ml 苯洗脱,此时应在紫外光灯下观察,以紫蓝色荧光物质完全从氧化铝层洗下为止,如 30ml 苯不够时,可是适量增加苯量。收集苯液于 50℃～60℃水浴上减压浓缩至 0.1～0.5ml(可根据样品中苯并芘含量而定,应注意不可蒸干)。

③分离。

在乙酰化滤纸条上的一端 5cm 处,用铅笔画一横线为起始线,吸取一定量净化后的浓缩液,点于滤纸条上,用电吹风从纸条背面吹冷风,使溶剂挥散,同时点 20 止苯并芘标准液(1μg/mL),点样时,斑点的直径不超过 3mm,层吸缸内盛有展开剂,滤纸条下端浸入展开剂约 1cm,待溶剂前沿至约 20cm 时,取出阴干。在 365nm 或 254nm 紫外光下观察展开后的标准及其同一位置样品的蓝色斑点,剪下此斑点分别放入小比色管中,各加 4ml 苯加盖,插入 50℃～60℃水浴中,不时振摇,浸泡 15min。

(6)结果参考计算

将样品及标准斑点的苯浸出液于激发波长 365nm 下,在 365～460nm 波长区间进行荧光扫描,所得荧光光谱与标准苯并芘的荧光光谱比较定性。分析的同时做试剂空白,分别读取样品、标样、试剂空白在 406nm、411nm、401nm 处的荧光强度,按基线法计算荧光强度:

$$F = F_{406} - (F_{401} + F_{411})/2$$

$$X = S \times (F_1 - F_2) \times V_1 \times 100/(m \times V_2 \times F)$$

式中:X——样品中苯并芘的含量,μg/kg;S——苯并芘标准斑点的含量,μg;F——标准的斑点浸出液荧光强度;F_1——样品斑点浸出液荧光强度;F_2——试剂空白浸出液荧光强度;V_1——样品浓缩体积,ml;V_2——点样体积,ml;m——样品的质量,g。

(7)误差分析及注意事项

本法相对相差≤20％,样品量为 50g,点样量为 1g 时,最低检出限为 1ng/g。

3. 食品中液苯并芘的相色谱法检测技术

(1)方法目的

掌握液相色谱法分析食品中 3,4-苯并芘的测定原理方法。

(2)原理

样品中脂肪用皂化液处理,多环芳烃以环己烷抽提,再用 0.6％的硫酸净化,经 Sephadex LH-20 色谱柱富集样品中的多环芳烃,用高效液相色谱仪检测。

(3)试剂材料

①苯、环己烷、甲醇、异丙醇、硫酸、氢氧化钾、无水硫酸钠。

②硅胶(100～200 目):120℃烘 4h,加水 10％振荡 1h 后使用。

③Sephadex LH-20(25～100 目)：使用前用异丙醇平衡 24h。

④多环芳烃(PAH)标准液。

(4)仪器设备

高效液相色谱仪、旋转蒸发仪、玻沙漏斗。

(5)分析条件

ODS 柱 4.6mm×250mm，柱温 30℃，流动相 75％甲醇，流速 1.5mL/min，紫外检测器 287nm，进样量 20μl。

(6)分析步骤

①样品处理。取待测样品用热水洗去表面黏附的杂质，将可食部分粉碎后备用。

②样品的提取、净化和富集方法。

提取：准确称取样品 50g 于 250ml 圆底烧瓶中，加入含 2mol/L 氢氧化钾的甲醇-水 (9：1)溶液 100ml，回流加热 3h。

净化：将皂化液移入 250ml 分液漏斗中，用 100ml 环己烷分两次洗涤回流瓶，倾入分液漏斗中，振摇 1min，静置分层，下层水溶液放至另一 250ml 分液漏斗中。用 50ml 环己烷重复提取 2 次，合并环己烷。先用 100ml 甲醇-水(1：1)提取 1min，弃去甲醇-水层，再用 100ml 水提 2 次，弃水层。在旋转蒸发仪上浓缩环己烷至 40ml，移入 125ml 分液漏斗中，以少量环己烷洗蒸发瓶 2 次，合并环己烷。用硫酸 50ml 提取 2 次，每次摇 1min，弃去硫酸，水洗环己烷层至中性。将环己烷层通过 40～60 目玻沙漏斗，加 6g 硅胶，以 10ml 环己烷湿润，上面加少量无水硫酸钠将环己烷层过滤，另用 50ml 环己烷洗涤，在旋转蒸发仪上浓缩环己烷至 2ml。

富集：将环己烷浓缩液转移至 10g Sephadex LH-20 柱内，用异丙醇 100ml 洗脱，收集馏分洗脱液。在旋转蒸发仪上蒸发至干，以甲醇溶解残渣，转移至 2.0ml 刻度试管中，甲醇定容至 1.0ml。

③样品的测定。在进行样品测定的同时做 8 种 PAH 的、化合物的标准曲线，以 PAH 含量(ng)为横坐标，以峰面积为纵坐标，绘制标准曲线。

$$X = m_1 \times V_1 \times 1000 / (m_2 \times V_2)$$

式中：X——样品中 PAH 的含量，$\mu g/kg$；m_1——由峰面积查得的相当 PAH 化合物的含量，μg；m_2——样品质量，g；V_1——样品浓缩体积，ml；V_2——进样体积，ml。

(7)方法分析与评价

①紫外波长选择。

由于 PAH 化合物在不同波长处的摩尔吸光系数不同，灵敏度也不一样。波长在 287nm 时，PAH 化合物间的干扰较小。

②硫酸浓度对 PAH 化合物的影响。

硫酸能很好地净化样品中的脂肪和其他微量杂质。硫酸浓度高，净化效果好，而硫酸浓度过高则会引起多环芳烃化合物回收率降低。

9.1.3 食品中杂环胺类的检测技术

1. 杂环胺类的特征及危害评价

杂环胺是在食品加工、烹调过程中由于蛋白质、氨基酸热解产生的一类化合物。在化学结构上,它可分为氨基咪唑氮杂芳烃(AIA)和氨基咔啉(ACC)。AIA 又包括喹啉类(IQ)、喹喔类(IQx)、吡啶类和苯并噁嗪类,陆续鉴定出新的化合物大多数为这类化合物。ACC 包括 α-咔啉(AαC)、γ-咔啉和 δ-咔啉。

杂环胺的诱变性:烹调食品中形成的杂环胺是一类间接诱变剂。研究证明杂环胺主要经细胞色素 P450IA2 催化 N-氧化,以后再经乙酰转移酶、硫酸转移酶或氨酰转移酶催化 O-酯化,活化成为诱变性衍生物。这些杂环胺绝大多数都是沙门氏菌的诱变剂。在有 Aroclorl254 预处理的啮齿类动物肝 S_p 活化系统中,对移码突变型菌株(TAl538、TA98 和 TA97)的诱变性较强。各种杂环胺对鼠伤寒沙门氏菌的诱变强度相差约 5 个数量级。杂环胺对沙门氏菌的高度诱变性与下列因素有关:杂环胺是可诱导的细胞色素 P450IA2 的良好底物;杂环结构使近诱变剂的稳定性增加,使其易于渗透进入细菌细胞。细菌富含 N-乙酰转移酶,可将 N-OH 转变为 N-乙酰衍生物。在细菌基因组附近,脱乙酰作用产生亲电子硝鎓离子,最终诱变剂与 DNA 富含 GC 的亲核部位具有高度亲和性而形成共价结合,杂环的平面结构有助于嵌入碱基对之间,在缺乏 DNA 修复机理易误修复系统的菌株可产生诱变。

杂环胺的助诱变性:H 和 NH 是已知的助诱变剂,NH 的助诱变性强于 H。助诱变作用发生机理可能是通过影响代谢活化或 DNA 解螺旋,以使诱变剂易攻击 DNA,导致诱变率增加。除两种 β-咔唑外,氨基-α-咔啉(AαC,MeAαC)和氨基-γ-咔啉(Trp-P-1,Trp-P-2)之间,BaP 和 2AAF 与 Trp-P-2 或 AαC 之间,诱变性也有协同作用。De Meester 等发现 IQ,MeIQ 和 MeIQx 混合物的诱变性无协同作用或拮抗作用,加入 H 后这些杂环胺对 TA98 的诱变性降低。

杂环胺的致癌性:由烹调食品中发现诱变性杂环胺后所进行的啮齿类动物致癌试验得到阳性结果以来,该实验作为遗传毒理学预测致癌物针对性强,经试验大部分杂环胺致癌性具有多种靶器官。各杂环胺致癌靶器官在不同种属间的差别可能是由于不同种属各器官对杂环胺的代谢活化或灭活作用不同,或致癌物 DNA 加合物的转归不同所致。

食品中杂环胺的测定主要有高效液相色谱法的二极管阵列、荧光、电化学或质谱的分析手段,以液-液萃取和固相萃取为净化方式,可采用固相萃取柱,硅藻土柱、硅胶柱、C_{18} 硅胶柱和阳离子交换柱净化处理。

2. 食品中杂环胺的固相萃取-高效液相色谱法检测技术

(1)方法目的

利用高效液相色谱法分析食品中杂环胺类物质。

(2)原理

样品先用甲醇提取,再经固相萃取柱萃取,然后经过洗脱、浓缩等处理,最后用高效液相色谱仪检测杂环胺的含量。

(3)试剂材料

二氯甲烷,己烷,甲醇,三乙胺,乙腈,磷酸,氢氧化钠,标准杂环胺。

(4)仪器设备

高效液相色谱仪-二极管阵列检测器、固相萃取柱、pH 计。

(5)分析条件

反相苯基柱(orbax SBPheny 15μm,46mm×250mm)或反相 C_{18} 柱(Chrospher RP18e

$5\mu m$,$4mm \times 125mm$);流动相:0.01mol/L 三乙胺(磷酸调节 pH 3)-乙腈,梯度洗脱,在 30min 内梯度由 95:5 到 65:35(若为 C_{18} 柱,在 20min 内梯度由 95:5 到 70:30);检测器:采用 HPLC-Z 极管阵列检测器检测;扫描波长为 $220\sim400nm$,检测波长为 265nm,检测温度为室温。

(6)分析步骤

①称取样品 0.5g,用 0.7ml 1mol/L 氢氧化钠与 0.3ml 甲醇溶液提取,离心,取上清液上 LiChrolutEN 的固相萃取柱(固相萃取柱用 3ml 0.1mol/L 氢氧化钠预平衡)。

②洗脱:用甲醇-氢氧化钠(55:45)3ml 洗脱,除去亲水性杂质;用己烷 0.7ml 洗脱 2 次;用乙醇-己烷(20:80)0.7ml 洗脱 2 次,除去疏水性杂质;用甲醇-氢氧化钠(55:45)3ml 溶液洗脱;再用己烷 0.7ml 洗脱 2 次;最后用乙醇-二氯甲烷(10:90)0.5ml 洗脱 3 次。

③洗脱液用 N_2 浓缩至近干,用三乙胺(用磷酸调节 pH 为 3)-乙腈(50:50)$100\mu l$ 定容。

(7)方法分析及评价

本法以肉提取液为基质,变异系数为 3%~5%,极性杂环胺 IQ、MeIQ、MeIQx、IQx 的回收率为 62%~95%,检出限为 3ng/g;非极性杂环胺 PhIP、MeAαC 的回收率为 79%,检出限为 9ng/g。

9.1.4　食品中氯丙醇的检测技术

1. 氯丙醇的特征及危害评价

人们关注氯丙醇是因为 3-氯-1,2-丙二醇(3-MCPD)和 1,3-二氯-2-丙醇(1,3-DCP)具有潜在致癌性,其中 1,3-DCP 属于遗传毒性致癌物。由于氯丙醇的潜在致癌、抑制男子精子形成和肾脏毒性,国际社会纷纷采取措施限制食品中氯丙醇的含量。

氯丙醇是甘油(丙三醇)上的羟基被氯取代 1~2 个所产生的一类化合物的总称。氯丙醇化合物均比水重,沸点高于 100℃,常温下为液体,一般溶于水、丙酮、苯、甘油乙醇、乙醚、四氯化碳或互溶。因其取代数和位置的不同形成 4 种氯丙醇化合物:单氯取代的氯代丙二醇,有 3-氯-1,2-丙二醇(3-MCPD)和 2-氯-1,3-丙二醇(2-MCPD);双氯取代的二氯丙醇,有 1,3-二氯-2-丙醇(1,3-DCP 或 DC2P)和 2,3-二氯-1-丙醇。

天然食物中几乎不含氯丙醇,但随着盐酸水解蛋白质的应用,就产生了氯丙醇。它易溶于水,特别是在水相中的 3-MCPD 很难用溶剂或者液-液分配的方法提取,一般是用液-固柱层析的方法提取。有报道表明水相样品用乙酸乙酯洗脱比用乙醚洗脱其洗脱液中含水量低,有利于后续的操作。另外还有一个关键点是由于氯丙醇易挥发,在浓缩溶剂时,注意不能蒸干。采用衍生化的方法(衍生试剂有七氟丁酰咪唑(HFBI)、苯硼酸钠等),反应一般在 70℃进行。

氯丙醇的化学结构简单,允许的限量较低,必须低于 $10\mu g/kg$,这对分析方法要求很高。3-MCPD 分子缺少发色团,沸点高。因此用液相色谱紫外检测不理想,而直接用气相色谱测定比较困难。最初采用二氯荧光黄喷雾的薄层层析法测定 HVP 中的 mg/kg 级的 3-MCPD 酯,但该法只能半定量。目前国际公认的 AOAC 2001.01 方法检测限可达到 $10\mu g/kg$,基本可以满足对 3-MCPD 的控制要求。

2. 食品中氯丙醇的气相色谱-质谱法检测技术

(1)方法目的

学习气相色谱-质谱法分析食品中 3-MCPD 原理方法。

(2)原理

利用同位素稀释技术,以氘代-3-氯-1,2-丙二醇(d_5-3-MCPD)为内标定量。样品中加入内标溶液,以 Extrelut3RRNT 为吸附剂采用柱色谱分离,正己烷-乙醚(9:1)洗脱样品中非极性的脂质组分,乙醚洗脱样品中的 3-MCPD,用七氟丁酰咪唑(HFBI)溶液为衍生化试剂,采用 SIM 的质谱扫描模式进行定量分析,内标法定量。

(3)适用范围

本法适用于水解植物蛋白液、调味品、淀粉、谷物等食品中的 3-MCPD 的含量测定。

(4)试剂材料

d_5-3-MCPD 标准品,氯化钠,正己烷,乙醚,无水硫酸钠。

(5)仪器设备

液相色谱-质谱仪,离心机,旋转蒸发仪,DB-5MS 色谱柱(30m×0.25mm×0.25μm),ExtrelutRRNT 柱。

(6)分析条件

DB-5MS 色谱柱(30m×0.25mm×0.25μm);进样口温度230℃;传输线温度250℃;程序温度50℃保持1min,以2℃/min速度上升至90℃,再以40℃/min上升至250℃,并保持5min;载气为氦气,柱前压为41.36kPa;不分流进样,进样体积1μl。

质谱条件:能量70eV,离子源温度200℃,分析器(电子倍增器)电压450V,溶剂延迟10min,质谱采集时间12~18min,扫描方式 SIM。

(7)分析步骤

①样品制备。

液体样品固体与半固体植物水解蛋白:称取样品4.0~10.0g,置于100ml烧杯中,加d_5-3-MCPD内标溶液(10mg/L)50μl。加饱和氯化钠溶液6g,超声处理15min。

香肠或奶酪:称取样品10.0g,置于100ml烧杯中,加d_5-3-MCPD内标溶液(10mg/L)50μl,加饱和氯化钠溶液30.0g,混匀,离心(3500r/min)20min,取上清10.0g。

面粉或淀粉或谷物或面包:称取样品5.0g,置于100ml烧杯中,加d_5-3-MCPD内标溶液(10mg/L)50μl,加饱和氯化钠溶液15.0g,放置过夜。

②样品萃取。

将10.0g Extrelut NT柱填料分成两份,取其中一份加到样品溶液中,混匀,将另一份柱填料装入层析柱中(层析柱下端填以玻璃棉)。将样品与吸附剂的混合物装入层析柱中,上层加1cm高度的无水硫酸钠15.0g,放置15min,用正己烷-乙醚80ml洗脱非极性成分,并弃去。用乙醚250ml洗脱3-MCPD(流速约为8mL/min)。在收集的乙醚中加入无水硫酸钠15.0g,放置10min后过滤。滤液于35℃温度下旋转蒸发至约2ml,定量转移至5ml具塞试管中,用乙醚稀释至4ml。在乙醚中加入少量无水硫酸钠,振摇,放置15min以上。

③衍生化。

移取样品溶液 1ml,置于 5ml 具塞试管中,并在室温下用氮气蒸发器吹至近干,立即加入 2,2,4-三甲基戊烷 1ml。用气密针或微量注射器加入 HFBI 0.05ml,立即密塞。旋涡混匀后,于 70℃保温 20min。取出后放置室温,加饱和氯化钠溶液 3ml,旋涡混合 30s,使两相分离。取有机相加无水硫酸钠约为 0.3g 干燥。将溶液转移至自动进样的样品瓶中,供 GC-MS 测定。

④空白样品制备。

称取饱和氯化钠溶液 10ml,置于 100ml 烧杯中,加 d_5-3-MCPD 内标溶液(10mg/L)50μl,超声 15min,以下步骤于样品萃取及衍生化方法相同。

⑤标准系列溶液的制备。

吸取标准系列溶液各 0.1ml,加 d_5-3-MCPD 内标溶液(10mg/L)10μl,加入 2,2,4-三甲基戊烷 0.9ml,用气密针加入 HFBI 0.5ml,立即密塞。以下步骤与样品的衍生化方法相同。

⑥GC-MS 测定。

采集 3-MCPD 的特征离子 m/z 253、257、289、291、453 和 d_5-3-MCPD 的特征离子 m/z 257、294、296 和 m/z 456。选择不同的离子通道,以 m/z 253 作为 3-MCPD 的定量离子,m/z 257 作为 d_5-3-MCPD 的定量离子,以 m/z 253、257、289、291 和 m/z 453 作为 3-MCPD 的鉴别离子,参考个碎片离子与 m/z 453 离子的强度比,要求四个离子(m/z 253、257、289、291)中至少两个离子的强度比不超过标准溶液的相同离子强度比的±20%。

样品溶液 1μl 进样。3-MCPD 和 d_5-3-MCPD 的保留时间约为 16min。记录 3-MCPD 和(d_5-3-MCPD 的峰面积。计算 3-MCPD(m/z 253)和 d_5-3-MCPD(m/z 257)的峰面积比,以各系列标准溶液的进样量(ng)与对应的 3-MCPD(m/z 253)和 d_5-3-MCPD(m/z 257)的峰面积比绘制标准曲线。

(8)结果参考计算

内标法计算样品中 3-MCPD 的含量的公式如下:

$$X = Af/m$$

式中:X——样品中 3-MCPD 的含量,μg/kg 或 μg/L;A——试样色谱峰与内标色谱峰的峰面积比值对应的中 3-MCPD 质量,ng;f——样品稀释倍数;m——样品的取样量,g 或 ml。

(9)误差分析及注意事项

计算结果保留 3 位有效数字,在重复性条件下获得的两次独立测定结果的绝对差值不得超过算术平均值的 20%。

9.1.5 食品中丙烯酰胺的检测技术分析

1. 丙烯酰胺的特征及危害分析

它为结构简单的小分子化合物,相对分子质量 71.09,分子式为 $CH_2CHCONH_2$,沸点 125℃,熔点 87.5℃。丙烯酰胺是制造塑料的化工原料,为已知的致癌物,并能引起神经损伤。

2. 食品中丙烯酰胺的高效液相色谱-串联质谱法分析

(1)方法目的

掌握高效液相色谱-串联质谱分析食品中丙烯酰胺的方法原理。

(2)原理

通过正己烷脱脂、氯化钠提取、乙酸乙酯萃取以及 Oasis HLB 固相萃取柱净化和样品的分离等操作,以内标法定量,检测食品中丙烯酰胺的残留量。

(3)适用范围

本法适用于高温加热食品中丙烯酰胺的痕量分析。

(4)试剂材料

丙烯酰胺标准品(纯度>99.8％)、$[^{13}C_3]$-丙烯酰胺、甲醇(色谱纯)、甲酸。

(5)仪器设备

高效液相色谱-串联质谱仪、高速冷冻离心机、旋转蒸发仪、氮吹浓缩仪。

(6)分析条件

色谱条件:ACQUITY UPLC HSS T3 色谱柱(2.1mm×150mm,粒径 1.8μm);色谱柱温度 30℃;样品温度 25℃;流动相 0.1％甲酸-甲醇(90∶10);流速 0.15mL/min;进样量 10μl。

质谱条件:电喷雾电离(ESI-模式),离子源温度 120℃,脱溶剂化温度 350℃,毛细管电压 3.50kV,锥孔电压 50V,碰撞能量均为 13eV,测定方式 MRM 方式。

(7)分析步骤

①样品前处理。

称取 2.0g 经研磨粉碎后的样品(精确至 1mg)置于 50ml 带盖聚丙烯离心管中,加入 0.4ml 1μg/mL 的$[^{13}C_3]$-丙烯酰胺内标标准液,静置 20min。对于不同基质的样品前处理过程有所不同,样品分为高脂和低脂两类,对于含油脂高的样品需先经过脱脂过程,在提取前加入脱脂溶剂,充分混匀并超声处理 10min,取出后弃去脱脂溶剂层,重复上述脱脂过程 1 次,然后进行后续提取过程。对于低脂含量的样品可直接向样品中加入一定比例的提取溶剂,即氯化钠溶液,充分混匀并超声 20min,取出后离心,将上层清液转移至分液漏斗中,重复上述提取过程,并将离心后的上清液与前次样液合并,混匀备用。

样品提取液中加入乙酸乙酯充分萃取 3 次,将乙酸乙酯层合并至圆底烧瓶中,置于旋转蒸发仪上,在 50℃水浴中减压浓缩至约 1ml,将浓缩液转移至 10ml 试管中,在圆底烧瓶中加入少量乙酸乙酯充分洗涤 3 次,将洗涤液合并至试管中,50℃氮气吹干,再加入 1.5ml 蒸馏水重溶并涡流混合。重溶液过 0.22μm 微孔滤膜过滤器,再进行固相萃取(固相萃取柱事先用 5ml 甲醇活化和 5ml 蒸馏水平衡),2ml 水洗脱,收集洗脱液上机测定。

②样品的测定。

定性分析:在相同试验条件下,样品中待测物与同时检测的标准物质具有相同的保留时间,并且非定量离子对与定量离子对色谱峰面积的比值相对偏差小于 20％,则可判定为样品中存在该残留。

定量分析:按照上述超高效液相色谱-串联质谱条件测定样品和标准工作溶液,以色谱峰

面积按内标法定量,以[$^{13}C_3$]-丙烯酰胺为内标物计算丙烯酰胺残留量。结果按内标法计算,也可按下式计算:

$$X = c \times c_i \times A \times A_{si} \times V_1 / (c_{si} \times A_i \times A_s \times W)$$

式中:X——样品中丙烯酰胺的含量(mg/kg);c——丙烯酰胺标准工作液的浓度(mg/L);c_{si}——标准工作液中内标物的浓度(mg/L);c_i——样品中内标物的浓度(mg/L);A——样液中丙烯酰胺的峰面积;A_s——丙烯酰胺标准工作液的峰面积;A_{si}——标准工作液中内标物的峰面积;A_i——样液中内标物的峰面积;V——样品定容体积(ml);W——称样量(g)。

(8)误差分析注意事项

高温加热食品中的丙烯酰胺,在 $10 \sim 1000 \mu g/kg$ 范围内具有较好的线性相关性,该法的定性最小检出限为 $5 \mu g/kg$,定量最小检出限为 $10 \mu g/kg$,相对标准偏差<10%,该方法灵敏度高,适合痕量分析。需要注意的是样品过柱时最好使其自然下滴,采用加压或者抽真空的方式都可能影响其回收率。

9.1.6 食品中甲醛的检测技术分析

1. 甲醛的特征及危害评价

它是无色、具有强烈气味的刺激性气体,其化学式为 CH_2O,相对分子质量为 30.03,常温下为无色、有辛辣刺鼻气味的气体。沸点 $-19.5℃$,熔点为 $-92℃$。甲醛 $35\% \sim 40\%$ 的水溶液称为福尔马林。近几年来,个别不法商贩在加工食品过程中,非法添加甲醛来改善食品的外观和延长保存时间。例如在米粉、腐竹等食品的加工过程中加入甲醛次硫酸钠来漂白,水发食品中加入甲醛,可使水发食品较久保存,且色泽美观。但甲醛进入人体会严重影响人们的身体健康,所以,必须加强对食品中甲醛的检测。

2. 食品中甲醛的高效液相色谱法分析

(1)方法目的

采用液相色谱法分析食品中甲醛残留物。

(2)原理

对样品进行提取、用氯仿抽提等操作,最后将滤液经液相色谱测定其含量。

(3)试剂材料

甲醇,氯仿,2,4-二硝基苯肼,甲醛标准品,无水硫酸钠、硫代硫酸钠,氢氧化钠,硫酸,淀粉以及碘标准溶液。

(4)仪器设备

液相色谱仪;色谱柱:分析柱 Micropak MCH-5 N-Cap;保护柱 MC-5;紫外检测器;水蒸气蒸馏装置。

(5)分析条件

流动相为甲醇-水(57:43);流速 0.5mL/min;柱温 30℃;压力 138kg/cm²;波长 348nm;灵敏度 0.05AUFS。

（6）分析步骤

取 50ml 样品于蒸馏瓶中加水 50ml，另分别吸取甲醛标准应用液（10g/mL）0.0ml、0.5ml、1.0ml、2.0ml、3.0ml、4.0ml 于蒸馏瓶中，加水至 100ml。样品及标准均加磷酸 2ml，分别进行水蒸气蒸馏，将冷凝管口插入吸收液下端，收集馏出液 100ml 移入 125ml 分液漏斗中，振摇 2min，静置分层，收集氯仿液，再用氯仿提取两次，每次 10ml；合并氯仿液，用盐酸酸化（pH5）的水 30ml 洗涤氯仿液，氯仿通过无水硫酸钠过滤于蒸发器中，挥干，用氯仿处理定容各至 2ml 混匀，取 0.4μm 滤膜过滤，滤液作进样用，同时做空白实验。取上述处理好的空白、标准、样品分别进样 20μl，根据保留时间定性，记录其峰高，外标法定量。根据样品，空白的峰高在工作曲线上查出相当于甲醛的量并按下式计算出每升样品中所含甲醛的毫克数。

（7）结果参考计算

$$甲醛（mg/L）=（A_x-A_o）\times V_2\times 1000/（V_x\times V_3\times 1000）$$

式中，A_x——测定用样液中甲醛的含量，μg；A_o——试剂空白液中甲醛的含量，μg；V_x——取样体积，ml；V_2——样品处理后定容体积，ml；V_3——进样量，ml。

（8）方法分析及评价

本法具有精密度好，回收率高，性能稳定，快速分析，结果准确等特点，甲醛衍生与提取步骤简便、易操作，样品中被测组分保留时间短，节省了大量的分析时间，用于检测食品中的甲醛含量有着较高的使用价值。

9.2　包装材料有害物质的检测

9.2.1　食品包装材料及容器的评价

食品包装是指采用适当的包装材料、容器和包装技术，把食品包裹起来，以使食品在运输和贮藏过程中保持其价值和原有的状态。食品包装可将食品与外界隔绝，防止微生物以及有害物质的污染，避免虫害的侵袭。同时，良好的包装还可起到延缓脂肪的氧化，避免营养成分的分解、阻止水分、香味的蒸发散逸，保持食品固有的风味、颜色和外观等作用。

食品包装材料及容器很多，最常用的是玻璃、塑料、纸、金属及陶瓷等。

（1）玻璃

玻璃种类很多，主要组成是二氧化硅、氧化钾、三氧化二铝、氧化钙、氧化锰等。张力为 $3.5\sim8.8kg/mm^2$，抗压力为 $60\sim125kg/mm^2$。玻璃传热性较差，比热较大，是铁的 1.5 倍，具有良好的化学稳定性，盛放食品时重金属的溶出性一般为 $0.13\sim0.04mg/L$，比陶瓷溶出量（$2.72\sim0.08mg/L$）低，安全性高。由于玻璃的弹性和韧性差，属于脆性材料，所以抗冲击能力较弱。

（2）塑料

目前我国规定，可用于接触食品的塑料是聚乙烯、聚丙烯、聚苯乙烯和三聚氰胺等，这些食品用塑料包装后，具有以下特点：不透气及水蒸气；内容物几乎不发生化学作用，能较长期保持内容物质量；封口简便牢固；透明，可直观地看到内容物；开启方便，包装美观，并具有质量轻、不生锈、耐腐蚀、易成型、易着色、不导电的特点。

塑料作为包装材料的主要缺点是：强度不如钢铁；耐热性不及金属和玻璃；部分塑料含有有毒助剂或单体，如聚氯乙烯的氯乙烯单体，聚苯乙烯的乙苯、乙烯；另外塑料产品中也会残留一些有害物质，如印刷油墨中的合成染料、重金属和有机溶剂等。食品包装用塑料一般禁止使用铅、氯化镉等稳定剂，相关标准指标中的重金属即与此有关；另外塑料易带静电；废弃物处理困难，易造成公害等。

（3）纸

纸是食品行业使用最广泛的包装材料，大致可分为内包装和外包装两种，内包装有原纸、脱蜡纸、玻璃纸、锡纸等。外包装主要是纸板、印刷纸等。纸包装简便易行，表面可印刷各种图案和文字，形成食品特有标识。包装废弃纸易回收，再生产其他用途纸。

纸包装的以上优点使其受到广泛的青睐，但它也有不足之处，如刚性不足、密封性、抗湿性较差；涂胶或者涂蜡处理包装用纸的蜡纯净度还有一些不能达到标准要求，经过荧光增白剂处理的包装纸及原料中都含有一定易使食品受到污染的化学物。只有不断改进纸的性能，开发新的产品才能适应新产品日新月异的包装要求。

（4）金属

在食品领域，金属容器大量地被用来盛装食品罐头、饮料、糖果、饼干、茶叶等等。金属容器的材料基本上可分为钢系和铝系两大类。金属以各种形式及规格的罐包装，主要采用全封闭包装，包装避光、避气、避微生物，产品保质期长，易储藏运输，有的金属罐表面还能彩印，外形美观。这种包装形式，从保藏食品角度看，是最好的包装形式之一。金属容器较纸和塑料重，成本相对也较高。由于金属材料的化学稳定性较差，耐酸、碱能力较弱，特别易受酸性食品的腐蚀。因此，常需内涂层来保护，但内涂层在出现缝隙、弯曲、折叠时也可能有溶出物迁移到食品内，这是金属材料的缺点。

（5）陶瓷

陶瓷是我国使用历史最悠久的一类包装容器材料，其具有耐火、耐热、隔热、耐酸、透气性低等优点，可制成形状各异的瓶、罐、坛等。由于陶瓷原料丰富，废弃物不污染环境，与其他材料相比，更能保持食品的风味，包装更具民族特色，因而颇受消费者欢迎。然而，陶瓷容器易破碎，且通常质量较大，携带不便，同时不透明，无法对包装在内的食品进行观察，生产率低且一般不能重复使用，所以成本较高；另外，从安全角度而言，陶瓷制品在制作过程中必须上釉，而所使用釉彩含有较高浓度的铅（Pb）、镉（Cd）等重金属，与食品接触时表层釉可能会有铅、镉的溶出，造成食品污染，对人体健康造成危害。陶瓷的这些缺点，在一定程度上限制了其在食品包装中的应用。

9.2.2　食品包装材料检测技术

食品包装材料和容器的检测是保证食品包装安全的技术基础，是贯彻执行相关包装标准的保证。为了这个目的，各国制定的食品接触材料和容器的包装标准都具有可操作性，并制定了与之配套的相应的检测方法。

1. 食品包装材料蒸发残渣分析

(1)方法目的

模拟检测水、酸、酒、油等食品接触包装材料后的溶出情况。

(2)原理

蒸发残渣是指样品经用各种浸泡液浸泡后,包装材料在不同浸泡液中的溶出量。用水,4％乙酸,65％乙醇,正己烷4种溶液模拟水、酸、酒、油四类不同性质的食品接触包装材料后包装材料的溶出情况。

(3)适用范围

聚乙烯、聚苯乙烯、聚丙烯为原料制作的各种食具、容器及食品包装薄膜或其他各种食品用工具、管道等制品。

(4)试剂材料

水,4％乙酸,65％乙醇,正己烷,移液管等。

(5)仪器设备

烘箱,干燥器,水浴锅,天平等。

(6)分析步骤

①取样。

每批按1‰取样品,小批时取样数不少于10只(以500mL/只计:小于500mL/只时,样品应相应加倍取量),样品洗净备用。用4种浸泡液分别浸泡2h。按每平方厘米接触面积加入2ml浸泡液;或在容器中加入浸泡液至2/3～4/5容积。浸泡条件:60℃水,保温2h;60℃的4％乙酸,保温2h;65％乙醇室温下浸泡2h;正己烷室温下浸泡2h。

②测定。

取各浸泡液200ml,分次置于预先在100℃±5℃干燥至恒重的50ml玻璃蒸发皿或恒重过的小瓶浓缩器中,在水浴上蒸干,于100℃±5℃干燥2h,在干燥器中冷却0.5h后称量,再于100℃±5℃干燥1h,取出,在干燥器中冷却0.5h,称量。

(7)结果参考计算

$$X = (m_1 - m_2) \times 1000/200$$

式中:X——样品浸泡液蒸发残渣,mg/L;m_1——样品浸泡液蒸发残渣质量,mg;m_2——空白浸泡液的质量,mg。计算结果保留3位有效数字。

(8)方法分析与评价

①浸泡实验实质上是对塑料制品的迁移性和浸出性的评价。当直接接触时包装材料中所含成分(塑料制品中残存的未反应单体以及添加剂等)向食品中迁移,浸泡试验对上述迁移进行定量的评价,即了解在不同介质下,塑料制品所含成分的迁移量的多少。

②蒸发残渣代表向食品中迁移的总可溶性及不溶性物质的量,它反映食品包装袋在使用过程中接触到液体时析出残渣、重金属、荧光性物质、残留毒素的可能性。

③因加热等操作,一些低沸点物质(如乙烯、丙烯、苯乙烯、苯及苯的同系物)将挥发散逸,沸点较高的物质(二聚物、三聚物,以及塑料成形加工时的各种助剂等)以蒸发残渣的形式滞留下来。应当指出,实际工作中蒸发残渣往往难以衡量。因此,仅要求在2次烘干后进行称量。

④在重复条件下获得的两次独立测定结果的绝对差值不得超过算术平均值的 10%。

2. 食品包装材料脱色试验分析

（1）适用范围

适用于聚乙烯、聚氯乙烯、聚苯乙烯、聚丙烯树脂以及这些物质为原料制造的各种食具、容器及食品包装薄膜或其他各种食品用工具、用器等制品。

（2）方法目的

以感官检验，了解着色剂向浸泡液迁移的情况。

（3）原理

食品接触材料中的着色剂溶于乙醇、油脂或浸泡液，形成肉眼可见的颜色，表明着色剂溶出。

（4）试剂材料

冷餐油，65%乙醇，棉花，四种浸泡液（水、4%乙酸、65%乙醇、正己烷）。

（5）分析步骤

取洗净待测食具一个，用沾有冷餐油、乙醇(65%)的棉花，在接触食品部位的小面积内，用力往返擦拭 100 次。用四种浸泡液进行浸泡，浸泡条件：60℃水，保温 2h；60℃ 的 4% 乙酸，保温 2h；65%乙醇室温下浸泡 2h；正己烷室温下浸泡 2h。

（6）结果判断

棉花上不得染有颜色，否则判为不合格。四种浸泡液（水、4%乙酸、65%乙醇、正己烷）也不得染有颜色。

（7）方法分析与评价

塑料着色剂多为脂溶性，但也有溶于 4%乙酸及水的，这些溶出物往往是着色剂中有色不纯物。着色剂迁移至浸泡液或擦拭试验有颜色脱落，均视为不符合规定。日本脱色试验是将四种浸泡液（水、4%乙酸、20%乙醇、正庚烷）置于 50ml 比色管中，在白色背景下，观察其颜色，以判断着色剂是否从聚合物迁移至食品中。

3. 食品包装材料重金属分析

（1）适用范围

适用于以聚乙烯、聚氯乙烯、聚丙烯、聚苯乙烯树脂及这些物质为原料制造的各种食具、容器及食品用包装薄膜或其他各种食用工具、用器等制品中的重金属溶出量检测。

（2）方法目的

模拟检测酸性物质接触包装材料后重金属的溶出情况。

（3）原理

浸泡液中重金属（以铅计）与硫化钠作用，在酸性溶液中形成黄棕色硫化铅，与标准比较不得更深，即表示重金属含量符合要求。

（4）试剂

①硫化钠溶液：称取 5.0g 硫化钠，溶于 10ml 水和 30ml 甘油的混合液中，或将 30ml 水和 90ml 甘油混合后分成二等份，一份加 5.0g 氢氧化钠溶解后通入硫化氢气体（硫化铁加稀盐

酸)使溶液饱和后,将另一份水和甘油混合液倒入,混合均匀后装入瓶中,密塞保存。

②铅标准溶液:准确称取 0.0799g 硝酸铅,溶于 5ml 的 0％硝酸中,移入 500ml 容量瓶内,加水稀释至刻度。此溶液相当于 100μg/mL 铅。

③铅标准使用液:吸取 10ml 铅标准溶液,置于 100ml 容量瓶中,加水稀释至刻度。此溶液相当于 10μg/mL 铅。

(5)仪器设备

天平、容量瓶、比色管等。

(6)分析步骤

吸取 20ml 的 4％乙酸浸泡液于 50ml 比色管中,加水至刻度;另取 2ml 铅标准使用液加入另一 50ml 比色管中,加 20ml 的 4％乙酸溶液,加水至刻度混匀。两比色管中各加硫化钠溶液 2 滴,混匀后,放 5min,以白色为背景,从上方或侧面观察,样品呈色不能比标准溶液更深。

(7)结果参考计算

若样品管呈色大于标准管样品,重金属(以 Pb 计)报告值＞1。

(8)方法分析与评价

①从聚合物中迁移至浸泡液的铅、铜、汞、锑、锡、砷、镉等重金属的总量,在本试验条件下,能和硫化钠生成金属硫化物(呈现褐色或褐色)的上述重金属,均以铅计。

②对铅而言本法灵敏度为 10～20μg/50ml。

③食品包装用塑料材料的重金属来源有两方面,首先,塑料添加剂(如稳定剂、填充剂、抗氧化剂等)使用不当。如硬脂酸铅、镉化合物,用于食品包装树脂;含重金属的化合物作为颜料或着色剂,都将使聚合物重金属增量。其次,聚合物生产过程中的污染,也能使聚合物含有较高的重金属,如管道、机械、器具的污染。

④食品包装材料中重金属其他分析技术可参考原子吸收光谱法和原子荧光光谱法等技术。

4. 食品包装材料中丙烯腈残留气相色谱法检测技术

食品包装材料(塑料、树脂等聚合物)中的未聚合的单体、中间体或残留物进入食品,往往造成食品的污染。丙烯腈聚合物中的丙烯腈单体,由于具有致癌作用,关于以丙烯腈(AN)为基础原料的塑料包装材料对食品包装的污染问题已受到广泛关注。有研究曾对此类包装材料中的奶酪、奶油、椰子乳、果酱等进行了分析,证明丙烯腈能从容器进入食品,并证明在这些食品中丙烯腈的分布是不均匀的。我国食品用橡胶制品安全标准中规定了接触食品的片、垫圈、管以及奶嘴制品中残留丙烯腈单体的限量。以下介绍顶空气相色谱法(HP-GC)测定丙烯腈-苯乙烯共聚物(AS)和丙烯腈-丁二烯-苯乙烯共聚物(ABS)中残留丙烯腈,分别采用氮-磷检测器法(NPD)和氢火焰检测器法(FID)。

(1)适用范围

适用于丙烯腈-苯乙烯以及丙烯腈-丁二烯-苯乙烯树脂及其成型品中残留丙烯腈单体的测定,也适用于橡胶改性的丙烯腈-丁二烯——苯乙烯树脂及成型品中残留丙烯腈单体的测定。

(2)方法目的

了解气相色谱检测食品包装材料的片、垫圈、管及奶嘴制品中残留丙烯腈单体的方法。

(3)原理

将试样置于顶空瓶中,加入含有已知量内标物丙腈(PN)的溶剂,立即密封,待充分溶解后将顶空瓶加热使气液平衡后,定量吸取顶空气进行气相色谱(NPD)测定,根据内标物响应值定量。

(4)试剂材料

①溶剂 N,N-二甲基甲酰胺(DMF)或 N,N-二甲基乙酰胺(DMA),要求溶剂顶空色谱测定时,在丙烯腈(AN)和丙腈(PN)的保留时间处不得出现干扰峰。

②丙腈、丙烯腈均为色谱级。丙烯腈标准贮备液:称取丙烯腈 0.05g,加 N,N-二甲基甲酰胺稀释定容至 50ml,此储备液每毫升相当于丙烯腈 1.0mg,贮于冰箱中。丙烯腈标准浓度:吸取储备液 0.2ml、0.4ml、0.6ml、0.8ml、1.6ml。分别移入 10ml 容量瓶中,各加 N,N-二甲基甲酰胺稀释至刻度,混匀(丙烯腈浓度 $20\mu g$,$40\mu g$,$60\mu g$,$80\mu g$,$160\mu g$)。

③溶液 A。准备一个含有已知量内标物(PN)聚合物溶剂。用 100ml 容量瓶,事先注入适量的溶剂 DMF 或 DMA 稀释至刻度,摇匀,即得溶液 A。计算出溶液 A 中 PN 的浓度(mg/mL)。

④溶液 B。准确移取 15ml 溶液 A 置于 250ml 容量瓶中,用溶剂 DMF 或 DMA 稀释到体积刻度,摇匀,即得溶液 B。此液每月配制一次,如下计算溶液 B 中 PN 的浓度:

$$c_B = c_A \times 15/250$$

式中:c_A——溶液 B 中 PN 浓度,mg/mL;c_B——溶液 A 中 PN 浓度,mg/mL。

⑤溶液 C。在事先置有适量溶剂 DMF 或 DMA 的 50ml 容量瓶中,准确称入约 150mg 丙烯腈(AN),用溶剂 DMF 或 DMA 稀释至体积刻度,摇匀,即得溶液 C。计算溶液 C 中 AN 的浓度(mg/mL)。此溶液每月配制 1 次。

(5)仪器设备

气相色谱仪,配有氮-磷检测器的。最好使用具有自动采集分析顶空气的装置,如人工采集和分析,应拥有恒温浴,能保持 $90℃ \pm 1℃$;采集和注射顶空气的气密性好的注射器;顶空瓶瓶口密封器;5.0ml 顶空采样瓶;内表面覆盖有聚四氟乙烯膜的气密性优良的丁基橡胶或硅橡胶。

(6)气相色谱条件

色谱柱:3mm×4m 不锈钢质柱,填装涂有 159% 聚乙二醇-20M 的 101 白色酸性担体(60～80 目);柱温:130℃;汽化温度:180℃;检测器温度:200℃;氮气纯度:99.999%,载气氮气(N_2)流速:25～30mL/min;氢气经干燥、纯化;空气经干燥、纯化。

(7)分析步骤

①试样处理。

称取充分混合试样 0.5g 于顶空瓶中,向顶空瓶中加 5ml 溶液 B,盖上垫片、铝帽密封后,充分振摇,使瓶中的聚合物完全溶解或充分分散。

②内标法校准。

于 3 只顶空气瓶中各移入 5ml 溶液 B,用垫片和铝帽封口;用一支经过校准的注射器,通过垫片向每个瓶中准确注入 $10\mu l$ 溶液 C,摇匀,即得工作标准液,计算标准液中 AN 的含量 m_i 和 PN 的含量 m_s。

$$m_i = V_c \times c_{AN}$$

式中：m_i——工作标准液中 AN 的含量，单位为 mg；V_c——溶液 C 的体积，单位为 ml；c_{AN}——溶液 C 中 AN 的浓度，单位为 mg/mL。

$$m_s = V_B \times c_{PN}$$

式中：m_s——工作标准液中 PN 的含量，单位为 mg；V_B——溶液 B 的体积，单位为 ml；c_{PN}——溶液 B 中 PN 的浓度，单位为 mg/mL。

取 2.0ml 标准工作液置顶空瓶进样，由 AN 的峰面积 A_i 和 PN 的峰面积 A_s 以及它们的已知量确定校正因子 R_f：

$$R_f = m_i \times A_s / (m_s \times A_i)$$

式中：R_f——校正因子；m_i——工作标准液中 AN 的含量，单位为 mg；A_s——PN 的峰面积；m_s——工作标准液中 PN 的含量，单位为 mg；A_i——AN 的峰面积。

例如：丙烯腈的质量 0.030mg，峰面积为 21633；丙腈的质量 0.030mg，峰面积为 22282。

$$R_f = 0.030 \times 22282 / (0.030 \times 21633) = 1.03$$

③测定。

把顶空瓶置于 90℃ 的浴槽里热平衡 50min。用一支加过热的气体注射器，从瓶中抽取 2ml 已达气液平衡的顶空气体，立刻由气相色谱进行分析。

（8）结果参考计算

$$c = m_s' \times A_i' \times R_f \times 1000 / (A_s' \times m)$$

式中：c——试样含量，单位为 mg/kg；A_i'——试样溶液中 AN 的峰面积或积分计数；A_s'——试样溶液中 PN 的峰面积或积分计数；m_s'——试样溶液中 PN 的量，单位为 mg；R_f——校正因子；m——试样的质量，单位为 g。

（9）方法分析与评价

①在重复性条件下获得的两次独立测定结果的绝对差值不得超过其算术平均值的 15％。本法检出限为 0.5mg/kg。

②取来的试样应全部保存在密封瓶中。制成的试样溶液应在 24h 内分析完毕，如超过 24h 应报告溶液的存放时间。

③气相色谱氢火焰检测器法（FID）分析丙烯腈可参考此方法。色谱条件为 4mm×2m 玻璃柱，填充 GDX-102（60～80 目）；柱温 170℃；汽化温度 180℃；检测器温度 220℃；载气氮气（N_2）流速 40mL/min；氢气流速 44mL/min；空气流速：500mL/min；仪器灵敏度：10^1；衰减：1。

9.3　接触材料有害物质的检测

9.3.1　食品接触材料评价

食品直接或间接接触的材料必须足够稳定，以避免有害成分向食品迁移的含量过高而威胁人类健康，或导致食品成分不可接受的变化，或引起食品感官特性的劣变。活性和智能食品接触材料和制品不应改变食品组成、感官特性，或提供有可能误导消费者的食品品质信息。评估食品接触材料的安全性，需要毒理学数据和人体暴露后潜在风险的数据。但是人体暴露数据不易获得。因此,多数情况参考迁移到食品或食品类似物的数据,假定每人每天摄入含有此种食品包装材料的食品的最大量不超过 1kg,迁移到食品中的食品包装材料越多,需要的毒理学资料越多。当食品包装材料中迁移量 5～60mg/kg 为高迁移量,介于 0.05～5mg/kg 的食品包装材料为普通迁移量,迁移量小于 0.05mg/kg 食品包装材料为低迁移量。高迁移量食品包装材料通常需进行毒理学方面的安全性评价。

由于食品接触材料中物质的迁移往往是一个漫长的过程,在真实环境下进行分析难度较大,并且也不可能总是利用真实食品来进行食品接触材料的检测,因此,国际上测定食品包装材料中化学物迁移的方法通常是根据被包装食品的特性,选用不同的模拟溶媒(也称食品模拟物),在规定的特定条件下进行试验,以物质的溶出量表示迁移量。

本节重点介绍总迁移量、几种特定重金属、聚乙烯、聚丙烯、聚酯及聚酰胺分析方法。

9.3.2 食品接触材料的总迁移量分析

总迁移量(全面迁移量)是指可能从食品接触材料迁移到食品中的所有物质的总和。

总迁移限制(OML)是指可能从食品接触材料迁移到食品中的所有物质的限制的最大数值,是衡量全面迁移量的一个指标。我国规定了总迁移试验时食品用包装材料及其制品的浸泡试验方法通则,该通则详细规定了食品种类、所采用的溶媒、迁移检测条件等。

(1)适用范围

适用于塑料、陶瓷、搪瓷、铝、不锈钢、橡胶等为材质制成的各种食品用具、容器、食品用包装材料,以及管道、样片、树脂粒料、板材等理化检验样品的预处理。

(2)方法目的

了解掌握检测食品接触材料接触不同种类食品时的总迁移量分析方法。

(3)原理

根据食品种类选用不同的溶媒浸泡接触材料,其蒸发残渣则反映了食品接触材料及其制品在包裹食品时迁移物质的总量。对中性食品选用水作溶媒,对酸性食品采用 4％醋酸作溶媒,对油脂食品采用正己烷作溶媒,对酒类食品采用 20％或 65％乙醇水溶液作溶媒。

(4)试剂材料

蒸馏水,4％醋酸,正己烷,20％或 65％乙醇溶液。

(5)仪器设备

电炉、移液管、量筒、天平、烘箱等。

(6)分析步骤

①采样。

采样时要记录产品名称、生产日期、批号、生产厂商。所采样品应完整、平稳、无变形、画面无残缺,容量一致,没有影响检验结果的疵点。采样数量应能反映该产品的质量和满足检验项目对试样量的需要。一式 3 份供检验、复验与备查或仲裁之用。

②试样的准备。

空心制品的体积测定:将空心制品置于水平桌上,用量筒注入水至离上边缘(溢面)5mm处,记录其体积,精确至±2％。易拉罐内壁涂料同空心制品测定其体积。

扁平制品参考面积的测定:将扁平制品反扣于有平方毫米的标准计算纸上,沿制品边缘画

下轮廓,记下此参考面积,以平方厘米(cm²)表示。对于圆形的扁平制品可以量取其直径,以厘米表示,参考面积计算为

$$S=[(D/2)-0.5]^2\times\pi$$

式中:S——面积,cm²;D——直径,cm;0.5——浸泡液至边缘距离,cm。

不能盛放液体的制品,即盛放液体时无法留出液面至上边缘 5mm 距离的扁平制品,其面积测定同上述扁平制品。

不同形状的制品面积测定方法举例如下。

匙:全部浸泡入溶剂。其面积为 1 个椭圆面积加 2 个梯形面积再加 1 个梯形面积总和的2 倍(图 9-1)。计算公式为

$$S=\{(Dd\pi/4)+[2\times(A+B)\times h_1/2]+[h_2\times(E+F)/2]\}\times2$$

式中:A——匙上边半圆长;B——下边半圆长;D、h_2——匙碗、匙把长度;F、E——匙把头、尾宽度;h_1——匙碗底宽;d——匙内圆宽。

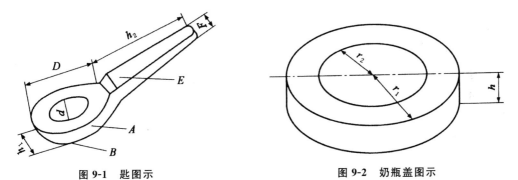

图 9-1　匙图示　　　　　　　　　　图 9-2　奶瓶盖图示

奶瓶盖:全部浸泡。其面积为环面积加圆周面积之和的 2 倍。式中字母含义见图 9-2。

$$S=2[\pi(r_1^2-r_2^2)+2\pi r_1 h]$$

碗边缘:边缘有花饰者倒扣于溶剂,浸入 2cm 深。其面积为被浸泡的圆台侧面积的 2 倍。式中各字母含义见图 9-3。

$$S=2[\pi l(r_1+r_2)]\times2=4\pi(r_1+r_2)$$

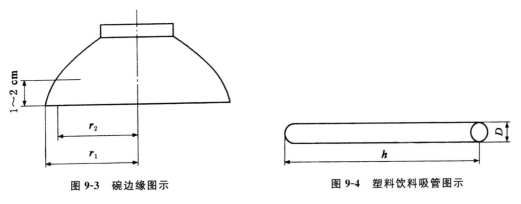

图 9-3　碗边缘图示　　　　　　　　图 9-4　塑料饮料吸管图示

塑料饮料吸管:全部浸泡。其面积为圆柱体侧面积的 2 倍。式中字母含义见图 9-4。

$$S=\pi Dh\times2$$

③试样的清洗。

试样用自来水冲洗后,用洗涤剂清洗,再用自来水反复冲洗后,然后用纯水冲 2～3 次,置烘箱中烘干。塑料、橡胶等不宜烘烤的制品,应晾干,必要时可用洁净的滤纸将制品表面水分揩吸干净,但纸纤维不得存留器具表面。清洗过的样品应防止灰尘污染,清洁的表面也不应再直接用手触摸。

④浸泡方法。

空心制品:按上法测得的试样体积准确量取溶剂加入空心制品中,按该制品规定的试验条件(温度、时间)浸泡。大于 1.1L 的塑料容器也可裁成试片进行测定。可盛放溶剂的塑料薄膜袋应浸泡无文字图案的内壁部分,可将袋口张开置于适当大小的烧杯中,加入适量溶剂依法浸泡。复合食品包装袋则按每平方厘米 2ml 计,注入溶剂依法浸泡。

扁平制品测得其面积后,按每平方厘米 2ml 的量注入规定的溶剂依法浸泡。或可采用全部浸泡的方法,其面积应以二面计算。

板材、薄膜和试片同扁平制品浸泡。

橡胶制品按接触面积每平方厘米加 2ml 浸泡液,无法计算接触面积的,按每克样品加 20ml 浸泡液。

塑制垫片能整片剥落的按每平方厘米 2ml 加浸泡液。不能整片剥落的取边缘较厚的部分剪成宽 0.3～0.5cm,长 1.5～2.5cm 的条状,称重。按每克样品加 60ml 浸泡液。

(7)结果参考计算

①空心制品:以测定所得 mg/L 表示即可。

②扁平制品。如果浸泡液用量正好是每平方厘米 2ml,则测得值即试样迁移物析出量 mg/L。

如果浸泡液用量多于或少于每平方厘米 2ml,则以测得值 mg/L 计算:

$$a = c \times V / (2 \times S)$$

式中:a——迁移物析出量,单位 mg/L;c——测得值,单位 mg/L;V——浸泡液体积,单位 ml;S——扁平制品参考面积,单位 cm^2;2——每平方厘米面积所需要的溶剂毫升数。

当扁平制品的试样析出物量用 mg/dm^2 表示时,按下式计算:

$$a = c \times V / A$$

式中:a——迁移物析出量,单位 mg/dm^2;c——测得值,单位 mg/L;V——浸泡液体积,单位 L;A——试样参考面积,单位 dm^2。

③板材、薄膜、复合食品包装袋和试片与扁平制品计算为实测面积。

(8)方法分析与评价

①浸泡液总量应能满足各测定项目的需要。例如,大多数情况下,蒸发残渣的测定每份浸泡液应不少于 200ml;高锰酸钾消耗量的测定每份浸泡液应不少于 100ml。

②用 4%乙酸浸泡时,应先将需要量的水加热至所需温度,再加入 36%乙酸,使其浓度达到 4%。

③浸泡时应注意观察,必要时应适当搅动,并清除可能附于样品表面上的气泡。

④浸泡结束后,应观察溶剂是否有蒸发损失,否则应加入新鲜溶剂补足至原体积。

⑤食品用具:指用于食品加工的炒菜勺、切菜砧板以及餐具,如匙、筷、刀、叉等。食品容器:指盛放食品的器具,包括烹饪容器、贮存器等。空心制品:指置于水平位置时,从其内部最

低点至盛满液体时的溢流面的深度大于 25mm 的制品,如碗、锅、瓶。空心制品按其容量可分为大空心制品:容量大于等于 1.1L,小于 3L 者;小空心制品:容量小于 1.1L。扁平制品:置于水平位置时,从其内部最低点至盛满液体时的溢流面的深度小于或等于 25mm 的制品,如盘、碟。贮存容器:容量大于等于 3L 的制品。

9.3.3　食品接触材料中镉、铬(Ⅵ)迁移量检测技术

在对衡量食品接触材料的化学物迁移进行评价时,除了考虑总迁移量,在塑料、陶瓷、不锈钢、铝等食品接触材料中还有一些特定物质对食品安全构成威胁,该类具体物质的迁移称为特定迁移。特定迁移限制(SML)是有关的一种物质或一组物质的特殊迁移限制,特定迁移限制往往是基于毒理学评价而确定的。譬如多个国家对不锈钢食具容器卫生标准中都规定了镉、铬(Ⅵ)的迁移溶出限制。

1. 食品接触材料中镉的迁移量原子吸收光谱法检测技术

镉是一种毒性很大的重金属,其化合物也大都属毒性物质,其在肾脏和骨骼中会取代骨中钙,使骨骼严重软化;镉还会引起胃脏功能失调,干扰人体和生物体内锌的酶系统,使锌镉比降低,而导致高血压症上升。镉毒性是潜在性的,潜伏期可长达 10～30 年,且早期不易觉察。因此,多种食品接触材料都有镉含量限制。

(1)方法目的

测定食品接触材料中镉的迁移量。

(2)原理

把 4％乙酸浸泡液中镉离子导入原子吸收仪中被原子化以后,吸收 228.8nm 共振线,其吸收量与测试液中的含镉量成比例关系,与标准系列比较定量。

(3)适用范围

适用于不锈钢、铝、陶瓷为原料制成的各种炊具、餐具、食具及其他接触食品的容器、工具、设备等。

(4)试剂材料

①4％乙酸。

②镉标准溶液:准确称取 0.1142g 氧化镉,加 4ml 冰乙酸,缓缓加热溶解后,冷却,移入 100ml 容量瓶中,加水稀释至刻度。此溶液每毫升相当于 1.00mg 镉。应用时将镉标准稀释至 10.0μg/mL。

(5)仪器设备

原子吸收分光光度计。

(6)测定条件

波长 228.8nm,灯电流 7.5mA,狭缝 0.2nm,空气流量 7.5L/min,乙炔气流量 1.0L/min,氘灯背景校正。

(7)分析步骤

①取样方法同铅。

②标准曲线制备。吸取 0ml、0.50ml、1.00ml、3.00ml、5.00ml、7.00ml、10.00ml。镉标准

使用液,分别置于 100ml 容量瓶中,用 4％乙酸稀释至刻度,每毫升各相当于 0μg、0.05μg、0.10μg、0.30μg、0.50μg、0.70μg、1.00μg 镉,根据对应浓度的峰高,绘制标准曲线。

③样品浸泡液或其稀释液,直接导入火焰中进行测定,与标准曲线比较定量。

(8)结果参考计算

$$X = A \times 1000V \times 1000$$

式中:X——样品浸泡液中镉的含量,mg/L;A——测定时所取样品浸泡液中镉的质量,μg;V——测定时所取样品浸泡液体积(如取稀释液应再乘以稀释倍数),ml。

(9)误差分析及评价

在重复性条件下获得的两次独立测定结果的绝对值不得超过算术平均值的 15％。

2. 食品接触材料中铬(Ⅵ)的迁移量分光光度法检测技术

铬有二价、三价和六价化合物,其中三价和六价化合物较常见。所有铬的化合物都有毒性,六价铬的毒性最大。六价铬为吞入性毒物/吸入性极毒物,皮肤接触可能导致敏感;更可能造成遗传性基因缺陷,对环境有持久危险性。

(1)适用范围

适用于不锈钢、铝、陶瓷为原料制成的各种炊具、餐具、食具及其他接触食品的容器、工具、设备等。

(2)方法目的

学会分光光度法测定食品接触材料中六价铬的迁移量分析原理及方法。

(3)原理

以高锰酸钾氧化低价铬为高价铬(Ⅵ),加氢氧化钠沉淀铁,加焦磷酸钠隐蔽剩余铁等,利用二苯碳酰二肼与铬生成红色络合物,与标准系列比较定量。

(4)试剂材料

①2.5mol/L 硫酸:取 70ml 优级纯硫酸边搅拌边加入水中,放冷后加水至 500ml。

②0.3％高锰酸钾溶液,20％尿素溶液,10％亚硝酸钠溶液,5％焦磷酸钠溶液,饱和氢氧化钠溶液。

③二苯碳酸二肼溶液:称取 0.5g 二苯碳酸二肼溶于 50ml 丙酮中,加水 50ml,临用时配制,保存于棕色瓶中,如溶液颜色变深则不能使用。

④铬标准溶液,称取一定量铬标准,用 4％乙酸配制浓度为 10μg/mL 铬。

(5)仪器设备

分光光度计,25ml 具塞比色管。

(6)分析步骤

①取样方法同铅测定时前处理方法,前已述及。

②标准曲线的绘制。取铬标准使用液 0ml、0.25ml、0.50ml、1.00ml、1.50ml、2.00ml、2.50ml、3.00ml,分别移入 100ml 烧杯中,加 4％乙酸至 50ml,以下同样品操作。以吸光度为纵坐标,标准浓度为横坐标,绘制标准曲线。

③测定。取样品浸泡液 50ml 放入 100ml 烧杯中,加玻璃珠 2 粒,2.5mol/L 硫酸 2ml,0.3％高锰酸钾溶液数滴,混匀,加热煮沸至约 30ml(微红色消失时,再加 0.3％高锰酸钾液呈

微红色),放冷,加 25ml 20％尿素溶液,混匀,滴加 10％亚硝酸钠溶液至微红色消失,加饱和氢氧化钠溶液呈碱性(pH9),放置 2h 后过滤,滤液加水至 100ml,混匀,取此液 20ml 于 25ml 比色管中,加 1ml 2.5mol/L 硫酸,1ml 5％焦磷酸钠溶液,混匀,加 2ml 0.5％二苯碳酸二肼溶液,加水至 25ml,混匀,放置 5min,待测。另取 4％乙酸溶液 100ml 同上操作,为试剂空白,于540nm 处测定吸光度。

(7)结果参考计算

$$X = m \times F \times 100/50 \times 20$$
$$F = V/(2S)$$

式中:X——试样浸泡液中铬含量,mg/L;m——测定时试样中相当于铬的质量,μg;F——折算成每平方厘米 2ml 浸泡液的校正系数;V——样品浸泡液总体积,ml;S——与浸泡液接触的样品面积,cm^2;2——每平方厘米 2ml 浸泡液,mL/cm^2。

(8)方法分析与评价

本方法能比较明确的确定被分析样品中元素的形态。本方法检测灵敏度略低,为0.1mg/L。

9.3.4　食品中接触材料聚丙烯检测技术

聚丙烯(PP)为丙烯的聚合物,可用于周转箱、食品容器、食品和饮料软包装、输水管道等。我国对聚丙烯树脂材料及其成型品的检测项目包括正己烷提取物、蒸发残渣、高锰酸钾消耗量、重金属和脱色试验,对重金属仅要求测定浸泡液中(4％乙酸)含量,日本、美国等国家通常还需要测定材料中的含量。对聚丙烯成型品的指标检测方法同聚乙烯成型品;对聚丙烯树脂材料仅要求检测正己烷提取物。

9.3.5　食品中接触材料聚酯检测技术

聚酯是指由多元醇和多元酸缩聚而得的聚合物总称,以聚对苯二甲酸乙二酯(PET)为代表的热塑性饱和聚酯的总称,习惯上也包括聚对苯二甲酸丁二酯(PBT)和聚 2,6-萘甲酸乙二酯(PEN)、聚对苯二甲酸 1,4-环己二甲醇酯(PCT)及其共聚物等线型热塑性树脂。由于聚酯在醇类溶液中存在一定量的对苯二甲酸和乙二醇迁出,故用聚酯盛装酒类产品应慎重。聚酯树脂及其成型品中锗、锑含量经常作为一个卫生指标进行测定;我国对聚酯类高聚物只特别规定了 PET 的理化和卫生指标,包括蒸发残渣、高锰酸钾消耗量、重金属(以 Pb 计)、锑(以 Sb 计)、脱色试验等。以下主要讲述锑、锗的检测分析方法。

1. 食品聚酯(树脂)材料中锑的石墨炉原子吸收光谱法检测技术

酯交换法合成 PET 的工艺过程分酯交换、预缩聚和高真空缩聚三个阶段,其中使用到 Sb_2O_2 作催化剂,由于 Sb 可引起内脏损害,因此 PET 树脂及其制品要测锑残留量。

(1)适用范围

树脂材料及其成型品。

(2)方法目的

对树脂材料及其成型品中的锑进行分析。

（3）原理

在盐酸介质中，经碘化钾还原后的三价锑与吡啶烷二硫代甲酸铵（APDC）络合，以 4-甲基戊酮-2（甲基异丁基酮，MIBK）萃取后，用石墨炉原子吸收分光光度计测定。

（4）试剂材料

①4％乙酸，6mol/L 盐酸，10％碘化溶液（1 临用前配），4-甲基戊酮-2（MIBK）。

②0.5％吡啶烷二硫代甲酸铵（APDC）：称取 APDC 0.5g 置 250ml 具塞锥形瓶内，加水 10ml，振摇 1min，过滤，滤液备用（临用前配置）。

③锑标准储备液：称取 0.2500g 锑粉（99.99％），加 25ml 浓硫酸，缓缓加热使其溶解，将此液定量转移至盛有约 100ml 水的 500ml 容量瓶中，以水稀释至刻此中间液 1ml 相当于 $5\mu g$ 锑。取储备液 1.00ml，以水稀释至 100ml。此中间液 1ml 相当于 $5\mu g$ 锑。

④锑标准使用液：取中间液 10ml，以水稀释至 100ml。此液 1ml 相当于 $0.5\mu g$ 锑。

（5）仪器设备

原子分光光度计；石墨炉原子化器。

（6）仪器工作条件

波长：231.2nm；等电流：20mA；狭缝：0.7nm；背景校正方式：塞曼/灯；测量方式：峰面积；积分时间：5s；石墨炉工作条件见表 9-1。

表 9-1　石墨炉工作条件

步骤	温度/℃	升温时间/s	保持时间/s	气体流量/(mL/min)
干燥	120	10	10	300
灰化	1000	10	10	300
原子化	2650	3	2	0
清除	2650	1	1	300

（7）分析步骤

①试样处理。

树脂（材质粒料）：称取 4.00g（精确至 0.01g）试样于 250ml 具回流装置的烧瓶中，加入 4％乙酸 90ml 接好冷凝管，在沸水浴上加热回流 2h，立即用快速滤纸过滤，并用少量 4％乙酸洗涤滤渣，合并滤液后定容至 100ml，备用。

成型品：按成型品表面积 1cm² 加入 2ml 的比例，以 4％乙酸于 60℃ 浸泡 30min（受热容器则 95℃，30min），取浸泡液作为试样溶液备用。

②标准曲线制作。

取锑标准使用液 0.0ml、1.0ml、2.0ml、3.0ml、4.0ml、5.0ml（相当于 $0.0\mu g$、$0.5\mu g$、$1.0\mu g$、$1.5\mu g$、$2.0\mu g$、$2.5\mu g$ 锑），分别置于预先加有 4％乙酸 20ml 的 125ml 分液漏斗中，以 4％乙酸补足体积至 50ml。分别依次加入碘化钾溶液 2ml，6mol/L 盐酸 3ml 混匀后放置 2min 然后分别加入 AP-DC 溶液 10ml，混匀，各加 MIBK 10ml。剧烈振摇 1min 静置分层，弃除水相，以少许脱脂棉塞入分液漏斗下颈部，将 MIBK 层经脱脂棉滤至 10ml 具塞试管中，取有机相 $20\mu l$ 按仪器工作条件（表 9-1，萃取后 4h 内完成测定），作吸收度-锑含量标准曲线。

③试样测定。

取试样溶液 50ml,置 125ml 分液漏斗中,另取 4％乙酸 50ml 作试剂空白,分别依次加入碘化钾溶液 2ml,6mol/L 盐酸 3ml,混匀后放置 2min,然后分别加入 APDC 溶液 10ml,混匀,各加棉塞入分液漏斗下颈部,将 MIBK 层经脱脂棉滤至 10ml 具塞试管中,取有机相 20μl 按仪器工作条件测定,在标准曲线上查得样品溶液的 Sb 的含量。

(8)结果参考计算

$$X = (A - A_0) \times F / V$$

式中:X——浸泡液或回流液中锑的含量,μg/mL;A——所取样液中锑测得量,μg;A_0——试剂空白液中锑测得量,μg;V——所取试样溶液的体积,ml;F——浸泡液或回流液稀释倍数。

(9)方法评价与分析

①本方法是检测锑的通用方法,对陶瓷、玻璃等其他材料及成型品中的锑同样适用。Ca^{2+}、Mg^{2+}、Cl^-、SO_4^{2+}、NO_3^- 等在 250mg/L、400mg/L、150mg/L、100mg/L、300mg/L 的质量浓度下对锑的测定均无干扰。

②除了原子吸收法,树脂中锑含量的检测还可采用孔雀绿分光光度法,其原理是用 4％乙酸将样品中浸提出来,酸性条件下先将锑离子全部还原三价,然后再氧化为五价锑离子后者能与孔雀绿生成有色络合物,在一定 pH 值介质中能被乙酸异戊酯萃取,分光分析定量。

2. 食品中聚酯树脂中锗分光光度法检测技术

(1)适用范围

食品包装用聚酯树脂及其成型品。

(2)方法目的

掌握食品包装用聚酯树脂及其成型品中锗的分光光度法测定。

(3)原理

聚酯树脂的乙酸浸泡液,在酸性介质中经四氯化碳萃取,然后与苯芴酮络合,在 510nm 下分光光度测定。

(4)试剂材料

①盐酸,硫酸,乙醇,四氯化碳,过氧化氢。

②盐酸-水(1∶1),硫酸-水(1∶6),4％乙酸溶液,40％氢氧化钠溶液。

③8mol/L 盐酸溶液。量取 400ml 盐酸,加水稀释至 600ml。

④0.04％苯芴酮溶液。称取 0.04g 苯芴酮,加 75ml 乙醇溶解,加 5ml 硫酸-水(1∶6),微微加热使充分溶解,冷却后,加乙醇至总体积为 100ml。

⑤锗的储备液。在小烧杯中称取 0.050g 锗,加 2ml 浓硫酸,加 0.2ml 过氧化氢,小心加热煮沸,再补加 3ml 浓硫酸,加热至冒白烟。冷却后,加 40％氢氧化钠溶液 3ml。锗全部溶解后,小心滴加 2ml 浓硫酸,使溶液变成酸性,定量转移至 100ml 容量瓶中,并加水稀释至刻度,此溶液含锗 0.5mg/mL;取此液 1.0ml 置于 100ml 容量瓶中,加 2ml 盐酸-水(1∶1),用水定容,此液含锗 5μg/mL。

(5)仪器

分光光度计。

（6）分析步骤

①样品前处理。

树脂（材质粒料）：精密称取约 4g 样品于 250ml 回流装置的烧瓶中，加入 4％乙酸 90ml，接好冷凝管，在沸水浴上加热回流 2h，立即用快速滤纸过滤，并用少量 4％乙酸洗涤滤渣，合并滤液后定容至 100ml，备用。

成型品：以 2ml/cm² 比例将成型品浸泡在 4％乙酸溶液中，于 60℃下浸泡 30min，取浸泡液作为试样溶液备用。

②标准曲线制作。

取标准使用液 0ml、0.5ml、1.0ml、1.5ml、2.0ml（相当于锗含量 0μg、2.5μg、5.0μg、7.5μg、10.0μg）。分别置于预先已有 8mol/L 盐酸溶液 90ml 的 6 只分液漏斗中，加入 10ml 四氯化碳，充分振摇 1min，静置分层。取有机相 5ml，置于 10ml 具塞比色管中，加入 0.04％苯芴酮溶液 1ml，然后加乙醇至刻度，充分混匀后，在 510nm 波长下测定吸光度，以锗浓度为横坐标，吸光度为纵坐标绘制标准曲线。

③样品测定。

取处理好的试样溶液 50ml 置 100ml 瓷蒸发皿，加热蒸发至近干，用 8mol/L 盐酸溶液 50ml，分次洗残渣至分液漏斗中，然后加入 10ml 四氯化碳，充分振荡 1min，取有机相 5ml，置于 10ml 具塞比色管中，加入 0.04％苯芴酮溶液 1ml，然后加乙醇至刻度，充分混匀后，测定吸光度，从标准曲线查出相应的锗含量。

（7）结果参考计算

①成型品。

$$X = A \times F/V$$

式中：X——成型品中锗含量，mg/L；A——测定时所取样品浸泡液中锗的含量，μg；V——测定时所取样品浸泡液体积，ml；F——换算成 2mL/cm² 的系数。

②树脂。

$$X = A \times V_1/(m \times V_2)$$

式中：X——树脂中锗的含量，mg/kg；m——树脂质量，g；V_1——定容体积，ml；V_2——测定时所取试样体积，ml。

（8）方法分析与评价

①本方法的最低检出限为 0.020μg/mL，但苯芴酮显色剂的选择性、稳定性较差，有时选用表面活性剂进行增溶、增敏、增稳。

②除了本法，锗的分析还可以采用原子吸收法，极谱法，荧光法等其他方法。

9.3.6 食品中接触材料聚酰胺检测技术

聚酰胺俗称尼龙，尼龙中的主要品种是尼龙 6 和尼龙 66，占绝对主导地位。尼龙树脂大都无毒，但树脂中的单体-己内酰胺含量过高时不宜长期与皮肤或食物接触，对于 50kg 体重成人，安全摄入量为 50mg/d，食品中的允许浓度为 50mg/kg。我国允许作为食品包装的尼龙是尼龙 6，颁布了多项与尼龙 6 树脂及制品相关的标准，成型品要求进行己内酰胺单体、蒸发残渣、高锰酸钾消耗量、重金属（以 Pb 计）、脱色试验等检测项目，下面主要介绍己内酰胺单体监测方法。

(1)方法目的

掌握尼龙 6 树脂或成型品中己内酰胺单体含量的检测方法。

(2)原理

尼龙 6 树脂或成型品经沸水浴浸泡提取后,试样中己内酰胺溶解在浸泡液中,直接用液相色谱分离测定,以保留时间定性、峰高或峰面积定量。

(3)适用范围

尼龙 6 树脂或成型品。

(4)试剂材料

①己内酰胺标准储备液:准确称取 0.100g 己内酰胺,用水溶解后稀释定容至 100ml,此溶液 1ml 含 1.0mg 己内酰胺(在冰箱内可保存 6 个月)。

②乙腈,色谱纯。

(5)仪器

液相色谱仪,配紫外检测器。

(6)色谱分析条件

色谱柱:$\Phi 4.6mm \times 150mm \times 10\mu m$,$C_{18}$ 反相柱;UV 检测器波长 210nm;灵敏度 0.5AUFS;流动相为 11% 乙腈水溶液;流速 1.0ml/min 或 2.0ml/min;进样体积 $10\mu l$。

(7)分析步骤

①采样和样品前处理。

按照聚乙烯采样和前处理方法进行。

②己内酰胺标准曲线。

取 1.0mg/mL 己内酰胺标准储备液,用蒸馏水稀释成 $1.0\mu g/mL$、$5.0\mu g/mL$、$10.0\mu g/mL$、$50.0\mu g/mL$、$100.0\mu g/mL$、$200.0\mu g/mL$,取 $10\mu l$ 注入色谱仪,以标准浓度为横坐标,以色谱峰面积或峰高为纵坐标绘制标准曲线。

③测定。

树脂:称取树脂试样 5.0g,按 1g 试样加蒸馏水 20ml 计,加入蒸馏水 100ml 于沸水浴中浸泡 1h 后,放冷至室温,然后过滤于 100ml 容量瓶中定容至刻度,浸泡液经 $0.45\mu m$ 滤膜过滤,按标准曲线色谱条件进行分析,根据峰高或峰面积,从标准曲线上查出对应含量。

成型品:丝状等成型品试样处理同树脂。其他成型品按 $1cm^2$ 加 2ml 蒸馏水计,试样处理同树脂。

(8)结果参考计算

①树脂的己内酰胺含量。

$$X = A \times V_2 \times 1000 / (m_1 \times V_1 \times 1000)$$

式中:X——树脂样品己内酰胺含量,mg/kg;A——试样相当标准含量,μg;m——树脂质量,g;V_1——进样体积,ml;V_2——浸泡液定容体积,ml。

②成型品的己内酰胺含量。

$$X = A \times 1000 / V \times 1000$$

式中:X——样品的己内酰胺含量,mg/L;A——试样相当标准含量,pg;m——树脂质量,g;

V——进样体积,ml。

（9）方法分析与评价

①该法最低检测浓度可达 0.5g/L。

②己内酰胺的测定也可采用羟肟酸铁比色法,该法操作烦琐,分析时间长,形成的铁络合物颜色稳定性差,灵敏度只能达到 2g/L。

第10章　有害微生物的快速检测技术

10.1　大肠杆菌的快速检测技术

现阶段,随着人们对食品的需求量越来越大,食品中所含有的有害微生物对食品的品质和人类身体健康造成的损害也日趋严重。现在人们已经查明的有害微生物主要包括沙门氏菌、大肠杆菌、金黄色葡萄球菌、李斯特氏菌、致病弧菌等种类。

传统的检测方法主要有非选择性和选择性增菌、生长法及血清学鉴定法,缺点是耗费的时间比较长,容易受外界因素的影响。现在人们已经开发出了快速高效的新型检测技术,主要有PCR(聚合酶链反应)技术、酶联免疫吸附测定(简称ELISA)、荧光免疫测定技术、蛋白质芯片快速检测技术、DNA芯片快速检测技术等等,都具有非常大的使用价值。

10.1.1　大肠菌群的快速检测

大肠菌群并非细菌学分类命名,而是卫生细菌领域的用语,它不代表某一个或某一属细菌,而指的是具有某些特性的一组与粪便污染有关的细菌,这些细菌在生化及血清学方面并非完全一致,其定义为:需氧及兼性厌氧,在37℃、24h能分解乳糖产酸产气的革兰氏阴性无芽孢杆菌,包括肠杆菌科的埃希氏菌属、柠檬酸杆菌属、肠杆菌属及克雷伯菌属。大肠菌群中以埃希氏菌属为主,称为典型大肠杆菌。其他三属习惯上称为非典型大肠杆菌。

大肠菌群已被许多国家用作食品质量鉴定的指标,我国一般用相当于100g或100ml食品中大肠杆菌可能存在的数量表示,简称大肠菌群最可能数(MPN)。

大肠菌群MPN的食品卫生学意义有两方面,一方面,它可作为粪便污染食品的指标菌。如食品中检出了大肠菌群,则表明该食品曾受到人与温血动物粪便的污染。在排出体外的粪便中,初期以典型大肠杆菌占优势,两周后典型大肠杆菌在外界环境的影响下可发生变异,故若主要检出典型大肠杆菌,说明该食品受到粪便近期污染,若主要检出非典型大肠杆菌则提示食品受到粪便的陈旧污染。另一方面,它可作为肠道致病菌污染食品的指标菌。食品安全性的主要威胁是肠道致病菌,如沙门氏菌属等。如要对食品逐批或经常检验肠道致病菌有一定困难,特别是当食品中致病菌含量极少时,往往不能检出。由于大肠菌群在粪便中存在的数量较大(约占2%),容易检测,与肠道致病菌来源又相同,而且一般条件下在外界环境中生存时间也与主要肠道致病菌相近,故常用来作为肠道致病菌污染食品的指标菌。当食品中检出大肠菌群时,肠道致病菌就有存在的可能性。大肠菌群MPN数值愈高,肠道致病菌存在的可能性就愈大。

1. 最可能数(MPN)法

(1)适用范围
适用于各类食品、纯净水等样品中大肠菌群数测定。

（2）原理

大肠菌群可产生 β-半乳糖苷酶，分解液体培养基中的酶底物-4-甲基伞型酮-β-D-半乳糖苷（MUGal），使 4-甲基伞型酮游离，因而在 366nm 的紫外光灯下呈现蓝色荧光。

（3）试剂材料

磷酸盐缓冲液，生理盐水，MUGal 肉汤。

（4）仪器设备

培养箱，冰箱，电子天平，均质器或乳钵，平皿，试管，吸管，广口瓶或三角瓶，玻璃珠，试管架，紫外灯（波长 366nm）。

（5）操作步骤

①样品的制备。

以无菌操作取 25g(ml)样品，加于含 225ml 无菌磷酸盐缓冲液（或生理盐水）的广口瓶（或三角瓶）内（瓶内预置适当数量的玻璃珠），充分振摇或用均质器以 8000～10000r/min 均质 1min，成 1：10 稀释液。用 1ml 无菌吸管吸取 1：10 样品稀释液 1.0ml，注入含 9.0ml 无菌磷酸盐缓冲液（或生理盐水）的试管内，振摇均匀，即成 1：100 样品稀释液。另取 1.0ml 无菌吸管，按上法制备 10 倍递增样品稀释液。每递增一次，换一支 1.0ml 无菌吸管。

②接种。

将待检样品和样品稀释液接种 MUGal 肉汤管，每管 1.0ml，每个样品选择三个连续稀释度，每个稀释度接种 3 管培养基。同时另取 2 支 MUGal 肉汤管加入与样品稀释液等量的上述无菌磷酸盐缓冲液（或生理盐水）作空白对照。

③培养。

将接种后的培养管置于 37℃±1℃培养箱培养 18～24h。

（6）结果判定

①将培养后的培养管置于暗处，用波长 366nm 的紫外光灯照射，如显蓝色荧光，为大肠菌群阳性管；如未显蓝色荧光，则为大肠菌群阴性管。

②结果报告：根据大肠菌群阳性管数，查 MPN 检索表（表 10-1），报告每 100ml（g）食品中大肠菌群 MPN 值。

表 10-1　大肠菌群最可能数（MPN）检索表

阳性管数			MPN100ml(g)	95％可信限	
1ml(g)×3	0.01ml(g)×3	0.01ml(g)×3		上限	下限
0	0	0	＜30	＜5	90
0	0	1	30	＜5	90
0	0	2	60	＜5	90
0	0	3	90	＜5	90
0	1	0	30	＜5	130
0	1	1	60	＜5	130
0	1	2	90	＜5	130

续表

阳性管数			MPN100ml(g)	95%可信限	
1ml(g)×3	0.01ml(g)×3	0.01ml(g)×3		上限	下限
0	1	3	120	<5	130
0	2	0	60	—	—
0	2	1	90	—	—
0	2	2	120	—	—
0	2	3	160	—	—
0	3	0	90	—	—
0	3	1	130	—	—
0	3	2	160	—	—
0	3	3	190	—	—
1	0	0	40	<5	200
1	0	1	70	10	210
1	0	2	110		
1	0	3	150		
1	1	0	70	10	200
1	1	1	110	30	210
1	1	2	150		
1	1	3	190		
1	2	0	110	30	360
1	2	1	150		
1	2	2	200		
1	2	3	240		
1	3	0	160	—	—
1	3	1	200	—	—
1	3	2	240	—	—
1	3	3	290	—	—
2	0	0	90	10	360
2	0	1	140	30	370
2	0	2	200	30	440
2	0	3	260	70	890
2	1	0	150	40	470

续表

阳性管数			MPN100ml(g)	95%可信限	
1ml(g)×3	0.01ml(g)×3	0.01ml(g)×3		上限	下限
2	1	1	200	100	1500
2	1	2	270	—	—
2	1	3	340	—	—
2	2	0	210	—	—
2	2	1	280	—	—
2	2	2	350		
2	2	3	420		
2	3	0	290	—	—
2	3	1	360	—	—
2	3	2	440	—	—
2	3	3	530	—	—
3	0	0	230	40	1200
3	0	1	390	70	1300
3	0	2	640	150	3800
3	0	3	950		
3	1	0	430	70	2100
3	1	1	750	140	2300
3	1	2	1200	300	3800
3	1	3	1600		
3	2	0	930	150	3800
3	2	1	1500	300	4400
3	2	2	2100	350	4700
3	2	3	2900		
3	3	0	2400	360	13000
3	3	1	4600	710	24000
3	3	2	11000	1500	48000
3	3	3	≥24000		

注:①本表采用3个稀释度[1ml(g)、0.1ml(g)、0.01ml(g)],每个稀释度3管。

②表内所列检样量如改用10ml(g)、1ml(g)和0.1ml(g)时,表内数据相应降低10倍;如改用0.1ml(g)、0.01ml(g)和0.001ml(g)时,表内数据相应增加10倍,其余类推。

2. 平板法

(1)适用范围

适用于各类食品、纯净水等样品中大肠菌群数测定。

(2)原理

大肠菌群可产生 β-半乳糖苷酶,分解培养基中的酶底物——茜素-β-D 半乳糖苷(以下简称 Aliz-gal),使茜素游离并与固体培养基中的铝、钾、铁、铵离子结合形成紫色(或红色)的螯合物,使菌落呈现相应的颜色。

(3)试剂材料

磷酸盐缓冲液,生理盐水,Aliz-gal 琼脂。

(4)仪器设备

培养箱,冰箱,天平,均质器或乳钵,平皿,试管,吸管,广口瓶或三角瓶,玻璃珠,试管架。

(5)操作步骤

①样品的制备。

以无菌手续取 25g(ml)样品,加于含 225ml 无菌磷酸盐缓冲液(或生理盐水)的广口瓶(或三角瓶)内(瓶内预置适当数量的玻璃珠),充分振摇或用均质器以 8000～10000r/min 均质 1min,成 1：10 稀释液。用 1ml 无菌吸管吸取 1：10 样品稀释液 1.0ml,注入含 9.0ml 无菌磷酸盐缓冲液(或生理盐水)的试管内。振摇均匀,即成 1：100 样品稀释液。另取 1.0ml 无菌吸管,按上法制备 10 倍递增样品稀释液。每递增一次,换一支 1.0ml 无菌吸管。

②接种。

用灭菌吸管吸取待检样液 1.0ml,加入无菌平皿内。每个样品选择三个连续稀释度,每个稀释度接种两个平皿。于每个加样平皿内倾注 15ml、45～50℃的 Aliz-gal 琼脂,迅速轻轻转动平皿,使混合均匀。待琼脂凝固后,再倾注 3～5ml Aliz-gal 琼脂覆盖表面。同时将 Aliz-gal 琼脂倾入加有 1ml 上述无菌磷酸盐缓冲液(或生理盐水)的无菌平皿内作空白对照。

③培养。

待琼脂凝固后,翻转平板,于(37±1)℃培养箱培养 18～24h。取出平板,只数紫色(或红色)菌落。

(6)菌落计数

当平板上的紫色(或红色)菌落数不高于 150 个,且其中至少有一个平板紫色(或红色)菌落不少于 15 个时,按下式计算大肠菌群数 N 值。

$$N = \frac{\sum C}{(n_1 + n_2)d}$$

式中：N——样品的大肠菌群数,个/ml 或 g；$\sum C$——所有计数平板上,紫色(或红色)菌落数之总和；n_1——供计数的最低稀释倍数的平板数；n_2——供计数的高一倍数的平板数；d——供计数的样品最低稀释度(如 10^{-1}、10^{-2}、10^{-3} 等)。

上述两种方法的检验程序如图 10-1 所示。

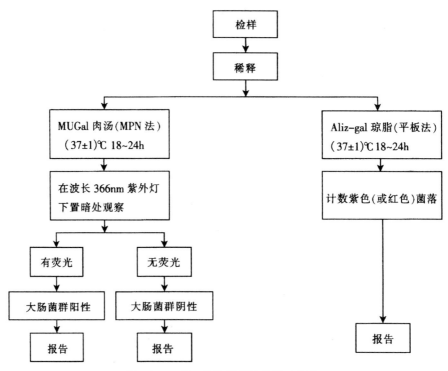

图 10-1　MPN 法和平板法的检验程序

3. 其他方法

除了上述方法,下面两种方法也被广泛应用于大肠菌群的快速检测。

（1）试剂盒法

大肠菌群快速检测试剂盒的技术原理是依照国家标准方法将大肠菌群液体检测培养基包被到载体塑料盒中,配有产气孔,以此替代玻璃发酵管而实现大肠菌群快速检测。免除了传统方法中培养基配制、培养基灭菌等烦琐的工作。此法适用于食品、水质、餐具、物体表面等样品的快速检测。

（2）测试片法

原理与菌落总数测试片相同,将检测培养基和特定指示剂加载在特制纸片上,经培养后能够在纸片上生长,在指示剂的作用下菌落具有显著的颜色,则可进行判定和计数。此法适用于各类食品的大肠菌群计数。

10.1.2　食品中大肠杆菌 O157:H7 的检测技术

肠出血性大肠杆菌 O157:H7 是一种新出现的食源性疾病的病原菌。它除引起腹泻、出血性肠炎外,还可发生溶血性尿毒症综合征、血栓性血小板减少性紫癜等严重的并发症。传统分离鉴定大肠杆菌 O157:H7 的方法,全过程需时 4～7d。下面介绍快速检测方法,其依据是 GB/T 4789.36—2008《食品卫生微生物学检验大肠埃希氏菌 O157:H7/NM 检验》。

1. 荧光免疫分析法

（1）适用范围

食品及食物中毒样品中大肠杆菌 O157：H7 的检验。

（2）原理

mini VIDAS 或 VIDAS 大肠埃希菌 O157 分析，是在自动 VIDAS 仪器上进行的双抗体夹心酶联荧光免疫分析方法。固相容器（SPR）用抗大肠埃希菌 O157 抗体包被，各种试剂均封闭在试剂条内。煮沸过的增菌肉汤加入试剂条后，在特定时间内样本中的 O157 抗原与包被在 SPR 内部的 O157 抗体结合，未结合的其他成分通过洗涤步骤清除。标记有碱性磷酸酶的抗体与固定在 SPR 壁上的 O157 抗原结合，最后洗去未结合的抗体标记物。SPR 中所有荧光底物为磷酸 4-甲基伞型物。结合在 SPR 壁上的酶将催化底物转变成具有荧光的产物：4-甲基伞型酮。VIDAS 光扫描器在波长 450nm 处检测该荧光强度。试验完成后由 VIDAS 自动分析结果，得出检测值，并打印出每份样本的检测结果。

（3）试剂材料

①*E. coli* O157 试剂条（VIDAS ECO）。

②校正液。纯化灭活的 *E. coli* O157 抗原标准溶液。

③阳性对照。

④阴性对照。

⑤MLE 卡。

（4）仪器设备

mini VIDAS 或 VIDAS。

（5）操作步骤

①前增菌。

以无菌操作取检样 25g（ml）加入到含有 225ml mEC＋n 肉汤的均质袋中，在拍击式均质器上连续均质 1～2min；或放入盛有 225ml mEC＋n 肉汤的均质杯中，8000～10000r/min 均质 1～2min。于（36±1）℃培养 6～7h。同时做阳性及阴性对照。

②增菌与处理。

取 1ml 前增菌肉汤接种于 9ml 改良麦康凯肉汤（CT-MAC），于（36±1）℃培养 17～19h。然后取 1ml 增菌的 CT-MAC 肉汤加入试管中，在 100℃水浴中加热 15min。剩余增菌汤存于 2℃～8℃，以备对阳性检测结果确认。

③上机操作。

输入 MLE 卡信息：每个试剂盒在使用之前，首先要用试剂盒中的 MLE 卡向仪器输入试剂规格（或曲线数据）。每盒试剂只需输入一次。

校正：在输入 MLE 卡信息后，使用试剂盒内的校正液进行校正，校正应做双份测试。以后每 14 天进行一次校正。

检测：取出试剂条，待恢复至室温后进行样本编号。

建立工作列表，输入样本编号。

分别吸取 500μl 对照和样本（冷却至室温）加入到试剂条样本孔中央。依屏幕提示，将试剂条放入仪器相应的位置。

所有分析过程均由仪器自动完成,检测约需 45min。

(6)结果判定

检测值是由每份样本的相对荧光值(RVF)与标准溶液 RVT 相比得出,公式如下。

$$检测值 = \frac{样品\ RVF}{标准\ RVF}$$

若检测值<0.10,则报告为阴性;若检测值≥0.10,则报告为阳性。

2. 多聚酶链反应

(1)适用范围

食品及食物中毒样品中大肠杆菌 O157:H7 的检验。

(2)原理

BAX 全自动病原菌检测系统利用多聚酶链反应(PCR)来扩增并检测细菌 DNA 中特异片段来判断目标菌是否存在。反应所需的引物、DNA 聚合酶和核苷酸等被合并成为一个稳定、干燥的片剂,并装入 PCR 管中,检测系统运用荧光检测来分析 PCR 产物。每个 PCR 试剂片都包含有荧光染料,该染料能结合双链 DNA,并且受光激发后发出荧光信号。在检测过程中,BAX 系统通过测量荧光信号的变化,分析测量数据,从而判定阳性或阴性结果。

(3)试剂材料

PCR 管,裂解缓冲液,蛋白酶,溶菌试剂。

(4)仪器设备

BAX 系统主机及工作站,仪器校正板,带帽裂解八联管及管架,盖帽器,去帽器,加热槽(两个),温度计,单道加样器,8 道加样器,冷却器,PCR 管支架,打印机。

(5)操作步骤

①增菌。

样品采集后尽快检验。若不能及时检验,可在 2℃~4℃保存 18h。以无菌操作取检样 25g(ml)加入到含有 225ml mEC+n 肉汤的均质袋中,在拍击式均质器上连续均质 1~2min;或放入盛有 225ml mEC+n 肉汤的均质杯中,8000~10000r/min 均质 1~2min。于(36±1)℃ 培养 6~7h。同时做阳性及阴性对照。

②上机操作。

打开加热槽分别至 37℃和 95℃。检查冷藏过夜的冷却槽(4℃)。开机并启动 BAXRR 系统软件。如果仪器自检后建议校正,按屏幕提示进行校正操作。

创建"rack"文件:根据提示在完整的"rack"文件和"个样"资料中输入识别数据。

溶菌操作:在管架上放上标记好的溶菌管。在每支溶菌管加入 200μl 配制好的溶菌试剂。将每个增菌后的 5μl 样品加入相应的溶菌管中,盖上盖子。把管架放在 37℃加热槽中 20min。再将管架放在 95℃的第二块加热槽中 10min。最后将管架放在冷却槽上(冷却槽从冰箱取出后 30min 内使用完毕),样品冷却 5min。

加热循环仪/检测仪:从菜单中选择"RUN FULL PROCESS",加热到设定温度(加热槽 90℃,盖子 100℃)。

溶菌产物转移:将 PCR 管支架放到专用冷却槽上,然后将 PCR 管放入到支架内。将所有的管盖放松并除去一排管盖。用多道加样器将 50μl 溶菌产物加入此排管中,并用替代的透明盖密封 PCR 管。换用新吸头,重复上述操作,直至将所有样品转入 PCR 管。

扩增和检测:按"PCR Wizard"的屏幕提示,将转移后的 PCR 管放入 PCR 仪/检测仪中开始扩增。全过程(扩增和检测)需要大约 3.5h。当检测完成后,"PCR Wizard"提示取出样品,并自动显示结果。

(6)结果判定

绿色"－"表示阴性结果,红色"＋"表示阳性结果,黄色"?"表示不确定结果,黄色"?"带斜线表示错误结果。

3. SYBR Green Ⅰ PCR 检测技术

SYBR Green Ⅰ PCR 检测技术是根据非特异性染料结合的原理来实现的,是利用某些荧光素能和双链 DNA 结合,结合后的产物具有强的荧光效应。随温度的降低,DNA 复性成为双链,荧光素与之结合,经激发产生荧光,测定荧光强度,通过内标或外标法求出因数,可以准确定量。此方法所需的仪器是 ABI Prism 7000 型荧光定量 PCR 仪,紫外/可见分光光度计。

检测步骤如下。

①模板 DNA 的制备。挑取单菌落于 LB 液体培养基 37℃摇床培养 10h,电子显微镜计数菌量浓度,酚仿抽提 DNA。

②紫外分光光度计鉴定 DNA 提取质量,10 倍系列稀释成相当于 $1\sim10^9$ cfu/mL 的菌量作为模板待用。

③荧光定量 PCR 扩增。

④荧光定量标准曲线制备。

⑤察看熔解曲线,分析 PCR 反应扩增的特异性,如图 10-2 所示。

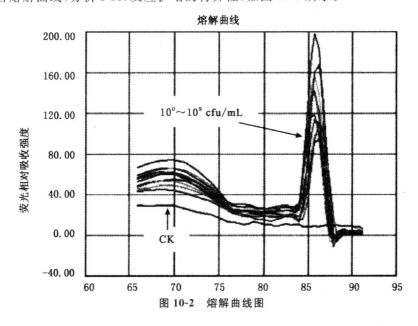

图 10-2　熔解曲线图

⑥观察反应曲线,记录待测样品的 C_t 值,与标准曲线对比算出待测样品的浓度。PCR 反应的标准曲线如图 10-3 和图 10-4 所示。

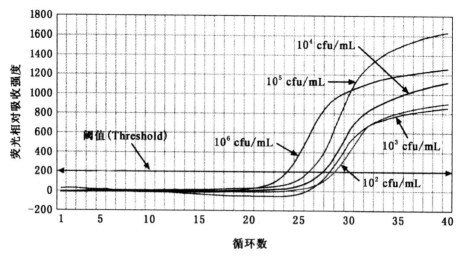

图 10-3 $10^2 \sim 10^6$ cfu/mL EDL933 扩增荧光曲线

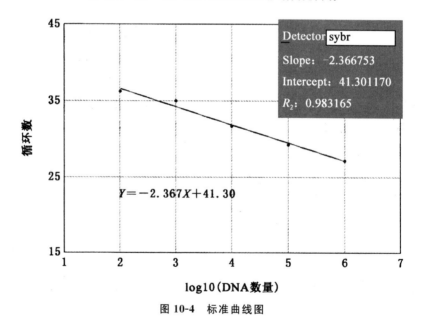

图 10-4   标准曲线图

10.2   霉菌和酵母菌的快速检测技术

霉菌和酵母菌可作为食品中的正常菌相的一部分存在,长期以来人们利用其加工某些食品。但在某些情况下,过多的霉菌和酵母菌可使食品腐败变质,并能形成有毒代谢产物而引起疾病,因此霉菌和酵母菌也作为其污染食品的程度来评价食品卫生质量的指标。

测试片法是检测霉菌和酵母菌应用较多的快速检测方法,与传统方法相比,省去了配制培养基、消毒和培养器皿的清洗处理等大量辅助性工作,即开即用,操作简便。培养时间由一周缩短为 48～72h。

1. 适用范围

适用于各类食品及饮用水中霉菌、酵母菌的计数。

2. 原理

将霉菌、酵母菌的培养基、可溶性凝胶和酶显色剂加载在特制纸片上,通过培养,在酶显色剂的放大作用下,使霉菌、酵母菌在测试片上显现出来,通过计数报告结果。

3. 试剂材料

①无菌生理盐水。称取 8.5g 氯化钠溶于 1000ml 蒸馏水中,121℃高压灭菌 15min。
②1mol/L 氢氧化钠。称取 40g 氢氧化钠溶于 1000ml 蒸馏水。
③1mol/L 盐酸。移取浓盐酸 90ml,用蒸馏水稀释至 1000ml。

4. 仪器设备

恒温培养箱,冰箱,恒温水浴锅,电子天平,均质器,振荡器,微量移液器。

5. 操作步骤

(1)样品处理
取样品 25g(ml)放入含有 225ml 无菌水的玻璃瓶内,经充分振摇做成 1:10 的稀释液,用 1ml 灭菌吸管吸取 1:10 稀释液 1ml,注入含有 9ml 灭菌水的试管内,用 1ml 灭菌吸管反复吸吹 50 次做成 1:100 的稀释液,以此类推,每次换一支吸管。

(2)接种
一般食品选 3 个稀释度进行检测,将检验纸片水平放置台面上,揭开上面的透明薄膜,用灭菌吸管吸取样品原液或稀释液 1ml,均匀加到中央的滤纸片上,然后轻轻将上盖膜放下。将压板放置在上层膜中央处,平稳下压,使样液均匀覆盖于滤纸片上。静止至少 1min 以待培养基凝固。

(3)培养
将加了样的检验测试片平放在 28℃～35℃培养箱内培养 48～72h。

10.3　其他有害微生物的快速检测技术

10.3.1　沙门菌的快速检测技术

世界各地的食物中毒事件中,沙门菌居前列,它常作为食品中致病菌和进出口食品的检测指标,因此检验食品中的沙门菌极为重要。

科研人员对荧光免疫技术、ELISA、PCR 在快速检测食品中沙门菌做了大量的探索和研究,存在的问题是大多新建立的方法不十分成熟,使用普及率不高,而且运用到的分析检测设备价格昂贵,不适于基层检测部门的推广应用。本部分只介绍了相对来说操作简单、检测费用低的试剂盒法。

1. 适用范围

各类食品及动物饲料中的沙门菌快速检测。

2. 原理

在检测装置的样品孔中加入一部分富集培养物。样品沿检测装置流动,出现易于区分的可见结果。如果只在对照区形成一个条带,则样品为沙门菌阴性;在对照区和检测区同时出现条带,则可初步鉴定样品为沙门菌阳性。检测及初步鉴定在短短的 21h 内即可完成。这是一种快速定性方法。

3. 试剂材料

①无菌生理盐水。称取 8.5g 氯化钠溶于 1000ml 蒸馏水中,121℃高压灭菌 15min。
②1mol/L 氢氧化钠。称取 40g 氢氧化钠溶于 1000ml 蒸馏水。
③1mol/L 盐酸。移取浓盐酸 90ml,用蒸馏水稀释至 1000ml。

4. 仪器设备

恒温培养箱,冰箱,恒温水浴锅,电子天平,均质器,振荡器,微量移液器。

5. 操作步骤

①检品处理后待用。
②溶解预富集培养基。
③向预富集培养基加入样品,在(36±1)℃的培养箱中培养 2~4h。
④溶解选择性富集培养基。
⑤向预富集样品中加入选择性富集培养基,在(42±1)℃的培养箱中培养 16~18h。
⑥富集后从袋子中取出液体样品,并冷却至室温。
⑦向样品孔中滴入自由滴落的 5 滴样品。
⑧等待 15min 后,观察记录结果。

10.3.2 金黄色葡萄球菌的快速检测

典型的金黄色葡萄球菌为球形,直径 0.8μm 左右,显微镜下排列成葡萄串状。金黄色葡萄球菌无芽孢和鞭毛,大多数无荚膜,革兰氏染色阳性,需氧或兼性厌氧,最适生长温度 37℃,最适生长 pH4.7。金黄色葡萄球菌具有高度的耐盐性,可在 10%~15%NaCl 肉汤中生长。金黄色葡萄球菌具有较强的抵抗力,对磺胺类药物敏感性低,但对青霉素和红霉素等高度敏感。

食品中若有金黄色葡萄球菌生长是一种潜在的危险,因为它可以产生肠毒素,食用后能引起食物中毒。因此,检查食品中金黄色葡萄球菌有实际意义。

本部分只介绍了相对来说操作简单、检测费用低的测试片法。

1. 适用范围

各类食品中的金黄色葡萄球菌的检测。

2. 原理

将选择性培养基中加入专一性的酶显色剂,并将其加载在纸片上,通过培养,如果样品中含有金黄色葡萄球菌,即可在纸片上呈现紫红色的菌落。

3. 试剂材料

①无菌生理盐水。称取 8.5g 氯化钠溶于 1000ml 蒸馏水中,121℃高压灭菌 15min。
②1mol/L 氢氧化钠。称取 40g 氢氧化钠溶于 1000ml 蒸馏水。
③1mol/L 盐酸。移取浓盐酸 90ml,用蒸馏水稀释至 1000ml。

4. 仪器设备

恒温培养箱,冰箱,恒温水浴锅,电子天平,均质器,振荡器,微量移液器。

5. 操作步骤

①样品前处理。无菌称取 25g(ml)样品放入盛有 225ml 生理盐水的无菌锥形瓶或均质袋中。均质器中制成混悬液。
②样品接种将测试片水平放在台面上,揭开上盖膜,用微量移液器吸取 1ml 样品上清液或增菌液,均匀加到中央的滤纸片上,然后轻轻将上盖膜放下。
③样品培养将加了样的测试片置于 37℃培养箱内培养 15～24h。

6. 结果判定

对培养后的测试片进行观察,呈紫红色的菌落为金黄色葡萄球菌。
注意事项如下。
①对于一些经过烘烤加热或冷冻的食品样品,最好先用 7.5％NaCl 肉汤进行预增菌,使"硬伤"、冷冻的金黄色葡萄球菌复苏,然后再进行检测。
②使用后的测试片要按照生物安全要求进行无害化处理。

第 11 章　转基因食品的检测

11.1　转基因食品的安全性

11.1.1　转基因食品定义

转基因食品是利用生物技术将某些生物的基因转移到其他生物中,从而产生与原有物种不同的性状或产物,以转基因生物为原料加工成的食品就是转基因食品。在食品中目前应用最为成功和大面积推广的是转基因植物产品。从实用目的来看,目前转基因植物产品主要培养延熟、耐极端环境、抗病虫害、抗除草剂等性能以提高其生存能力并有利于种植,另一个主要的发展方向是通过转基因改变植物的营养成分和配比,有的赋予新的营养功能。转基因动物目前尚处于研究开发阶段,转基因微生物主要是一些转基因酵母、食品发酵用酶等。目前转基因应用较成功或大规模推广种植的主要是一些植物产品,主要品种有玉米、大豆、棉花、油菜、烟叶、番茄、水稻、小麦、蔬菜等。转基因食品目前主要涉及的是已商品化种植的植物转基因产品及其加工食品。

目前所有转基因植物中,外源基因都含有三个基本元件:目的基因、启动子和终止子。它们分别作为新插入的外源基因作为表达调控的开关,几乎存在于所有转基因植物。

转基因食品自产生之日起就成为争论的焦点,对转基因食品争论主要集中在以下几点:新的物种或新的生态优势对生态环境会造成影响;新的食品成分可能引起食物过敏;转基因成分在物种间的漂移;转基因成分对人及动物的潜在毒性;标记基因的传递可能引起的抗生素的耐性。食品生产者和消费者都希望知道他们使用产品中的转基因实质,不同国家和地区对转基因食品和非转基因食品在法律和价格上又有严格的规定和区分,随着国际市场上出现越来越多的转基因食品,对该类食品进行检测势在必行。

检测转基因大多从两方面着手,一是找出是否有外来的基因或 DNA;二是找出是否具有外来的蛋白质。大多数实验室以检测外来基因和 DNA 为主要手段。转基因表达蛋白质的检验目前面临两个主要问题:①蛋白质本身的结构及活性不能变化,而食品加工工艺过程中往往会使蛋白的活性受到影响甚至完全破坏。②这些蛋白质有的并不完全是由外来基因表达的,而有些转基因的目的是增加某些功能性成分表达量。这些都使得蛋白质测定的方法在转基因检测中受到较大的限制。在转基因检测中应用较为普遍的还是 PCR 方法,通过对目前转基因操作所需的启动子、终止子或其他标记基因的筛选检测和对所转的外源基因的扩增检测来确证是否含有转基因成分。

11.1.2　转基因食品的安全性问题

转基因食品的安全性问题在全世界范围内备受关注,现就转基因食品的安全性问题简单介绍如下。

1. 产生毒性物质

基因损伤或其不稳定性可能会带来新的毒素。另外许多食品原料本身含有大量的毒性物质和抗营养因子,由于基因的导入可能诱导编码毒素蛋白的基因表达,产生各种毒素。

2. 产生致敏原

由于导入基因所编码的蛋白质的氨基酸序列可能与某些致敏原存在序列同源性,导致过敏发生或产生新的致敏原。

3. 影响人体肠道微生物群

转基因食品中的标记基因有可能传递给人体肠道内正常的微生物群,引起菌群谱和数量变化,通过菌群失调影响人的正常消化功能。

11.1.3　转基因检测的相关的方法标准

针对转基因产品在我国的种植、引进和研究开发,我国相关的职能部门制定了系列的转基因产品检测方法标准。转基因产品检测的国家标准:GB/T 19495.1—2004 转基因产品检测通用要求和定义;GB/T 19495.2—2004 转基因产品检测实验室技术要求;GB/T 19495.3—2004 转基因产品检测核酸提取纯化方法;GB/T 19495.4—2004 转基因产品检测核酸定性PCR 检测方法;GB/T 19495.5—2004 转基因产品检测核酸定量 PCR 检测方法;GB/T 19495.6—2004 转基因产品检测基因芯片检测方法;GB/T 19495.7—2004 转基因产品检测抽样和制样方法;GB/T 19495.8—2004 转基因产品检测蛋白质检测方法。国家质检总局制定了转基因出入境检验检疫行业标准:SN/T 1204—2003 植物及其加工产品中转基因成分实时荧光 PCR 定性检验方法;SN/T 1202—2010 食品中转基因植物成分定性 PCR 检测方法;SN/T 1197—2003 油菜籽中转基因成分定性 PCR 检测方法;SN/T 1201—2014 饲料中转基因植物成份 PCR 检测方法;SN/T 1198—2013 转基因成分检测马铃薯检测方法;SN/T 1195—2003 大豆中转基因成分的定性 PCR 检测方法;SN/T 1196—2012 转基因成分检测玉米检验方法;SN/T 1199—2010 棉花中转基因成分定性 PCR 检验方法。农业部制定的标准有:《转基因植物及其产品检测通用要求》(NY/T 672—2003);《转基因植物及其产品成分检测抽样》(农业部 2031 号公告—19—2013);《转基因植物及其产品成分检测 DNA 提取和纯化》(农业部 1485 号公告—4—2010)三个标准及农业部制定的《转基因植物及其产品成分检测抗虫转 Bt 基因水稻定性 PCR 方法》(农业部 953 号公告—6—2007)。上述的检测方法在技术原理上都大致相同,可根据具体需求选择检测方法标准。

11.2 转基因食品的安全性评价与管理

11.2.1 转基因食品的安全性评价的基本原则

对于转基因食品的安全性评价,目前国际上没有统一的方法,但一个重要的原则是在评价转基因食品的安全性时所必须考虑的因素,与以前未曾使用过的任何其他食品相同。在此基础上,遵循以科学为基础的"实质等同性""风险分析""个案分析""逐步完善"等原则。

1. 实质等同性原则(Substantial Equivalence)

1993 年,联合国经济合作与发展组织(OECD)提出了食品安全性分析的原则——实质等同性原则,即如果一种转基因食品与现有的传统同类食品相比较,其生物学特性、化学成分、营养成分、所含毒素以及人和动物食用和饲用情况是类似的,那么它们就具有实质等同性。实质等同性的确定说明了这种新食品与非转基因品种在有益健康方面可能是相似的,如果某个新食品或食品成分与现有的食品或食品成分大体等同,那么它们是同等安全的。实质等同性原则是新型食品安全分析的原则,它可以证明转基因产品并不比传统食品不安全,但并不能证明它是绝对安全的,因为证明绝对安全是不切实际的。会议将转基因食品的实质等同性分为三类:

①与现有食品或食品成分具有完全实质等同性。

②除了某些特定差异外,与现有食品及成分具有实质等同性。

③某一食品没有比较的基础,即它是一种全新的食品,与现有食品无实质等同性。

一般来说,进行实质等同性需比较的内容如下:

①生物学特性的比较,对植物来说包括形态、生长、产量、抗病性及其他相关农艺性状;对微生物来说包括分类学特征(如培养方法、生物型、生理特征)、定殖能力或侵染性、寄主范围、有无质粒、抗生素抗性、毒性等;对动物来说主要是形态、生理特征及繁殖、健康特征及产量等。

②食品成分比较包括:主要营养素中的脂肪、蛋白质、碳水化合物、矿物质、维生素及抗营养成分(如豆科作物中的酶抑制剂、脂肪氧化酶等)、毒素(如马铃薯中的茄碱)和过敏原(如巴西坚果中的 2S 清蛋白)。一般情况下,只需分析由于基因改变可能出现不良影响的食品成分,而没有必要分析食物的广谱成分。

2. 风险分析原则(Risk Analysis)

风险分析是国际食品法典委员会(CAC)于 1997 年提出的用于评价食品、饮料、饲料中的杀虫剂、添加剂、污染物、毒素和致病菌对人体或动物潜在副作用的科学程序,现已成为国际上开展食品风险评估、制定风险评估标准和管理办法,以及进行风险交流的基础和通用方法。风险分析包括风险评估、风险管理和风险交流三个部分,对已知的危害人类健康的因素在食品中的存在、含量、来源和危害性进行评价,为风险管理提供科学的数据和依据。其中风险评估是核心环节。风险评估包括安全性评估,目的是要确定是否存在有害物、营养或有其他安全性考虑,如存在,应就其性质和严重度收集信息。安全性评估应包括现代生物技术食品与传统参照物的比较,重点确定其相似点和不同点。如果通过安全性评估,鉴定出有新的或改变了的有害物,或者有营养或其他安全性考虑,则应进一步对其相关的风险进行分析,以确定其与人类健康的关系。

3. 预先防范原则(Precaution)

转基因技术实现了按照人类自身意愿使遗传物质在人、动物、植物和微生物四大系统间的转移。但正是由于转基因技术的这种特殊性,转基因食品发展的历史和总结的经验不多,供体、受体和目的基因的多种多样也给食品安全带来了许多不确定因素。随着转基因技术的发展,作为改善营养品质、植物疫苗、生物反应器等转基因植物、动物进入安全性评价阶段,预先防范的安全性评价原则可以在遵循科学原则的基础上,对公众透明,结合其他的评价原则,对转基因食品进行评估,防患于未然,把转基因食品可能存在的风险降到最低。如果研究中的一些材料扩散到环境中,将对人类造成巨大的灾难。必须对转基因食品采取预先防范作为风险评估的原则。

预先防范原则的基本含义是:当一项行为可能对人的健康或环境造成威胁时,应当采取预防措施,即使因果关系尚未得到证明。把这个原则运用到转基因食品的安全评价上,表明安全管理并非是建立在转基因食品的风险已有科学证据的基础上,而是根据"可能"产生的风险进行安全评价。尽管目前还未发现有上市的转基因食品对人体健康或生态环境有害的充足证据,对转基因食品进行科学评估所需要的完整数据要等到许多年之后才能获得,无论研究多么严格,结论总会有某些不确定性,而政府不能等到最坏的结果发生后才采取行动,否则可能导致不可逆的危害。2002 年欧盟理事会和欧洲议会通过的"食品法通则"对食品法领域的"预先防范"原则进行了明确的规定:首先,如果根据对现有信息的评估,确认某种产品或生产方法有产生危害后果的潜在可能性,但缺乏确定的科学证据。在这种情况下,仍然应当采取风险管理措施以确保对人体健康最高水平的保护。其次,预防措施应当与预计的风险水平相适应,为此必须考虑这些措施在技术上和经济上的可行性以及其他合理因素。

4. 个案分析原则(Case By Case)

个案分析原则是针对每一个转基因食品个体,根据其生产原料、工艺、用途等特点,借鉴现有的、已通过评价的相应案例,通过科学的分析,发现其可能的特殊效应,以确定其潜在的安全性问题。目前已有 300 多个基因被克隆,用于转基因生物的研究,这些基因来源和功能各不相同,受体生物和基因操作也不相同,个案分析为评价采用不同原料、不同工艺、具有不同特性、不同用途的转基因食品的安全性提供了有效的指导,尤其是在发现和确定某些不可预测的效应及危害中起到了独特的作用。

个案分析的主要内容与研究方法如下:

①根据每一个转基因食品个体或者相关的生产原料、工艺、用途的不同特点,通过与相应或相似的既往评价案例进行比较,应用相关的理论和知识进行分析,提出潜在安全性问题的假设。

②通过制订具有针对性的验证方案,对潜在安全性问题的假设进行科学论证。

③通过验证个案的总结,为以后的评价和验证工作提供可借鉴的新案例。

5. 逐步评估原则(Stop By Step)

逐步评估原则是对转基因食品的研究、发展、商业化以及销售和消费的全过程进行动态的全面检测和安全评估,主要包括实验室产品研究的严格的毒性、过敏性和抗性实验的安全评价,大田试验的环境影响的安全评估和生态评价,商业化的环境监测与评估,消费者消费转基因食品的人体健康效用(包括短期效用和长期的累积效用)的安全评价。该原则要求在每个环节上对转基因生物及其产品进行风险评估,并且以前一步的实验结果作为依据来判定是否进行下一阶段的开发研究。

对逐步评估原则的理解可以在两个层次上进行。其一,对转基因产品管理是分阶段审批,在不同的阶段要解决的安全问题不同;其二,由于转入目的基因的安全风险是不同方面的,如毒性、致敏性、标记基因的毒性、抗营养成分或天然毒素等,评价也要分步骤进行。逐步评估的原则可以提高效率,在最短的时间内发现可能存在的风险。

6. 风险效益平衡的原则(Banlance Of Benefits And Risks)

对转基因生物及其产品的效益和它可能给人类健康和环境带来的风险进行权衡,从而确定是否继续开发相关产品。因此,在对转基因食品进行评估时,应该采用风险和效益平衡的原则,综合进行评估,在获得最大利益的同时,将风险降到最低。

7. 熟悉性原则(Familiarity)

转基因食品的风险评价工作既可以在短期内完成,也可能需要长期监测。这主要取决于人们对转基因食品的有关性状、同其他生物或环境的相互作用、预定用途等背景知识的熟悉程度。在风险评估时,熟悉并不意味着转基因食品安全,而仅意味着可以采用已知的管理程序;不熟悉也并不能表示所评估的转基因食品不安全,也只意味着对此转基因食品熟悉之前,需要逐步地对可能存在的潜在风险进行评估。因此,"熟悉"是一个动态的过程,不是绝对的,而是随着人们对转基因食品的认知和经验的积累而逐步加深的。

11.2.2 转基因食品的安全性评价的内容和方法

1. 转基因食品的安全性评价的内容

基于人们对转基因食品安全性的担忧,转基因食品的安全性评价的目的是从技术上分析生物技术及其产品的潜在危险,对生物技术的研究、开发、商品化生产和应用的各个环节的安全性进行科学、公正的评价,以期在保障人类健康和生态环境安全的同时,也有助于促进生物技术的健康、有序和可持续发展。通过安全性评价,可以为农业转基因生物的研究、试验、生产、加工、经营、进出口提供依据,同时也向公众证明安全性评价是建立在科学的基础上的。其安全性评价主要包括:

①基因食品中基因修饰导致的新基因产物的营养学评价(如营养促进或缺乏、抗营养因子的改变)、毒理学评价(如免疫毒性、神经毒性、致癌性或繁殖毒性)及过敏效应(是否为过敏原)。

②由于新基因的编码过程造成现有基因产物水平的改变。

③新基因或已有基因产物水平发生改变后,对新陈代谢效应的间接影响,如导致新成分或已存在成分量的改变。

④基因改变可能导致突变,例如:基因编码或控制序列被中断,或沉默基因被激活而产生新的成分,或现有成分的含量发生改变。

⑤转基因食品摄入后,基因转移到胃肠道微生物引起的后果。

⑥遗传工程体的生活史及插入基因的稳定性等。

(1)致敏性评价

食物过敏反应(Food Allergy)是一种特殊的病理性免疫反应,其主要原因是人体对某种原本无害的食品过敏源(Food Allergen)产生不正常的免疫反应(不耐受反应),并产生相当量的食品过敏源特异性 IgE 免疫球蛋白。由 IgE 介导引起过敏反应的常见食物有鱼类、花生、大豆、牛乳、蛋、甲壳纲,约占过敏反应的 90%。由于食物过敏源几乎都是蛋白质,且过敏反应目前尚无预防措施,故将转基因食物过敏性评价设为安全性的指标之一。特别是当修饰基因供体是过敏的食物,则对此类食品潜在的过敏性分析将成为其安全性评价的要点。

(2)毒性评价

许多生物体含有毒性物质。若插入基因来自此类生物,则需检测转基因食品是否带有相同或相关的毒性蛋白,并与传统食品作实质等同性分析以证明其安全性。

(3)水平基因转移

转基因食物安全性的另一焦点问题是外源基因是否能够水平转移至肠道微生物或人体细胞,从而对机体的正常生理功能造成特别的影响;或在生长时释放至周围或环境生物中,从而扰乱生态平衡。从分子生物学角度来看,这种水平基因转移的可能性极小。目前尚无此类转化实例的报道,也无扰乱人体和环境的证明。

(4)与基因工程技术改良的有关食品变化产生的任何非预期影响

目前对转基因食品安全性的评估主要还侧重于对健康、营养和自然环境的负面影响,随着转基因食品社会影响的深化还可能对心理、文化和伦理产生潜在影响,FAO/ WHO 在新出版的转基因食品研究报告中已考虑到现代食品生物技术给人类社会带来的多方面的影响,针对这种新出现的情况要求新型的转基因食品在投入市场之前扩大评估范围,对任何有可能出现的非预期影响进行严格的风险分析和管理,预防新技术食品对人类社会的风险危害。

2. 转基因食品的安全性评价的方法

根据转基因食品安全性评价的内容和原则,确定转基因食品与食物供给中已存在的普通食品或食品成分实质等同性。实质等同性分析可在食品或食品成分水平上进行,这种分析应尽可能以物种为单位来比较,以便灵活地用于同一物种生产的各类食品。研究中应考虑到评估的特性会有自然差别,根据这些自然差别的分析数据来确定一定的变异范围。根据转基因食品与现有食品的差异程度,采用不同的方法进行安全性评价。如果两者实质等同,用传统的安全性评价程序对转基因食品评价;如果在一定范围内有差别,用集中于对产生差别的因子进行评价;如果氨基酸序列与已知蛋白毒素的氨基酸序列是同系物,则要进行毒理学实验(我国卫生部于 1985 年修订的《食品安全性毒理学评价程序和方法》所规定的内容也适用于转基因食品的安全性评价）；如有蛋白质产生了抗营养作用，或营养成分发生改变，则要进行营养学评价；如果是针对于本身是活菌或含有活菌的新型食品，要进行微生物致病性实验；如果两者完全不同或没有可比的传统食品，则要特别设计动物模型试验证明其无毒后，还须进行人体营养学试验。

转基因食品安全评价的技术路线如图 11-1 所示。

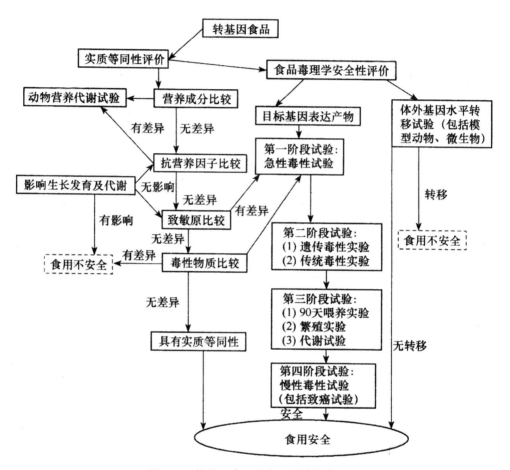

图 11-1　转基因食品安全评价的技术路线

11.2.3　转基因食品的安全性评价的管理

1. 转基因食品的管理

（1）安全性认证

①生产商应提供足够的证据来证明该转基因食品是安全无害的。

②转基因食品在世界各国被接受的程度是一个比较重要的参考因素，通常来说，被接受的产品较为可信。

③进口国的主管部门应该对进口转基因食品实行强制性的安全性评估。

（2）品种管理

品种管理是转基因食品管理的基础，如果对原料品种没有进行必要的管理，就无法确定最终产品是否含有转基因成分。

（3）强制性标注

对转基因食品应实行强制性标注，标签内容如下：

①基因生物的来源。

②过敏性。

③伦理学考虑。

④在成分、营养价值、效果等方面不同于传统食品。

2. 国外转基因食品安全性评价的管理

世界主要发达国家和部分发展中国家都已制定了各自对转基因生物（包括植物）的管理法规，负责对其安全性进行评价和监控。由于各国在法规和管理方面存在着很大的差异，特别是许多发展中国家尚未建立相应的法律法规，一些国际组织如经济合作与发展组织（OECD）、联合国工业发展组织（UNIDO）、世界粮农组织和世界卫生组织（FAO/WHO）等在近年来都组织和召开了多次专家会议，积极组织国际间的协调，试图建立多数国家（尤其是发展中国家）能够接受的生物技术产业统一管理标准和程序。但由于存在诸多争议，目前尚未形成统一的条文。

各国对转基因生物体及食品的审批和标志持有不同的态度，根据管理方法的区别可以分为三种类型：一种是以美国和加拿大为首的对转基因食品采取实用、以科学为依据的管理办法；另一种是以欧盟为首的采取十分严格、警惕的管理办法；而日本、澳大利亚以及新西兰等国的管理办法居于前两种之间。国际经济合作与发展组织成员国对转基因生物体及食品的管理办法也是很不一样的，特别是美国和欧盟之间存在很大的差异。这些差异不仅影响国际贸易，甚至由此引发国际经济、政治上的争端。目前有关转基因食品管理的国际性法规主要有《生物多样性公约》（1992 年在巴西联合国环境与发展大会上通过）、《卡塔赫纳生物安全议定书》（2003 年 9 月生效）、《国际食品法典》、《WTO 协议》。

3. 国内转基因食品安全性评价的管理

我国于 1997 年开始种植转基因食品植物，到目前已批准番茄、马铃薯、棉花、甜椒等多种转基因作物商业化种植。此外，我国还接受了许多国外转基因食品，特别是加入世贸组织后，进口数量有了较大的增长。我国政府在对待转基因食品开发与消费上持积极态度，政策较为灵活，但对转基因食品的安全以及可能带来的风险给予了高度重视。国家成立了专门的管理机构和专业委员会，农业部于 1996 年成立了农业生物基因工程管理办公室和农业部农业生物基因工程安全委员会，于 2001 年又设立国家农业转基因生物安全管理办公室，负责对转基因植物、动物、微生物、兽药等进行安全评价和管理工作，根据《条例》第九条的规定设立国家农业转基因生物安全委员会，负责农业转基因生物的安全评价工作。

另外，对转基因食品安全有严格的控制机制，出台了一系列相关的法律法规，主要包括：

①1990 年卫生部根据《中华人民共和国食品卫生法》制定《新资源食品卫生管理办法》。

②1993 年由原国家科委颁布《基因工程安全管理办法》。

③1996 年农业部制定《农业生物基因工程安全管理实施办法》。

④2001 年国务院颁布《农业转基因生物安全管理条例》,2002 年初农业部制定《农业转基因生物安全评价管理办法》、《农业转基因生物进口安全管理办法》、《农业转基因生物标志管理办法》等三个配套规章(简称"一条例三办法")。

⑤2002 年 7 月,卫生部颁布《转基因食品卫生管理办法》。

⑥2002 年 8 月,中国正式核准加入联合国《卡塔赫纳生物安全议定书》。

⑦2004 年国家质检总局颁布《进出境转基因产品检验检疫管理办法》。

⑧2007 年卫生部发布实施《新资源食品管理办法》,取代《转基因食品卫生管理办法》。当前正在酝酿制定新的政策,如国家生物安全法。

11.3　转基因食品安全等级的确认

转基因食品是基因工程技术生产的产品。以安全等级来描述转基因生物产品对人类健康和生态环境的危险程度,是目前国际上普遍采用的方法。以确定和验证安全等级的方法,评价和管理转基因食品的食用安全性和营养质量,有利于转基因生产各个管理环节工作的衔接;有利于转基因食品安全性评价和管理工作与国际接轨;有利于转基因食品安全性评价和管理工作与研发、生产、加工等活动结合。对提高转基因食品安全性评价和管理工作的效率及水平,促进和引导转基因食品产业和对外贸易的健康发展,具有重要的意义。

11.3.1　转基因食品安全等级的评价标准

影响转基因生物安全性的因素包括基因工程所采用的受体生物的安全性和基因操作的安全性。它们的安全等级或类型及相互之间的组合和产生的实际效果决定了转基因生物的安全等级。因此,转基因生物的安全等级的确定,一方面需要对受体生物与基因操作的安全等级资料及相互组合情况进行审查,更重要的方面在于对转基因生物所产生的目标性状和非期望效应进行验证。按照品种对人类健康的危险程度,将转基因食品划分为四个安全等级:

安全等级Ⅰ:对人类健康尚不存在危险。

安全等级Ⅱ:对人类健康具有低度危险。

安全等级Ⅲ:对人类健康具有中度危险。

安全等级Ⅳ:对人类健康具有高度危险。

11.3.2　转基因食品安全等级的应用

根据验证的转基因食品安全等级,提出对产品使用和管理的建议。

1. 安全等级为Ⅰ的转基因食品

①安全等级为Ⅰ的转基因食品为对人类健康尚不存在危险的食品。该类食品可按传统食品使用和管理,标志上标注"转基因××食品"或"以转基因××食品为原料"。

②该类食品如果要标示营养强化作用,则需标注相应的强化营养素、作用及含量。

③该类食品如果要标示保健功能,则需按《保健食品管理办法》的规定进行管理。

2. 安全等级为Ⅱ的转基因食品

①安全等级为Ⅱ的转基因食品为对人类健康具有低度危险的食品。如果其食用安全性不低于相应的原食品,可按传统食品使用和管理。管理和标志与安全等级为Ⅰ的转基因食品相同。

②如果其食用安全性低于相应的原食品,其标志与安全等级为Ⅰ转基因食品应有所不同。除标注"转基因××食品"或"以转基因××食品为原料"外,还应标注其可能存在的危害性。例如,标注"本品转××食物基因,对××食物过敏者注意"等。

③该类食品如果要标示营养强化作用或保健功能,则需按上述安全等级为Ⅰ的转基因食品的相应办法进行管理。

3. 安全等级为Ⅲ的转基因食品

安全等级为Ⅲ的转基因食品为对人类健康有中度危险的食品。对该类食品建议采用新的安全防范措施,降低其危害性后,重新进行评价和验证。

4. 安全等级为Ⅳ的转基因食品

安全等级为Ⅳ的转基因食品为对人类健康有高度危险的食品。对该类食品建议禁止生产和销售。

11.4　转基因食品的检测

11.4.1　转基因表达蛋白的检测方法

1. 适用范围

检测转基因表达蛋白,目前使用最为广泛的是酶联免疫吸附分析(ELISA)或相关的免疫学方法,主要用于检测转基因特异表达的产物及活性。免疫酶学方法在转基因外源蛋白的检测上虽然快速、方便,但它只针对某一特定的蛋白质进行检测,在实际应用中受到限制,一般只用于种植的转基因农产品和未经加工的初级原产品的检测。

2. 基本原理

检测转基因在植物中表达的蛋白质产物,如苏云金杆菌的抗虫毒性蛋白,有关检测表达产物蛋白的 ELISA 方法在技术和操作上与其他的 ELISA 方法相同。美国 Agdia 公司等已推出有关 Bt-CryAb/1Ac、Bt-Cry lC、Bt-Cry2A、Bt-Cry3A、Bt-Cry3Bb1、Bt-Cry9C、Round Ready (CP4EPSPS)、Neomycin Phosphotransferase II(NPTII)的 ELISA 试剂盒,有的还推出相应蛋白成分的快速免疫测试条(Immuno Strip)。近年来开发形成的胶体金快速免疫测试条是检测蛋白更为简便快速的方法。胶体金在弱碱环境下带负电荷,可与蛋白质分子的正电荷基团牢固地结合,以胶体金作为示踪标志物,结合免疫酶技术,加之简便的植物组织提取方法,使得转基因成分检测在田间就能快速地完成。由美国 SDI 公司提供的 Trait V Bt9 Lateral Flow Test Kit,能在 0.25% 的水平内检测 S tarlink™ 玉米中的 Cry 9C 蛋白。为了使样品中的靶目标蛋白提取处理更为简单易行和测试更为快速,已研究开发出了针对玉米、大豆、棉花等转基因作物的植物组织和种子的快速检测方法。

3. 仪器

Envirologix Inc. QuickStix Kit 试剂盒。

4. 试剂

①蒸馏水或去离子水溶解缓冲盐包。
②表面活性剂。

5. 操作

(1)提取缓冲液的制备
用 1L 蒸馏水或去离子水溶解缓冲盐包和 2.5ml 表面活性剂。
(2)样品处理和提取
植物叶片直接将叶片组织放到组织提取管的盖与管口之间,用力压管盖,使叶片切割入管内,每一个样切两次,用杵推至管底部并用杵旋转碾碎,加入 300μl 提取缓冲液,继续用杵碾磨。种子样品需先将种子碾碎(通常一粒种子即可,将种子放到拉链袋子中用钳子夹碎),放入到组织提取管中,加组织提取液 lml,盖好,激烈振荡约 30s,静置使颗粒沉降。
(3)测试
将测试条放置室温,平衡温度,打开并取出测试条直接放入样品组织提取管中,样品提取液将沿测试条向上浸润,5min 后,可观察测试结果。如果测试条上显示测试线(Test Line)和质控线(Control Line),表明检测有效并说明检出阳性,如果测试条上只出现质控线,表明检测有效并说明检出阴性,如果测试条上没有显示质控线,表明检测无效,说明测试条失效或其他原因,需重新检测。

11.4.2 转基因 DNA 检测方法

1. 基本原理

转基因 DNA 检测方法大多采用 PCR 扩增方法来检测样品中是否含有外源基因成分。主要步骤是先将样品中的 DNA 进行提取和纯化,然后设计引物进行 PCR 扩增,再用电泳或者探针检测是否有扩增产物,必要时对扩增产物通过测序或杂交以进一步确证。

2. 主要仪器设备

①PCR 热循环仪(或实时荧光定量 PCR 仪)。
②电泳仪。

③凝胶成像系统。

④核酸蛋白分析仪。

⑤高速冷冻离心机。

⑥低温冰箱。

⑦涡旋振荡器。

⑧粉碎机。

⑨移液器。

⑩需要生物洁净的洁净室或生物安全柜。

3. 操作

样品中 DNA 的提取方法(抽提和纯化):植物样品中酚等某些组分能抑制 DNA 聚合酶的活性,CTAB 方法和 Wizard 法都能从真核生物或叶绿体中抽提获得同样高产量的 DNA,满足 PCR 扩增检测的质量要求。但为避免出现假阴性结果,DNA 抽提的质量控制步骤是必不可少的。在转基因检测中,同时对相关植物的内源基因进行对照检测是确定 DNA 提取是否成功的指标。对于一些加工和精加工食品,其 DNA 含量有可能减少或受到一定程度的破坏,DNA 提取较为困难。对于植物油脂中 DNA 提取,在植物油样品中加水,使 DNA 转移到水相,再通过添加动植物基因组作担体,下面是一些 DNA 提取的有关方法。市场上有一些针对植物转基因 DNA 提取的试剂盒,也可参照使用。

(1)CTAB 法

称取 100mg 匀碎样品(根据样品的 DNA 含量,可以调整样品量)转移至无菌的反应管中,加 $500\mu l$ CTAB buffer(20gCTAB/L,1.4mol/L NaCl,0.1mol/L Tris-HCl,20mmol/L EDTA),混合溶液于 65℃孵育 30min,然后 12000g 离心 10min,转移上层液至含 200BL 氯仿的管中混匀 30s 后以 11500g 离心 10min 直至液相分层,上层液转移到另一个新管中,加 2 倍体积的 CTAB 沉淀液(5gCTAB/L,0.04mol/L NaCl),室温下孵育 60min,然后 12000g 离心 5min,弃上清液。以 $350\mu l$ 1.2mol/L NaCl 溶解沉淀并加 $350\mu l$ 氯仿,混匀 30s 后,12000g 离心 10min。将上层液转移到另一新管中,加 0.6 倍体积异丙醇,充分混合后 11500g 离心 10min,弃上层液,加 70%乙醇 $500\mu l$ 到含有沉淀的小管中,小心混匀后离心 10min,弃上清液直到沉淀物变干,然后将 DNA 溶解在 $100\mu l$ 的无菌去离子水中。

(2)Wizard 法

称取 300mg 样品材料装入一反应管中,加入 $860\mu l$ 抽提缓冲液(10mmol/L Tris,150mol/L NaCl,2mol/L EDTA,1%SDS),$100\mu l$ 盐酸胍溶液(5mol/L)和 $40\mu l$ 蛋白酶 K 溶液(20mg/mL),混匀后 55℃~66℃孵育至少 3h 并缓缓地摇动,冷却至室温后离心 10min(12000~14000g),取 $500\mu l$ 上清液于另一新小管中并加入 1ml 的 Wizard DNA 提纯树脂,将 2ml 的注射器固定在液柱上面,推动活塞吸入混合物,DNA-树脂混合液用 2ml 80%异丙醇洗涤,液柱放在小反应管的上部,10000g 离心 2min,液柱在室温下干燥 5min,直到树脂放到新小反应管中后,加入 $50\mu l$ 洗涤缓冲液(10mol/L Tris)在 70℃洗涤,孵育 1min,离心 1min(10000g)。

11.4.3　食品中转基因植物成分定性 PCR 检测方法

本检测方法采用中华人民共和国进出入境检验检疫行业标准 SN/T 1202—2010。本标

准规定了食品中转基因植物成分的定性 PCR 检测方法。本标准适用于由转基因大豆
(Roundup Ready)、玉米(Bt 176,Btll,Mon 810,T14/T25,GA 21,CBH-351)、番茄(Zeneca)、
马铃薯(NewLeaf YTM)、油菜子和棉子粗加工而成的食品半成品以及由这六种原料加工而
成的食品成品和食品添加剂中转基因成分的检测。

1. 基本原理

样品经过提取 DNA 后,针对转基因植物所转入的外源基因的基因序列设计引物,通过
PCR 技术,特异性扩增外源基因的 DNA 片断,根据 PCR 扩增结果,判断该食品中是否含有转
基因成分。

2. 仪器

PCR 热循环仪,DNA 测序仪,电泳仪,凝胶成像系统,消毒灭菌锅,核酸蛋白质分析仪,高
速冷冻离心机,Mini 个人离心机,冷藏冷冻冰箱,可清洗、可高温灭菌的拆卸式固体粉碎机,研
钵,恒温孵育箱,微量移液器:0.5、2、10、20、100、200、1000μl。

3. 试剂

除另有规定外,所有试剂均为分析纯或生化试剂。
①实验用水:应符合 GB/T 6682 中一级水的规格。
②琼脂糖。
③RNase 酶溶液:20 单位/mg 冻干品,用已消毒的去离子水或双蒸水溶解 RNase-A 酶;
浓度为 10g/L,分装后于 -20℃ 保存,避免反复冻融。
④CTAB 提取液:CTAB 20g/L,氯化钠 1.4mol/L,Tris 0.1mol/L,隔 EDTA 0.02mol/L,用
盐酸或氢氧化钠调至 pH8.0。
⑤CTAB 沉淀液:CTAB 5g/L,氯化钠 0.04mol/L。
⑥氯化钠溶液:氯化钠 1.2mol/L。
⑦蛋白酶 K 溶液:蛋白酶 K 20mg/mL,溶于消毒水,不要高压消毒,储存于 -20℃,避免
反复冻融。
⑧担体:非转基因、非同一物种的植物或动物基因组 DNA。
⑨TE 缓冲液:Tris 0.01mol/L,Na$_2$EDTA 0.001mol/L,用盐酸或氢氧化钠调至 pH8.0。
⑩无水乙醇、异丙醇等有机试剂。
⑪基因组 DNA 提取试剂盒。
⑫PCR 试剂盒:含有 Mg^{2+} 的 PCR 缓冲液、dATP、dTTP、dCTP、dGTP、Taq 酶。
⑬电泳上样缓冲液。
⑭引物:食品转基因植物成分检测内源基因和部分外源基因所用的引物序列见表11-1。
以玉米和油菜籽为原料加工的食品中其他外源目的基因检测引物序列见 SN/T 1196—2012
和 SN/T 1197—2003。

表 11-1　检测食品中内源基因和部分外源基因所需的引物序列

检测基因	引物序列	产物/bp	基因性质	适用范围
	正：5′-cctcctcgggaaagttacaa-3′ 反：5′-gggcatagaaggtgaagtt-3′	162		
IVR	正：5′-ccgctgtatcacaagggctggtacc-3′ 反：5′-ggagcccgtgtagagcatgacgatc-3′	226	玉米内源 基因	以玉米为原料加工的食品
Zein	正：5′-tgaacccatgcatgcagt-3′ 反：5′-ggcaagaccattggtga-3′	173		
PEP	正：5′-ccagttcttggagccgcttga-3′ 反：5′-aagggccagtccaaatgcaga-3′	121	油菜子内源 基因	以菜子油为原料加工的食品
CaMV35S	正：5′-tcatcccttacgtcagtggag-3′ 反：5′-ccatcattgcgataaaggaaa-3′	165	外源	以转基因大豆（Roundup Ready），玉米（Bt176，Bt11，Mon810，T14/T25）、菜子油、番茄（Zeneca）、马铃薯为原料的食品
FMV 35S	正：5′-aagacatccaccgaagactta-3′ 反：5′-aggacagctcttttccacgtt-3′	210	源	以转基因菜子油、马铃薯（New Leaf Y，New Leaf Pfus）、番茄和棉子油为原料的食品
	正：5′-aagcctcaacaaggtcag-3′ 反：5′-ctgctcgatgttgacaag-3′	196		
NOS	正：5′-gaatcctgttgccggtcttg-3′ 反：5′-ttatcctagtttgcgcgcta-3′	180	外源	以转基因大豆（Roundup Ready），玉米（BtⅡ，GA 21）、菜籽油、番茄（Zeneca）、马铃薯为原料的食品
	正：5′-atcgttcaaacatttggca-3′ 反：5′-attgcgggactctaatcata-3′	166		
NPTII	正：5′-ggatctcctgtcatct-3′ 反：5′-gatcatcctgatcgac-3′	173	外源	以转基因番茄、马铃薯、菜籽油为原料的食品
	正：5′-aggatctcgtcgtgacccat-3′ 反：5′-gcacgaggaagcggtca-3′	183		
PAT	正：5′-gtcgacatgtctccggagag-3′ 及：5′-gcaacaaccaagggtatc-3′	191	外源目的 基因	以转基因大豆、玉米、菜子油为原料的食品
GOX （修饰）	正：5′-gtcttcgtgttgctggaaccgtt-3′ 反：5′-gaactggcaggagcgagagct-3′	121	外源目的 基因	以转基因菜子油为原料的食品

检测基因	引物序列	产物/bp	基因性质	适用范围
CP4-EPSPS（修饰）	正:5'-gacttgcgtgttcgttcttc-3' 反:5'-aacaccgttgagcttgagac-3'	204	外源目的基因	
BAR	正:5'-acaagcacggtcaacttcc-3' 反:5'-actcggccgtccagtcgta-3'	175	外源目的基因	以转基因菜子油、玉米（Bt 1 76，CBH-351）为原料的食品

注:1. 筛选检测基因。

2. 转基因番茄可同时扩增出 383bp 和 180bp 两个不同大小的 DNA 片断,非转基因番茄只能扩增 383bp 的 DNA 片断。

4. 检测步骤

检测步骤可分为几个方面:

①待检样品的制备:所有制备样品所用的器具在使用前应经过 120℃,30min 高压消毒,经固体粉碎机粉碎或研钵粉碎,再经离心浓缩制备待检样品。

②食品中 DNA 的提取:采用 CTAB 法提取食品中的 DNA。

③食品中核酸的定量分析:将 DNA 溶液做适当的稀释,放入紫外分光光度计的比色皿中,于 260nm 处测定其吸收峰,$OD_{260nm}＝50\mu g/mL$ 双链 DNA 或 $38\mu g/mL$ 单链 DNA。PCR 级 DNA 溶液的 OD_{260}/OD_{280} 比值为 1.7～2.0。

④定性 PCR 扩增反应。阴性对照、阳性对照和空白对照的设置:阴性对照以待测非转基因植物 DNA 为模板,提取 DNA 时如加有担体的 DNA 应以担体作为 PCR 反应的阴性对照模板;阳性对照采用含有待测基因序列的植物 DNA 作为 PCR 反应的模板,或采用含有待测基因序列的质粒;空白对照设两个,一是提取 DNA 时设置一个提取空白(以水代替样品),二是 PCR 反应的空白对照(以水代替 DNA 模板)。

PCR 扩增反应体系:转基因食品定性检测的 PCR 扩增反应有荧光 PCR 反应和常规 PCR 反应两种。荧光定量 PCR 反应体系见表 11-2,此方法适合于深加工且转基因成分含量低的食品,粗加工食品和食品原料同样可以采用此方法。常规 PCR 反应体系不加标记探针,其余同表 11-2,此方法只适合于粗加工食品和食品原料。

表 11-2 荧光 PCR 反应体系

试剂名称	储备液浓度	加入 PCR 反应体系的体积/μl
10×PCR Buffer	—	2.5
氯化镁（$MgCl_2$）	25mmol/L	2.5
dNTP	各 2.5mmol/L	2.0
探针	100/400μmol/L	0.125

试剂名称	储备液浓度	加入 PCR 反应体系的体积/μl
引物	20pmol/μl	正:0.25
		反:0.25
Taq 酶	5U/μl	0.125
DNA 模板	0.3~6μg/μl	5.0
去离子水	—	补足反应总体积为 25μl

注:反应体系中各试剂的量可根据反应体系的总体积进行适当调整。

PCR 反应条件:PCR 反应条件见表 11-3。其他外源基因检测的 PCR 反应条件见 SN/T 1196—2012 和 SN/T 1197—2003。不同 PCR 仪,反应参数应做适当调整。

表 11-3　食品中转基因成分检测 PER 反应条件

基因	变性	扩增	循环数/次	后延伸
Lectin	95℃,5min	95℃,30s 60℃,30s 72℃,60s	35	72℃,3min
IVR GEIN	95℃,5min	95℃,30s 64℃,30s 72℃,60s	35	72℃,10min
Patatin FMV/PVY PVY-cp	94℃,3min	94℃,40s 55℃,60s 72℃,60s	35	72℃,5min
PE3-PEPcase GOX(修饰) CP4 EPSPS(修饰)	95℃,5min	94℃,20s 54℃,40s 72℃,40s	40	72℃,3min
tRNA-Leu	94℃,4min	95℃,30s 55℃,30s 72℃,60s	30	72℃,5min
CaMV35S NOS35S/Petu	94℃,3min	94℃,20s 54℃,40s 72℃,60s	40	72℃,3min

基因	变性	扩增	循环数/次	后延伸
FMV35S	95℃,5min	94℃,20s 60℃,40s 72℃,40s	40	72℃,3min
NPTII	94℃,5min	94℃,60s 58℃,60s 72℃,60s	35	72℃,7min
PG PG/NOS	95℃,5min	94℃,30s 60℃,60s 72℃,60s	35	72℃,6min

⑤PCR 扩增产物的检测:PCR 扩增产物的检测方法有 GeneScan(基因片断扫描)法和凝胶电泳法。

基因片断扫描检测荧光 PCR 扩增产物:于 0.2ml PCR 管中依次加入 $12\mu l$ 去离子甲酰胺,$0.5\mu l$ 的 Rox500(核酸片断大小的内标)和 $5\mu l$ 带有荧光染料 PCR 产物(PCR 产物加入量的多少取决于 PCR 产物的量),混匀,离心将样品集中于管底;95℃解链 4min,并马上置其于冰上;将解链后的荧光 PCR 产物依顺序置于 DNA 测序仪中,按仪器操作要求,依次编制样品表、进样表,进行基因片断扫描。根据内标的大小及出峰位置,分析判断食品中是否含有预期的特异性 PCR 扩增产物的片段。

PCR 产物的凝胶电泳检测:制备 2% 的琼脂糖凝胶,按比例混匀电泳上样缓冲液和 PCR 扩增产物,然后将混有上样缓冲液的 PCR 扩增产物加入样品孔中,并用 10bp(或 50bp)Ladder DNA Marker 作分子量标记,进行电泳分析。电泳结束后,在凝胶成像仪的紫外透射光下观察是否扩增出预期的特异性 DNA 电泳带,拍摄并记录。

⑥确证实验:确证实验方法按照 SN/T 1204 中规定的方法进行。

5. 结果判断与表述

①内源基因检测:根据食品标签上注明的食物成分,检测食品 DNA 中相对应的内源基因;尚无特异内源基因的食品,则应检测植物叶绿体 tRNA-Leu 基因。阴性对照、阳性对照及待测样品均应检出内源基因,否则需重新提取 DNA。

②外源基因筛选检测:对食品进行转基因成分检测,首先筛选检测 CaMV35S、FMV35S、NOS 和 NPTII 基因。检测结果阳性的,应进一步做外源目的基因的鉴定检测。

③外源目的基因鉴定检测:筛选检测结果阳性的,还应根据表 11-1、表 11-4 和引用标准中的相关内容进行食品中可疑成分外源目的基因的鉴定检测。

表 11-4　基因食品检测结果的判断

食品	转基因植物品系	外源基因		植物内源基因	
		基因名称	扩增产物片断大小/bp	基因名称	扩增产物片断大小/bp
玉米	MON 810	CaMV35S	165′	IVR(ZEIN)	226(173)
		HSP/CaMV35S	170′		
		HSP|CrylAb	194′		
	BT11	CaMV35S	165		
		NOS	180(165)		
		IVS2-2fPAT	189′		
	BT 176	CaMV35S	165		
		CDPK6/CrylAb	211′		
		CaMV35S	165		
	T14	CaMV35S/PAT	231′		
		CaMV35S	165		
		CaMV35S/PAT	209′		
	T25	NOS	180		
		OTP/m-epsps	270		
		CaMV35S	165		
	GA 21	NOS	180(165)		
		PAT	191		
		CaMV35S/Cry9C	170′		
	CBH-351′	Cry9C/CaMV35S	171′		
大豆	Roundup Ready	CaMV35S	165	lectin	118(162)
		NOS	180(165)		
		35S-f2/petu-rl	172		
		CaMV35S/CTP of EPSPS	120		
马铃薯	New Leaf Y	FMV35S	210	patatm	216
		NOS	180(165)		
		FMV/PV	225		
		PVY-cp	161		
		CryⅢA	112		

续表

食品	转基因植物品系	外源基因		植物内源基因	
		基因名称	扩增产物片断大小/bp	基因名称	扩增产物片断大小/bp
菜子油	抗草丁膦	CaMV35S	165	PE3-PEPcas	121
		NOS	180(165)		
		NPTII	173(183)		
		BAR	175		
		EarStar	160′		
		Bamase	235′		
	抗草甘膦	FMV35S	210(196)		
		COX	121		
		CP4 EPSPS	204		
番茄	Zeneca	CaMV35S	165	植物叶绿体tRNA-Leu基因	180
		NOS	180(165)		
		NPTⅡ	173(183)		
		PG	180		
		PG/NOS	350		
棉籽油		CaMV35S	165	植物叶绿体tRNA-Leu基因	180
		NOS	180(165)		
		FMV35S	210(196)		
		CrylAc	119		
		CryIAb+CryIAc	215		
		GUS	210		

④结果表述:检出 XXX、XXX 基因或未检出 XXX、XXX 基因,阴性对照、阳性对照、空白对照及内源基因检测结果正常。

11.4.4 转基因实时荧光定量 PCR 检测方法

1. 基本原理

普通 PCR 检测方法在转基因的实用检测中尚存在一些局限性和不足,近年来发展的荧光定量 PCR 方法在检测上更能满足需求。一是由于转基因的标识需求和一些法规对转基因成分和量的限制,在检测上不仅限于对转基因成分定性的检测,而且要求对食品中转基因成分量的检测,普通 PCR 不能对转基因成分进行定量检测。二是在大多 PCR 检测过程中,DNA 污染已是分子生物学实验室难以克服的一个问题。实时荧光定量 PCR 方法能在相当程度上克服 PCR 实验室的污染,同时探针可对检测产物进行杂交检测,增加了检测的准确性。重要的是通过对内参照基因扩增量的比对,实时荧光定量 PCR 可完成对转基因在核酸方面的定量检测分析。

2. 试剂

(1)检测引物、探针和 PCR 反应体系

实时荧光定量 PCR 检测与普通 PCR 方法检测在技术上有许多相同的地方,但在 PCR 反应体系中增加荧光探针。表 11-5 列出了部分食品中实时荧光 PCR 检测的引物,表 11-6 列出了相应的 PCR 反应条件。

表 11-5　实时荧光 PCR 实验所用引物和探针序列

检测基因	引物序列	探针序列	适用范围
ZEIN	5′-tgaacccatgcatgcagt-3′	5′-tggcgtgtccgtccctgatgc-3′	玉米及其加工产品 (内源基因)
	5′-ggcaagaccattggtga-3′		
Lectin	5′-cctcctcgggaaagttacaa-3′	5′-ccctcgtctcttggtcgcgccctct-3′	大豆及其加工产品 (内源基因)
	5′-gggcatagaaggtgaagtt-3′		
PE3-PEPcase	5′-ccagttcttggagccgcttga-3′	5′-caggtcgctatgcgactgcggagaca-3′	油菜籽及其加工产品 (内源基因)
	5′-aagggccagtccaaatgcaga-3′		
tRNALeu	5′-cgaaatcggtagacgctacg-3′	5′-gcaatcctgagccaaatcc-3′	植物 (内参照基因)
	5′-ttccattgagtctctgcacct-3′		
18s rRNA	5′-cctgagaaacggctaccat-3′	5′-tgcgcgcctgctgccttcct-3′	真核生物 (内参照基因)
	5′-cgtgtcaggattgggtaat-3′		
CaMV35S	5′-cgacagtggtcccaaaga-3′	5′-tggacccccacccacgaggagcatc-3′	转基因大豆、玉米、油菜籽、番茄、马铃薯及其他工产品
	5′-aagacgtggttggaacgtcttc-3′		
NOS	5′-atcgttcaaacatttggca-3′	5′-catcgcaagaccggcaacagg-3′	转基因大米、大豆、玉米、油菜籽、番茄、马铃薯及其他工产品
	5′-attgcgggactctaatcata-3′		
FMV35S	5′-aagacatccaccgaagactta-3′	5′-tggtccccacaagccagctgctcga-3′	转基因油菜籽、番茄、马铃薯、棉花(籽)及其加工产品
	5′-aggacagctcttttccacgtt-3′		
NPTII	5′-aggatctcgtcgtgacccat-3′	5′-cacccagccggccacagtcgat-3′	转基因油菜籽、番茄、马铃薯及其加工产品
	5′-gcacgaggaagcggtca-3′		
Bar	5′-acaagcacggtcaaccacc-3′	5′-ccgagccgcaggaaccgcaggag-3′	转基因油菜籽、玉米及其加工产品
	5′-actcggccgtccagtcgta-3′		

续表

检测基因	引物序列	探针序列	适用范围
PAT	5′-gtcgacatgtctccggagag-3′ 5′-gcaaccaaccaagggtatc-3′	5′-tggccgcggtttgtgatatcgttaa-3′	转基因大豆、玉米、油菜籽及其加工产品
GOX	5′-gtcttcgtgttgctggaaccgtt-3′ 5′-gaactggcaggagcgagagct-3′	5′-tgctcacgttctctacactcgcgctcg-3′	转基因油菜籽、玉米及其加工产品
Cry3A	5′-tccggttacgaggttctt-3′ 5′-ccatagatttgagcgtcctta-3′	5′-acctatgctcaagcTGccaacaccc-3′	转基因马铃薯及其加工产品
CryIA(b)	5′-cgcgactggatcaggtaca-3′ 5′-tggggaacaggctcacgat-3′	5′ccgccgcgagctgaccctgaccgtg-3′	转基因玉米及其加工产品
EPSPS	5′-ccgacgccgatcaccta-3′ 5′-gatgccgggcgtgttgag-3′	5′-ccgcgtgccgatggcctccgca-3′	转基因大豆及其加工产品
GOS	5′-ttagcctcccgctgcaga-3′ 5′-agagtccacaagtgctcccg-3′	5′-cggcagtgtggttggtttcttcgg-3′	转基因大米及其加工产品
CryIAb/c	5′-gggaaatgcgtattcaattcaac-3′ 5′-ttctggactgcgaacaatgg-3′	5′-acatgaacagcgccttgaccacagc-3′	转基因大米及其加工产品
Btc	5′-gactgctggagtgattatcgacag-3′ 5′-agctcggtacctcgacttattcag-3′	5′-tcgagttcattccagttactgcaacactcgag-3′	转基因大米及其加工产品

表 11-6 实时荧光 PCR 反应体系

试剂名称	终浓度	μl/反应
10×PCR 应缓冲液	1×	5
MgCl₂(25mmol/L)	2.5mmol/L	5
dATP(10mmol/L)	200nmol/L	1
dGTP(10mmol/L)	200nmol/L	1
dCTP(10mmol/L)	200nmol/L	1
dTTP(10mmol/L)	100nmol/L	0.5
dUTP(10mmol/L)	200nmol/L	1
UNG 酶(1U/μl)	0.5U	0.5
探针(5μmol/L)	100nmol/L	1
Taq 酶(5U/μl)	2.5U	0.5
补水至	—	50

注:表中 DNA 模板为原料的模板量,加工产品可视加工程度适当增加模板量。

（2）实时荧光 PCR 反应条件

实时荧光 PCR 大多采用二步法。反应参数：37℃，5min；预变性 95℃，3min；95℃，15s；60℃，1min；40 个循环。不同仪器可根据仪器要求将反应参数作适当调整。

3. 结果分析

实时荧光 PCR 反应结束后，应设置阈值。一般选择 3～15 个循环的阴性对照的 10 倍标准差作为阀值，但要保证阀值≥阴性对照的最高荧光值，使阴性对照的 Ct 值≥40。如内参照基因检测 Ct 值≥36，应调整模板浓度，重做实时荧光 PCR 扩增。

待测样品外源基因检测 Ct 值≥40，内参照基因检测 Ct 值≤36，阴性对照、阳性对照和空白结果正常者，则可判定该样品未检出转基因。

待测样品外源基因检测 Ct 值≤36，内参照基因检测 Ct 值≤36，阴性对照、阳性对照和空白结果正常者，则可判定该样品检出转基因。

待测样品外源基因检测 Ct 值在 36～40 之间，应调整模板浓度，重做实时荧光 PCR 扩增。再次扩增后的结果 Ct 值仍小于 40，且阴性对照、阳性对照和空白对照结果正常，则可判定该样品检出转基因；再次扩增后的结果 Ct 值＞40，且阴性对照、阳性对照和空白对照结果正常，则可判定该样品未检出转基因。

11.4.5　转基因检测存在主要技术问题

一些加工食品受加工程度的影响，食品中 DNA 含量很少或者 DNA 破坏严重，造成食品中的 DNA 无法提取，如一些精炼油、油炸食品等，使得转基因 PCR 检测非常困难。有的样品对于 DNA 的提取要求较高，使用较好的 DNA 提取试剂或采用较好的手段，可以提高 DNA 的提取率和纯度。

随着转基因技术的大量应用，转基因的品种越来越多，所转的基因成分和类型越来越繁杂，导致检测困难。有的采用新的启动子或新的转基因方式，有的研究者出于商业目的隐瞒所转基因的背景材料，难以获取转基因的信息，一时无法进行转基因检测。

目前对于食品中转基因的检测，仅限于对已公开或知晓的几类基因进行检测，但涉及检测的基因和序列较多，检测较为繁杂，加之有的食品成分复杂，干扰因子多，这些都直接增加了其检测难度。

作为分子生物学的检测方法，其检测试验室的污染控制非常重要，尤其要考虑到样品处理及扩增后的污染、微量进样器的污染、一次性物品污染等。

第 12 章　食品安全控制体系 HACCP

12.1　HACCP 体系概述

12.1.1　HACCP 的概念

HACCP 是目前国际上公认的控制食品安全的经济有效的管理体系。HACCP 原理适用于食品生产的所有阶段,包括基础农业、食品制备与处理、食品加工、食品服务、配送体系以及消费者处理和使用。

12.1.2　HACCP 与 GMP,SSOP 的关系

根据《食品卫生通则》附录《HACCP 体系及其应用准则》和美国 FDA 的 HACCP 体系应用指南中的论述,GMP、SSOP 是制定和实施 HACCP 计划的基础和前提条件。国家认监委在 2002 年第 3 号公告中发布的《食品生产企业危害分析和关键控制点(HACCP)管理体系认证管理规定》中也明确规定:"企业必须建立和实施卫生标准操作程序。"这充分说明,SSOP 文件的制定和实施对 HACCP 计划是至关重要的。因此,从传统意义上讲,GMP、SSOP 和 HACCP 的关系可用图 12-1 来表示。

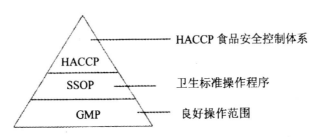

图 12-1　GMP、SSOP、HACCP 的关系(传统意义上)

需要指出的是,从 CAC/RCP1—1969,Rev. 4—2003《食品卫生通则》和我国的《出口食品生产企业卫生要求》等 GMP 法规看,GMP 中包括了 HACCP 计划。因此,从现代意义上讲,GMP、SSOP、HACCP 应具备以下关系(图 12-2)。

国家颁布 GMP 法规的目的是要求所有的食品生产企业确保生产加工出的食品是安全卫生的。HACCP 计划的前提条件以及 HACCP 计划本身的制订和实施共同组成了企业的 GMP 体系。HACCP 是执行 GMP 法规的关键和核心,SSOP 和其他前提计划是建立和实施 HACCP 计划的基础。

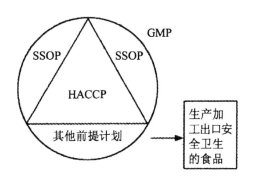

图 12-2　GMP、SSOP、HACCP 的关系（现代意义上）

12.1.3　HACCP 体系的产生与发展

HACCP 的概念起源于 20 世纪 60 年代末，由美国皮尔斯堡（PILLSBURY）公司和美国陆军纳提克（NATICK）实验室，以及美国航空航天局（NASA）共同提出，主要是为了开发太空食品，确保宇航员的食品安全。其发展大致分为两个阶段（创立阶段和应用阶段），经历了 HACCP 概念的提出、HACCP 概念的局部应用、HACCP 体系应用准则的形成、HACCP 体系的广泛推广和被采纳及不同种类食品的 HACCP 模式的提出等过程，并随时代而不断发展。具体经历过程如图 12-3 所示。

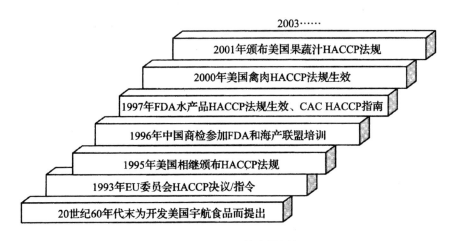

图 12-3　HACCP 的发展历程

目前 HACCP 推广应用较好的国家有：加拿大、泰国、越南、印度、澳大利亚、新西兰、冰岛、丹麦、巴西等，这些国家大部分是强制性推行采用 HACCP。HACCP 体系的推广应用涵盖了饮用牛乳、奶油、发酵乳、乳酸菌饮料等近 30 个领域。

目前，中国已初步形成了门类齐全、结构相对合理、具有一定配套性和完整性的 HACCP 标准体系，涉及水产品、肉及肉制品、速冻方便食品、罐头、果汁和蔬菜汁类、餐饮业、乳制品、饲料等，基本涵盖了食品生产、加工、流通和最终消费的各个环节。

12.2 HACCP 体系的基本原理

12.2.1 HACCP 内容

经过多年的实际应用、修改和完善,1999 年国际食品法典委员会确认 HACCP 系统包含有七大原则,即由七个基本原理组成,以确认加工过程中的危害及监控主要控制点,防止危害的发生。对 HACCP 原理的深刻理解,是建立 HACCP 计划和运行 HACCP 体系的重要前提,HACCP 的七个原理是密切相关和环环相扣的。

12.2.2 7 个基本原理

HACCP 原理克服了传统的食品安全控制方法(现场检验和终产品测试)的缺陷,可以使组织将精力集中到加工过程中最易发生安全危害的环节上,将食品控制的重点前移,使控制更加有效。

HACCP 计划的 7 个原理如图 12-4 所示。

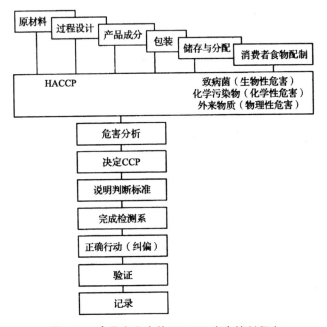

图 12-4 食品企业中的 HACCP 安全控制程序

1. 危害分析

(1)危害分析

危害分析是收集信息和评估危害及导致其存在的条件的过程,通过分析以往资料、现场实地观测、实验采样检测等方法,鉴定与食品生产各阶段(从原料生产到消费)有关的潜在危害性,以便决定哪些对食品安全有显著影响。同时对各危害发生的可能性及发生后的严重性进行估计,确定显著危害,并制定具体有效的预防和控制措施。危害的分类与控制如图 12-5 所示。

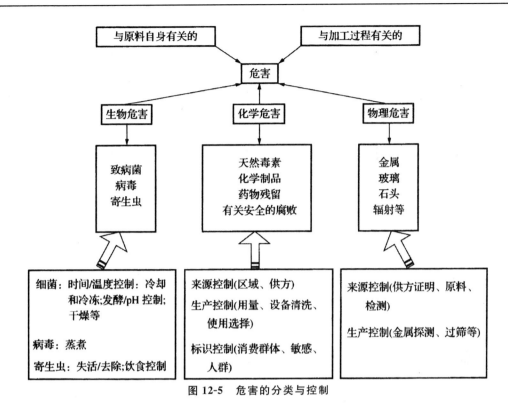

图 12-5　危害的分类与控制

　　危害分析包括三个方面内容：明确危害，危害评估并确认显著危害，提出显著危害的预防控制措施。

　　(2)危害评估并确认显著危害

　　为了保证分析时的清晰明了，危害分析时需要填写危害分析表(表 12-1)。

表 12-1　危害分析表

公司名称：　　产品名称：					
公司地址：					
贮藏和销售方法：　　预期用途和客户：					
(1)配料、加工步骤	(2)确定本步骤中引入的受控制的或增加的潜在危害	(3)潜在的食品安全危害是显著的吗？（是、否）	(4)第(3)栏的判断提出依据	(5)能用于显著危害的预防措施是什么？	(6)该步骤是关键控制点吗？（是、否）
1					
2					
3					
4					
5					
6					
签名：					
日期：					

当然,并不是所有识别的潜在危害都必须放在 HACCP 中来控制,在确定潜在危害后,要对这些潜在危害进行危害评估,旨在确定哪些危害对食品安全是显著危害,必须在 HACCP 计划内予以控制。

若经评估某一危害如果同时具备以上两个特性,则该危害被确定为显著危害,显著危害必须被控制。如果可能性和严重性缺少一项,则不必要列为显著危害。危害分析还应该避免分析出过多的危害导致控制点多而分散,不能抓住重点,失去了实施 HACCP 的意义。

总之,HACCP 计划仅针对显著危害,而且仅针对能实施适当控制措施的显著危害。进行危害分析时必须考虑加工企业无法控制的各种因素,例如产品的销售环节、运输、食用方式和消费群体等。这些因素应在食品包装形式和文字说明中加以考虑,以确保食品的消费安全。

2. 确定关键控制点

关键控制点措施指能够用于预防、消除危害或将其降低到可接受水平的措施和手段。在食品加工中常见的杀菌、冷冻等技术手段都是针对危害的控制措施。是否可以作为关键控制点,应结合具体的食品加工过程来确定。判断一个加工环节是否是关键控制点,CAC 给出了关键控制点判断流程图的方法(图 12-6)。按照关键控制点判断流程图逐步回答所提出的问题,可以为确定关键控制点提供参考。

根据美国全国食品微生物限量咨询委员会的定义,通过采取特别预防措施对 CCP 进行控制,使食品安全危害能被控制、消除或减少到可以接受的一个水平。一个关键控制点是某一点、步骤或工序,因此应根据所控制的危害的风险与严重性仔细地选定 CCP,且这个控制点须是真正关键的。由此看来,确定某个加工步骤是否为 CCP 不是容易的事。因为每个显著危害都必须加以控制,但产生显著危害的点、步骤或工序不一定都是 CCP。"判断树"可帮助简化这一任务。区分控制点(CP)与关键控制点(CCP)是 HACCP 概念的一个独特见解,它优先考虑的是风险,并且注重尽最大可能实行控制风险。

3. 建立关键限值

为更切合实际,需要详细地描述所有的关键控制点。确定了 CCP,也就是确定了要控制什么,还应明确将其控制到什么程度才能保证产品的安全,也就是确定关键限制(CL)。关键限值指与一个 CCP 相联系的每个预防措施所必须满足的标准。通常情况下,确立临界限值时应包括被加工产品的内在因素和外部加工工序两方面的要求。

好的 CL 应该是:直观、易于监测、仅基于食品安全、能使之出现少量被销毁或处理的产品就可采取纠正措施、不能违背法规、不能打破常规方式、不是 GMP 要求或 SSOP 措施。

4. 建立关键控制点的监控计划

监控是对已确定的 CCP 进行观察(观察检查)或测试,从而判定它是否得到完全控制(或是否发生失控)。当一个 CCP 发生偏离时,通过监控可以很快查明何时失控,以便及时采取纠偏行动。另外,监控还可帮助指出失控的原因,没有有效的监控和数据或信息的记录,就没有 HACCP 体系。

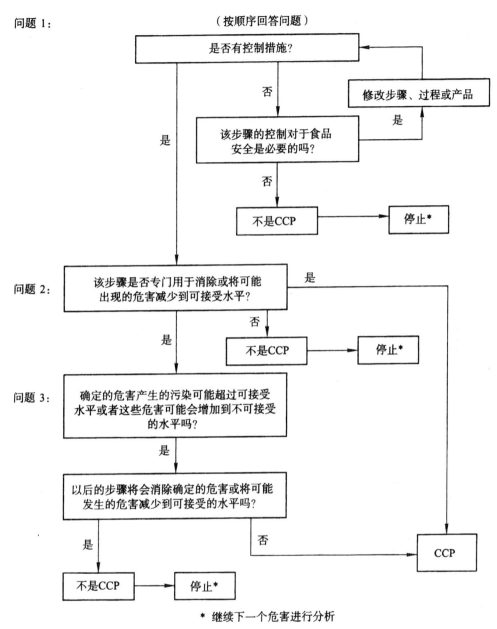

图 12-6　确定关键控制点的判断流程

5. 建立纠正措施

由于不同食品 CCP 都可能出现偏离的差异,因此必须在 HACCP 中每两个 CCP 之间建立专门的纠正措施。纠正措施的目的是使 CCP 重新受控。纠正措施既应考虑眼前需解决的问题,又要提供长期的解决办法。如果出现偏差,查明偏差的产品批次,并立即采取保证这些批次产品安全性的纠正措施。

HACCP 计划应包含一份独立的文件,其中所有的偏离和相应的纠正措施要以一定的格式记录进去。这些记录可以帮助企业确认再次发生的问题和 HACCP 计划被修改的必要性。表 12-2 是一份纠正措施报告。

表 12-2 纠正措施报告

公司名称：			编　　号：		
地　　址：			日　　期：		
加工步骤：			关键限值：		
监控人员			发生时间		报告时间
问题及发生问题描述					
采取措施					
问题解决及现状					
HACCP 小意见					
审核人：		日期：			

6. 建立验证程序

一旦建立起 HACCP 体系,每个工厂需将其提供给具有管辖权的认证或监督机构获得批准。验证是指除监控外,用以确定是否符合 HACCP 计划所采用的方法、程序、测试和其他评价方法的应用。但是,与监测步骤上使用生产线上的数据、信息进行检查不同的是,所有的关键控制点和监视的记录随后将由检查人员审核,只要严格遵照安全加工规范就容易获得通过,整个 HACCP 体系才能在按规定有效运转。

7. 建立记录保存程序

企业在实行 HACCP 体系的全过程中需有大量的技术文件和日常的工作监测记录,建立有效的记录保持程序,有助于及时发现问题和准确分析问题,使 HACCP 原理得到正确的运用。

12.3　HACCP 体系的建立和实施

12.3.1　建立 HACCP 体系的前提条件

1. 获得管理层的认可和支持

国外 HACCP 的应用实践表明,HACCP 是由企业自主实践,政府积极推行的行之有效的食品安全管理技术。实施 HACCP 取得成功的关键在于全力投入,有管理方面的参与以及具备相当的人力资源是实施 HACCP 的基础。最高领导给予的强有力的持续的支持是 HACCP 得以研究、建立以及实施的必要条件,只有管理层大力支持,HACCP 小组才能得到必要的资源,HACCP 体系才能发挥作用。

2. 建立必要的技术支持体系

HACCP 的实施应在对人体健康危险性研究的科学证据指导下进行,对具体产品的 HACCP 研究需要多学科技术支持,充分得到各方面和各学科人员的参与、支持与协助,并广泛收集有关文献技术资料。可以说,HACCP 不是单个人或单学科能解决的,而是建立在众多基础学科上的科学,是不断发展的科学。如果缺乏某一领域的专家或人员的介入,可能导致整个 HACCP 计划的失败。

3. 教育与培训

从事培训员工的教员应是 GMP、SSOP、HACCP 方面的专家,应当非常熟悉并能正确理解各项卫生规范和 HACCP 原理。培训形式根据企业的实际情况可采取集中培训、个别培训、送出去或请进来等。培训、考核合格后的人员才能从事 HACCP 体系的实施工作。人员是一个企业成功实施 HACCP 体系的前提条件。教育和培训工作对于一个成功的 HACCP 计划的实施是非常重要的。

4. 建立和实施必备的前提计划

实施 HACCP 体系的目的是预防和控制所有与食品相关的安全危害,HACCP 体系作为全面质量控制体系中的一部分,必须建立在现行的良好操作规范(GMP)和可接受的卫生标准操作程序(SSOP)的基础上,通过这两个程序的有效实施确保食品生产设施等基本条件满足要求以及对食品生产环境的卫生进行控制,否则,就有可能导致生产不安全食品。除此之外,食品企业单位在实施 HACCP 计划前还应有相应的一些前提计划做保证,它们也是 HACCP 体系建立和有效实施的基础。前提计划中还应包括以下计划或程序:
①基础设施设备保障维护计划。
②原辅料采购安全计划。
③产品包装、储存、运输和销售防护计划。
④产品标识、可追溯性保障计划和召回程序。
⑤应急预案和响应程序。
⑥人员培训计划。
⑦以上各前提计划的纠正监控程序。
⑧以上各前提计划的记录保持程序。

12.3.2 HACCP 计划的制订与实施

各个企业由于产品特性的不同,为此 HACCP 计划的制定也有差异。在制订 HACCP 计划过程中可参照常规的基本步骤,图 12-7 是发展 HACCP 计划的步骤。

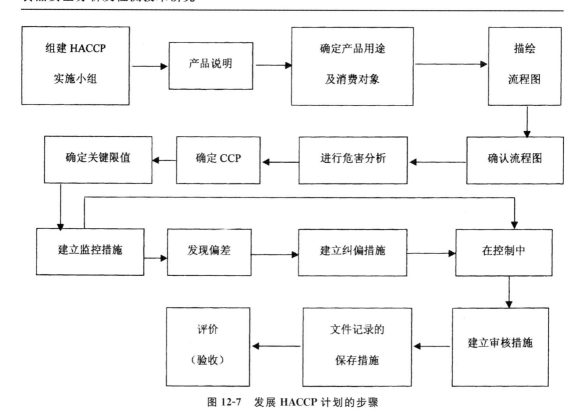

图 12-7　发展 HACCP 计划的步骤

1. 组建 HACCP 实施小组

HACCP 的实施包括 12 个步骤,如图 12-8 所示。这一步骤可以在制定 GMP、SSOP 等前提条件前完成。

组建 HACCP 计划实施小组

↓

产品表述

↓

确定产品用途以及产品销售对象

↓

绘制生产流程图

↓

确证生产流程图

↓

危害分析的确定(原理 1)

↓

关键控制点的确定(原理 2)

↓

关键限值的确定(原理 3)

↓

关键控制点监控措施的建立(原理 4)

↓

纠偏措施的建立(原理 5)

↓

建立验证审核程序(原理 6)

↓

建立记录和文件的有效管理程序(原理 7)

图 12-8　实施 HACCP 体系计划的基本步骤

实施小组的主要职责是:负责编写 HACCP 体系计划文件、制定 HACCP 体系实施计划、监督实施 HACCP 体系计划、审核关键限值及其偏离的偏差、完成 HACCP 体系计划的内部审核、执行验证和修改 HACCP 体系计划、对企业的其他员工进行 HACCP 体系培训等。

HACCP 计划小组的任务是收集资料,核对、评估技术数据,制订、修改和验证 HACCP 计划,并对 HACCP 计划的实施进行监督,以保证 HACCP 计划的每个环节能顺利地执行。

2. 产品描述

对产品(包括原料和半成品)及其特性、规格与安全性等进行全面描述,尤其对以下内容要作具体定义和说明:

①原辅料(商品名称、学名和特点)。

②成分(如蛋白质、氨基酸、可溶性固形物等)。

③理化性质(包括水分活度、pH 值、硬度、流变性等)。

④加工方式(如产品加热及冷冻、干燥、盐渍杀菌程度)。

⑤包装系统(如密封、真空、气调、标签说明等)。

⑥储运(冻藏、冷藏、常温储藏等)和销售条件(如干湿与温度要求等)。

⑦所要求的储存期限(如保质期、保存期、货价期)。

3. 描绘流程图

加工流程图如图 12-9 所示,该图是 PET 果汁饮料生产工艺流程图。描绘食品生产的工艺流程图,对实施 HACCP 管理是必需的,这是一项基础性的工作。流程图没有统一的模式。但无论哪种格式都要保证加工过程的流程图按顺序每一步骤都表示出来,不得遗漏。

4. 确定关键控制点

通常情况下,判断一个点、步骤或工序是否是 CCP,我们可以通过 CCP 判断树来进行判断,但是 CCP 判断树并不是唯一的工具。通过 CCP 判断树(图 12-10)中提出的 4 个问题,能够帮助在加工工序中找出关键控制点。

5. 建立关键限值

建立的关键限值必须具有可操作性,在实际操作中,一般使用比关键限值更严格的操作限值来进行操作以保证关键限值不被突破。

(1)定义

关键限值(CL):CL 是与一个 CCP 相联系的每个预防措施所必须满足的标准。它是区分安全性可接受或不可接受的判断标准。它用来区分安全与不安全,若超过 CL,即意味着 CCP 失控,产品可能存在潜在的危害。

操作者在实际工作中,一旦发现可能趋向偏离 CL,但又没有发生时,就采取调整加工,使 CCP 处于受控状态,而不需要采取纠正措施。建立 CL 应做到合理、适宜、适用和可操作性强。表 12-3 是关键限值的例子。

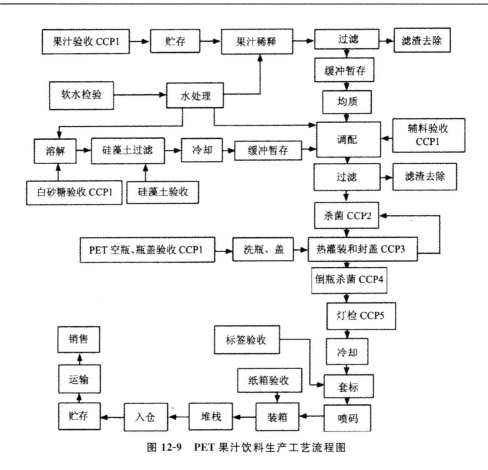

图 12-9　PET 果汁饮料生产工艺流程图

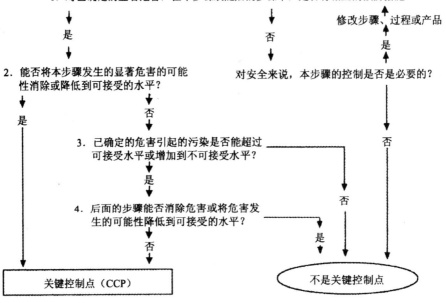

图 12-10　CCP 判断树

表 12-3　有关产品 CL 值的例子

危害	CCP	关键限值
细菌性病原体	巴氏杀菌	杀死牛奶中的病原菌,需在≥72℃,不少于 15min 条件下
细菌性病原体 (生物的)	干燥箱	干燥程序——烘箱温度:≥93℃,干燥时间:不少于 20min,气流≥56L/min,产品厚度:≤1.27cm(在干燥的仪器中使 A_w 达到不大于 0.85 来防治病原菌)
细菌性病原体 (生物的)	酸化	分批程序——产品重量≤45.4kg,浸泡时间≥8h;醋酸浓度≥3.5%,容积≤189L(在腌制食品中使 pH 达到小于 4.6 来防治梭状芽孢杆菌)

(2)建立操作限值(OL)

关键限值确定后,就可以建立操作限值(OL)。建立 OL 的目的是为了避免偏离 CL。偏离 OL 就说明关键控制点有失控的趋势,一旦偏离 CL 的结果就是 CCP 失控,从而引起食品安全危害产生,出现产品返工或造成废品。只有在超出关键限值时才需要采取纠偏行动。例如,某 CCP 的 CL 是加热温度≥83℃,为了防止温度接近 83℃(如 83.2℃)时,若温度继续下降势必超过 CL(<83℃)而引起纠偏行动。为此,可在 83℃以上的适当处确定某一温度(如 86℃)为 OL。当加热温度由高的方向下降至此 OL 时,操作人员即对加热设备进行调整,即可防止温度继续下降达 CL,从而确保食品安全,避免损失。应注意的是,OL 不宜定得太严,应以不影响产品的品质、风味为前提,否则将产生负面影响。

6. 建立合适的监控程序

当生产工艺流程或有关条件改变时,监控的频率必须做相应的调整,其内容包括监控对象、监控方法、监控频率以及监控人员。

12.3.3　HACCP 计划的建立范例(以果肉凝胶型果冻生产为例)

1. 预备步骤

(1)公司简介

XYZ 食品有限公司是一个大型的果冻生产企业,生产系列果冻。主要生产过程全自动化。

(2)确定 HACCP 工作组成员

HACCP 工作组成员包括负责技术或质量保证的经理、负责生产的经理、生产线主管、质量控制主管、负责维护的经理。

2. HACCP 计划的建立过程

监控程序的内容填写在 HACCP 计划表的第 4~7 栏中。表 12-4 是一个 HACCP 计划表的示例。

表 12-4 HACCP 体系计划表

产品名称：　　　　　　生产地址：　　　　　储运、销售方式：
预期用途和消费者：　　负责人：　　　　　　　日期：

CCP	显著危害	关键限值 CL	监控				纠偏措施	验证	记录
			对象	方法	频率	人员			

（1）产品描述

果冻产品描述见表 12-5。

表 12-5 果冻产品描述

项目	产品描述
产品特性	果冻是以食用胶和食糖为原料,经煮胶、调配、灌装、杀菌等工序加工而成的胶冻食品。果冻按其成型度的大小可分为凝胶果冻和可吸果冻;果冻按其添加内容物可分为果味型果冻、果肉型果冻、果汁型果冻、含乳型果冻和其他果冻。果冻的主要理化特征是:糖度≥15.0,pH 值为 3.6~4.2
主要配料	水、砂糖、果肉、卡拉胶、柠檬酸、防腐剂、营养强化剂、椰果、食用色素、食用香料等
包装	塑料杯、塑料膜和软瓶包装
保质期及储存	常温下储藏、保质期 12 个月(添加果肉或乳制品的果冻为 9 个月)
食用方法	开启后即食
食用人群	消费对象为青少年
特殊运输要求	不得与有毒、有害的物品混运;运输时防挤压,应轻搬轻放,严禁抛掷
标签说明	应符合 GB 7718—2014 的要求

（2）果冻生产工艺流程图及说明

工艺流程如图 12-11 所示。

流程说明：

①原材料检验与储存。

原（辅）料、添加物（果肉/椰果等）、杯、膜、包装材料等原材料到货后,查看供应商提供的合格证明。然后依照相关的质量检验指标,通过一定的检验程序和方法查验各原料、物料的品质、重量及批号等数据,依据检验合格的原物料验收入库,对不合格的原物料进行退货。对检验合格的原(辅)料、添加物(果肉、椰果等)、杯、膜、包装材料等贴合格标签并入库,按照各物料的储存性能分类并分类贮存。

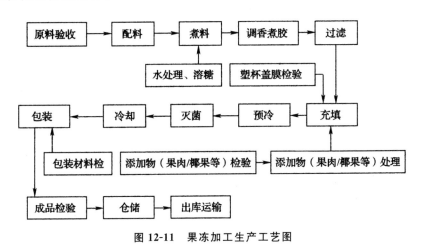

图 12-11　果冻加工生产工艺图

②配料。

根据工艺及配方标准的要求,准确称取各种原、辅料混匀备用。

③水处理。

根据工艺、水处理工艺将自来水通过多介质过滤器、活性炭过滤器、三塔流动床、精密过滤器和紫外线杀菌器处理,使之达到工艺用水的水质要求。

④溶糖。

根据溶糖工艺要求,将白砂糖加入适量工艺水(符合饮用水标准)的高速溶糖机,使白砂糖在高速溶糖机中充分溶解,经过滤后打入储糖罐中备用。

⑤煮料。

按工艺要求用量,在煮料缸中注入工艺水和糖浆,开启搅拌及蒸汽,将所配原料及辅料均匀缓慢地投入煮料缸中,注意投料中水温应控制在工艺标准内,做到投料不结块,继续升温至95℃～100℃保温。

⑥调香。

将过滤后的料液抽至调香缸,调香后进行搅拌,使香精(料)与料液均和均匀,静置5min开始抽料。

⑦过滤。

将煮好的料液抽至过滤缸,进行过滤,以除去料液中的杂质、异物。

⑧添加物(果肉/椰果等)处理。

按照相应的添加物(果肉/椰果等)处理工艺,在果冻填充前对添加物(果肉/椰果等)进行预处理和加工、备用。

⑨充填。

向果冻杯中加入添加物(果肉/椰果等)后,将调香后的料液抽至充填机的充填体,并按工艺要求的充填量进行充填。充填时必须保持温度符合工艺要求。

⑩灭菌。

将半成品输送至消毒线进行巴氏杀菌,杀菌温度 84℃～87℃,消毒时间控制在 25min 以内。

⑪冷却、烘干。

将消毒后的半成品输送至冷却池冷却,冷却水温度及冷却时间按相关工艺执行,将冷却后的半成品用热风烘干后送包装车间包装。

⑫包装。

依据产品质量判定标准,对半成品进行挑选和检查后,按相应的包装工艺进行装袋、装箱、封箱及码板。

⑬成品检验。

将包装好的成品在室温下储存在干净卫生的仓库中。

⑭出库运输。

防潮、防晒、常温下运输,注意运输车辆车厢内保持干净卫生。

(3)果冻部分生产过程中的危害分析(表 12-6)

表 12-6　果冻部分生产危害分析单

加工工序	可能引入的潜在危害或增加的危害	潜在危害是否显著(是/否)	对第三栏判定的依据	防止显著危害的预防措施	是否为关键控制点
水处理	生物性的:致病菌、寄生虫等污染	是	水质本身存在微生物及在处理输送过程中可能受到污染	(1)水处理系统过滤,紫外线杀菌 (2)通过煮料工序、消烘工序可以杀灭致病菌 (3)SSOP 控制	否
	化学性的:重金属、化学物质残留	否	(1)自来水符合要求 (2)按 SSOP 控制		
	物理性的:无	无			
砂糖检验	生物性的:无				
	化学性的:重金属、化学物质残留	否	蔗糖生产过程中经过溶解、过滤、结晶,如原料带有农药或重金属,也不会带入糖中		
	物理性的:无				

加工工序	可能引入的潜在危害或增加的危害	潜在危害是否显著（是/否）	对第三栏判定的依据	防止显著危害的预防措施	是否为关键控制点
果汁检验	生物性的：酵母菌、霉菌、细菌、致病菌	是	果汁在加工、储存过程中污染	（1）供应商提供形式监督检验报告和每批检验合格证书（2）进料检验（3）验收时剔除胀罐、漏罐（4）后工序杀菌除去	否
	化学性的：重金属、化学物质残留	是	由于环境污染及果树种植过程使用农药，或土壤中有重金属造成农药残留和重金属残留	供应商提供形式监督检验报告	否
	物理性的：金属屑及其他异物	否	果汁生产过程中会过滤，可消除危害		

此外还有增稠剂检验，柠檬酸检验，香料检验，防腐剂检验，盐类/铁锌矿物质检验，乳酸钙/乳酸锌检验，维生素 A、C、D、E 等的检验，奶粉检验，添加物（果肉/椰果等）的检验，杯检验，盖膜检验，纸箱及其他包辅材料检验，原材料仓储、配料、溶糖、水处理、煮料、过滤、调香、CIP 设备、工器具等清洗消毒（停产、转产）、灭菌、冷却、烘干、包装、成品检验、仓储、运输等工艺的危害识别，在这里不再表述。

（4）果冻生产中的 CCP 确定（表 12-7）

表 12-7 果冻生产过程中的 CCP

序号	工序	关键控制点（CCP）
1	配料（CCP1）	化学性危害：放错添加剂或添加剂量加大
2	充填（CCP2）	生物性危害：充填温度过低，滋生细菌等微生物
3	充填（CCP3）	物理性危害：过滤袋破裂，金属、玻璃、隔膜泵的密封球破裂后碎片进入到果冻
4	CIP 清洗（CCP4）	化学性危害：消毒剂残留
5	原材料验收（CCP5）	化学性危害：消毒剂、农药、重金属残留
6	灭菌（CCP6）	生物性危害：灭菌温度、时间未达到要求，感染细菌等
7	挑选、金属检测（CCP7）	物理性危害：添加物中金属、玻璃碎片

（5）果冻生产中的关键限值确定（表 12-8）

表 12-8　果冻生产中的关键限值（CL）

序号	工序	关键控制点（CCP）	关键限值（CL）
1	配料	化学性危害：放错添加剂或添加剂量加大（CCP1）	添加剂食用量，按 GB 2760—2011《食品安全国家标准食品添加剂使用标准》实施
2	充填	生物性危害：充填温度过低，滋生细菌等微生物（CCP2）	料液充填温度≥70℃
3	充填	物理性危害：过滤袋破裂、金属、玻璃、隔膜泵的密封球破裂后碎片进入到果冻（CCP3）	果冻产品内金属、玻璃、隔膜泵的密封球破裂后碎片为 0
4	CIP 清洗	化学性危害：消毒剂残留（CCP4）	清洗后测 pH 值，pH 值与水的 pH 值相比后的误差值应在±0.2 内
5	原材料验收	化学性危害：消毒剂、农药、生物性危害，灭菌温度、时间未达到要求，感染细菌等重金属残留（CCP5）	供应商提供的每批原料、物料合格证明（重金属、农药残留）应 100％准确
6	灭菌	生物性危害：灭菌温度、时间未达到要求，感染细菌等（CCP6）	灭菌温度 84℃以上，灭菌时间符合工艺要求
7	挑选、金属检测	物理性危害：添加物中金属、玻璃碎片（CCP7）	添加物（果肉、椰果等）单层摆放，每平方米挑选台保证 3 位挑选人员；每台金属检验机至少 1 人负责监控

（6）果冻生产加工关键控制点的监控（表 12-9）

表 12-9　果冻生产加工关键控制点的监控

序号	关键控制点（CCP）	监控			
		监控对象	监控方法	监控频率	监控人员
1	化学性危害：放错添加剂或添加剂量加大（CCP1）	配料时称量的添加剂	按工艺标准准确添加剂；对称量的添加剂量由另一个人员确认	配料时，对每次称量的化学添加剂进行一次复核	配料人员
2	生物性危害：充填温度过低，滋生细菌等微生物（CCP2）	充填料缸料液的温度	监控和记录充填缸料液的温度	每 30min 监控和记录一次充填缸料液的温度	充填操作人员和品管员

续表

序号	关键控制点(CCP)	监控			
		监控对象	监控方法	监控频率	监控人员
3	物理性危害:过滤袋破裂,金属、玻璃、隔膜泵的密封球破裂后碎片进入到果冻(CCP3)	过滤袋(网)的完好性	检查过滤袋(网)的完好性	每24h对管道过滤网的完好性检查一次	操作人员和品管员
4	化学性危害:消毒剂残留(CCP4)	管道清洗水的pH值	CIP清洗完成后,测试管道清洗水的pH值	每次 CIP 清洗完成后,测试管道清洗水的 pH 值	品管员
5	化学性危害:消毒剂、农药、生物性危害,灭菌温度、时间未达到要求,感染细菌等及重金属残留(CCP5)	供应商提一供的每批原物料的化学、金属、农药残留的合格证明	进料检验前,查验供应商提供的原物料的化学(重金属、农药)残留合格证明	进料检验前,查验供应商提供的原物料的化学(重金属、农药)残留合格证明	进料检验员
6	生物性危害:灭菌温度、时间未达到要求,感染细菌等(CCP6)	后巴氏杀菌的温度、时间	确认并记录后巴氏杀菌的温度、时间	每 30min 确认并记录后巴氏杀菌的温度、时间	毒操作人员和品管员
7	物理性危害:添加物中金属、玻璃碎片(CCP7)	添加物挑选时的摆放;挑选人员的密度;金属检测,机监控人员及记录	观察并记录添加物挑选时的摆放情况、挑选人员的密度。检查金属检测机监控人员	每小时记录一次	

(7)果冻生产中的纠偏行动

①纠偏人员。

②纠偏措施。

③关键限值偏离时异常果冻的处理。

(8)果冻生产加工中的记录保持

①果冻 HACCP 体系及其支持性文件。

②关键控制点监控记录。

关键控制点监控记录见表12-10。

表 12-10　果冻关键控制点监控记录

关键控制点名称		监控方法	
监控对象		监控顺序	
监控人员		监控时间	年　月　日
监控位置		生产批号	
生产线号		包装规格	
关键限值			
观察测定结果			

操作记录人：　年　月　日　　　　　复核人：　年　月　日

③纠偏行动记录。

④验证记录。验证记录见表 12-11。

表 12-11　XYZ 食品有限公司 HACCP 修改记录表编号

原制定时间	年　月　日	修改时间	年　月　日至　月　日
负责修改人	参加修改人		
修改原因			
修改内容			
修改结果			

操作记录人　年　月　日　复核人　　年　月　日

12.4　HACCP 体系在食品生产中的应用

12.4.1　HACCP 在熟肉制品中的应用

1. 建立 HACCP 工作小组

企业应建立专门的 HACCP 工作小组进行制定、修改、监督实施及验证 HACCP 计划。HACCP 工作小组必须对所有员工进行 HACCP 基础知识和本岗位 HACCP 计划的培训,以确保所有员工能够理解和正确执行 HACCP 计划。

2. 低温熟肉制品产品描述

肉制品的品种较多,主要分为高温加热处理和低温加热处理两大类。由于低温加热处理的产品易出现食品安全问题,表 12-12 为三文治火腿产品的描述结果。

表 12-12　火腿类熟肉制品产品描述

加工类别:低温熟加工　　　　　　　　产品类型:低温类熟肉制品

1. 产品名称	三文治
2. 主要配料	精猪肉、水、淀粉、植物蛋白、食盐、白砂糖等
3. 重要的产品特性(水活度,pH,防腐剂)	水活度值≤0.98;pH6.8～7.2
4. 计划用途(主要消费对象、分销方法等)	销售对象无特殊规定;批发、零售
5. 食用方法	打开即食
6. 包装类型	聚乙烯塑料包装
7. 保质期	1～90 天
8. 标签说明	需在 0～7℃条件下储存
9. 销售地点	明确注明销售区域
10. 特殊运输要求	要求 0～7℃冷藏运输

　　根据《熟肉制品卫生标准》(GB 2726)确定产品的重要安全指标包括亚硝酸盐、复合磷酸盐和苯并芘、铅、无机砷、镉、总汞,才能保证产品质量。表 12-13 为维也纳香肠和烤肠的产品描述结果。根据《熟肉制品卫生标准》(GB 2726)确定产品的重要安全指标有亚硝酸盐和山梨酸钾。

表 12-13　熏煮肠类熟肉制品产品描述

加工类别:低温熟加工　　　　　　　　产品类型:低温类熟肉制品

1. 产品名称	烤肠
2. 主要配料	鸡肉、水、淀粉、植物蛋白、食盐、白砂糖、味精等
3. 重要的产品特性(水活度,pH,防腐剂)	水活度值≤0.84;pH 6.8～7.2
4. 计划用途(主要消费对象、分销方法等)	销售对象无特殊规定;批发、零售
5. 食用方法	打开即食
6. 包装类型	透明塑料收缩包装
7. 保质期	1～90 天
8. 标签说明	需在 0～7℃条件下储存
9. 销售地点	明确注明销售区域
10. 特殊运输要求	要求 0～7℃冷藏运输

3. 绘制与验证工艺流程图

(1)低温熟肉制品工艺流程图(参见图12-12和图12-13)

加工类别:低温类熟肉制品。

产品:三文治火腿。

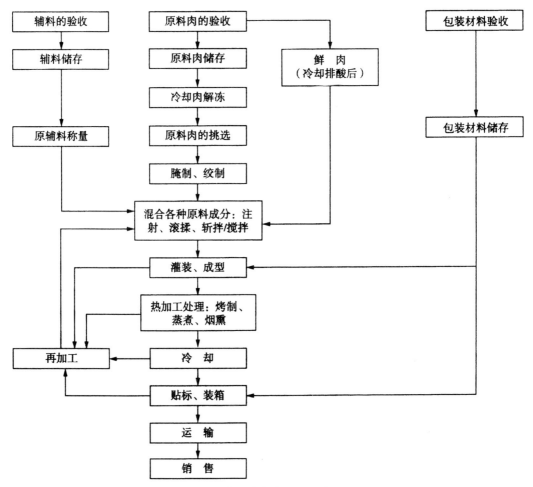

图 12-12 火腿类熟肉制品工艺流程图

加工类别:低温类熟肉制品。

产品:烤肠。

(2)低温熟肉制品工艺流程说明

熟肉制品加工工艺环节较多,应制定每一个加工环节的标准操作程序,才能保证 HACCP 系统有效的实施。下面结合三文治火腿工艺流程图和烤肠工艺流程图介绍熟肉制品加工工艺规程。

1)接收原料肉

原料肉生产厂应具有生产许可证、营业执照、国家定点屠宰证明(猪肉)。原料肉生产厂应提供原料肉的检疫证明、出厂检验合格证,以确保原料肉的标识符合《食品标签通用标准》

(GB 7718)的规定。从供应商购买原料肉,还应索取供应商的生产许可证,供应商的原料肉来源必须稳定。对于新的原料肉的来源,应到养殖基地进行实地考察,确认养殖是在良好的条件下进行,严格按有关规定使用兽药。原料肉的运输车应为冷藏车,清洁、无污染并提供车辆消毒证明。对每批原料肉依照原料验收标准验收合格后方可接收。

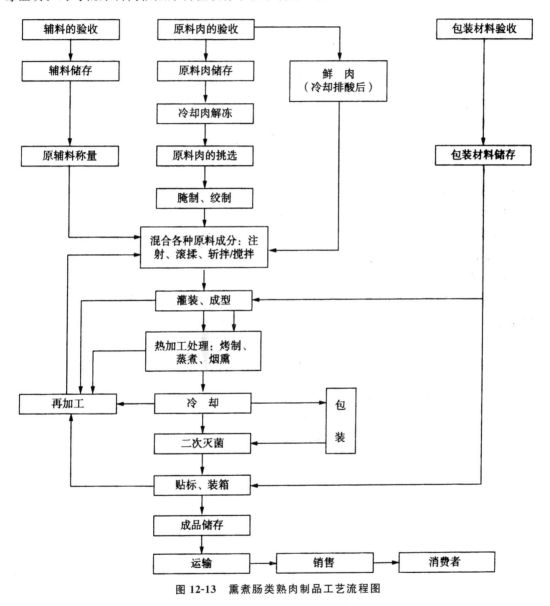

图 12-13　熏煮肠类熟肉制品工艺流程图

2)接收辅料和食品添加剂

辅料和食品添加剂生产厂应具有生产许可证、营业执照。产品应具有出厂检验证明,以确保符合相应的国家标准,无国标的产品应符合相应的行业标准或企业标准,并提供标准文本。产品的标识符合《食品标签通用标准》(GB 7718)的规定。香辛料应无霉变、无虫蛀、无杂物、气味正常。

3)接收包装材料

包装材料生产厂应具有生产许可证、营业执照。产品应具有出厂检验证明,保证符合相应的国家标准,无国标的产品应符合相应的行业标准或企业标准,并提供标准文本。天然肠衣要求色白、质韧、无霉变、无砂眼等。从供应商购买包装材料,还应同时索取供应商的卫生许可证。对每批包装材料依照包装材料验收标准验收合格后方可接收。

4)储存原料肉

原料肉一般为用透湿性小的包装材料包装的冷冻肉。经过冷冻后的肉品放置温度在−18℃以下,有轻微空气流动的冷藏间内。应保持库温的稳定,库温波动不超过1℃。冻肉堆垛存放在清洁的垫木上,减少冻肉与空气的接触面积。

冷冻肉长期储存后肉质会产生水分蒸发、脂肪氧化及色泽变化。冷冻肉的储存期限取决于冷藏温度、湿度、肉类入库前的质量和肉的肥度。当温度在−18℃以下时,牛羊肉储存期不超过12个月,猪肉储存期不超过8个月。

5)储存辅料和食品添加剂

辅料和食品添加剂应储存在常温、通风、干燥、洁净、无异味、无污染的专用库房中,有特殊要求的应放在符合要求的库房中储存。不合格产品应单独存放。

6)储存包装材料

包装材料应储存在常温、通风、干燥、洁净、无异味、无污染的专用库房中。动物肠衣应储存在有肠衣专用盐的密闭桶中,储存温度为0~20℃。

7)称量和配制辅料

所使用的计量器具必须与称量辅料所要求的精度相符合,且经过计量器具检定。按配方称取各种辅料和食品添加剂,进行记录后分别置于容器中。对称量后的辅料和食品添加剂进行核对后配制。少量使用的食品添加剂和辅料用水溶解后使用。葱、姜等农作物清洗后使用。花椒、八角等香辛料装入清洁的纱布布包中,煮后的料水用于配料。

8)原料肉解冻、分切

采取自然解冻,解冻室温度为12℃~20℃,相对湿度为50%~60%,为加速解冻过程,可以将蒸汽导入解冻室,温度控制在20℃~25℃,解冻时间为10~15h。应摊开解冻,以防堆叠造成解冻不均匀,局部温度上升,微生物繁殖,从而导致肉质的腐败。原料肉解冻后不应有堆叠积压现象,应在2h内用完。肉的切片大小应符合工艺要求。

9)原料肉修整、挑选

去除异物,应除去筋腱、筋膜、淋巴、骨骼、血管、淤血、干枯肉、毛发、碎骨等。控制修整时间,修整后如果不立即使用应及时转入0~4℃左右的暂存间。

10)腌制

把切好一定规格的肉块与腌制剂混合均匀,放到0~4℃的冷库进行腌制,肉温不应超过7℃,腌制时间为18~24h。在腌肉的上层加盖防护层(一般为不锈钢板或100目的纱网),控制氧化。如腌制时间过长,温度过高,造成微生物繁殖增加,易使肉腐败。

11)绞制

绞肉机的刀刃一定要锋利,且与绞板配合松紧适度。防止肉的温度上升,控制绞制前肉馅的温度,绞制后肉馅温度不宜超过10℃。绞肉机应每隔2h清洗一次,生产停产后、开工前彻底清洗。

12)再加工

每批内包装破损的产品,保证无污染、无异物,去除包装材料进行再加工。

13)搅拌

这个阶段将需要的香辛料加入,料水的温度≤30℃。按工艺要求,搅拌均匀。搅拌时间、搅拌真空应符合工艺要求。搅拌后出馅温度为2℃~8℃。搅拌好后,放入专用容器中,并用专用布盖严上口,专用布每日都应清洗。再运送至灌装处,要防止异物掉入。原料肉配比重量符合工艺要求,辅料配比重量符合工艺要求。

14)滚揉

用注射器吸入混合腌制液,按不同部位注入,然后充分揉搓。滚揉时间:参照计算公式;滚揉真空度:60.8~81.0kPa;滚揉温度:产品控制在2℃~4℃下滚揉;采取间歇滚揉工艺;滚揉速度:10~12r/min;肉馅停留时间:≤3h。

15)灌装

控制灌装车间温度为18℃~20℃。控制肉馅在灌装间停留时间和肉馅温度。要用专用布将灌肠机的上口盖严,防止上口有异物落入。将肠衣皮在温水中充分洗净,并仔细检查肠皮上有无异物,灌装出的肠类制品,尽快按规定间距放到架杆上,防止产品堆积而压破肠皮,肉馅溢出。一旦肉馅溢出,应及时将案上的肉馅清理干净,并仔细将肠皮、线头等异物摘出,方可做回馅使用。过程中严防刀片、剪刀等工具落入肉馅中。三文治火腿灌装后立即装入定型的模具中,模具应符合食品用容器卫生要求。烤肠灌装后应立即结扎。

16)热加工

按规定数量将三文治火腿装入热加工炉进行蒸煮,摆放整齐。按工艺要求控制产品蒸煮的温度、时间及控制产品的中心温度。

烤肠进行烤制加工时,首先,用流动水对肠体进行冲洗;然后,推入烤箱中进行烤制干燥,在烤制过程中要注意时间和温度控制;待烤至表面干爽后,迅速推入蒸煮炉中进行蒸煮,在蒸煮过程中要注意时间、温度、产品中心温度控制,以免发生肠体爆裂;蒸煮成熟后进行烟熏,控制烟熏的时间,烟熏材料采用含树脂少的硬木。也可使用另一种工艺:用自动烟熏炉对产品进行烤制干燥,蒸煮烟熏,期间要注意时间、温度和产品中心温度的控制。

17)冷却

将三文治火腿尽快装入冷却池中进行冷却。按工艺要求控制冷却水温度、冷却时间、产品中心温度。冷却后在0~5℃室温下将模具脱除。

将烤肠进行晾制冷却后装袋,真空包装。有专用晾制间,按工艺要求控制晾制时间。按规格装袋、封口,真空度符合要求。

18)二次灭菌

烤肠装入包装袋后进行二次灭菌。按工艺要求控制灭菌温度和时间。

19)冷却

灭菌后的烤肠应尽快装入冷却池中进行冷却。按工艺要求控制冷却水温度、冷却时间及产品中心温度。

20)贴标、包装

控制包装车间温度≤20℃。贴标签前除去肠体上的污物,去污的用具也应定期清洗消毒。产品感官符合要求,标示内容应符合相应规定。

21)成品储存

产品按先后顺序入库、出库,产品码放高度低于1m,离地、隔墙存放,0～7℃条件下储存。

22)运输、销售

装货物前车厢清洗、消毒,车厢内无不相关物品存在,0～7℃冷藏运输和销售。

12.4.2 HACCP在速冻蔬菜生产中的应用

速冻蔬菜是将新鲜蔬菜经过加工处理后,利用低的温度使之快速冻结并贮藏在－18℃中或以下,达到长期贮存的目的。它比其他加工方法更能保持新鲜蔬菜原有的色泽、风味和营养价值,是现代先进的加工方法。

1. 生产工艺流程

原料选择→分框→整理(清选、挑选、整理、切分)→半成品验收→去毛发→两道漂洗→杀青→两道冷却→沥水→结冻→假包装、冷藏→换包装挑选→内包装→冷藏

2. 危害因素分析

(1)原料验收

由于速冻蔬菜所用的原料都来自田间新鲜蔬菜,这些蔬菜可能含有一些致病菌,如大肠杆菌、沙门氏菌、志贺氏菌、金黄色葡萄球菌、蜡样芽孢杆菌和单核细胞增生李斯特氏菌等,还可能含有寄生虫。另外在蔬菜的生长过程中可能还会有农药残留,会存在环境中的化学污染物,还可能有金属杂质混入。

(2)杀青

杀青是通过一定的温度来钝化蔬菜中的酶活性,防止蔬菜变色,但是对于那些即食的速冻蔬菜,杀青还必须起到杀死或降低致病菌的目的。假如杀青的时间和温度控制不当,会导致致病菌残活。

(3)金检

金检的主要目的是检测出在田间或加工过程中混入的金属块。如果金属探测仪控制不当可能造成金属杂质混入产品。

(4)生产卫生状况

生产过程中用的水源一定要符合卫生标准,要防止交叉污染的发生。从业人员要有良好的个人卫生习惯,防鼠、虫、蝇的设施要完善。如果生产的卫生状况达不到上述要求,可能会对最终的产品造成安全危害。

3. 关键控制点及相应的控制方法

(1)CCP1:原料验收

原料的质量是决定速冻蔬菜质量的重要因素,而原料中的农药残留是一个显著危害,需要

重点控制。通常可以通过建立自己的种植基地的方法来控制农药使用的数量和频率,也可以通过配备先进的农药残留检测设备,并加大抽检量和频率的方法来加以控制。

（2）CCP2:杀青

杀青主要目的是让天然酶失活,让蔬菜保持其特有的颜色。但是对一些即食型的蔬菜,杀青也是杀死其中致病菌的关键因素。

由于蔬菜的大小、形状、加热传导性和天然酶的含量不同,所以通常杀青温度和时间靠经验的积累,进而设定关键限值来加以控制。但是要注意定时对杀青机上的表盘温度计进行校准。

（3）CCP3:金检

金属探测器是利用电磁诱导方式检出金属的精密仪器,它的感度受许多因素的影响,如:金属的种类、金属的形状、产品的特性、通道的大小以及通道内金属通过通道的位置等;此外,对于放置的环境也有要求,如:接近磁场的地方、温度低于 0℃或高于 40℃或湿度较大(85％或以上)或者周边有相同探测频率的金属检测器在使用中等都会对仪器的感度造成影响。

参考文献

[1]车振明.食品安全与检测[M].北京:中国轻工业出版社,2013.

[2]沈福林,王蓓,黄士新.兽药分析与检测技术[M].上海:上海科学技术出版社,2008.

[3]张妍.食品检测技术[M].北京:化学工业出版社,2015.

[4]杨玉红,田艳花.食品分析与检测[M].武汉:武汉理工大学出版社,2015.

[5]闫小峰,王亚芳,李应超.兽药安全使用与检测技术[M].北京:中国农业科学技术出版社,2014.

[6]白晨,黄玥.食品安全与卫生学[M].北京:中国轻工业出版社,2014.

[7]孔保华.食品质量安全检测新技术[M].北京:科学出版社,2013.

[8]张晓燕.食品安全与质量管理[M](第二版).北京:化学工业出版社,2010.

[9]师邱毅,纪其雄,徐莉勇.食品安全快速检测技术及应用[M].北京:化学工业出版社,2010.

[10]王蕊,高翔.食品安全与质量管理[M].北京:中国计量出版社,2009.

[11]丁晓雯,柳春红.食品安全学[M].北京:中国农业大学出版社,2011.

[12]张晓莺,殷文政.食品安全学[M].北京:科学出版社,2012.

[13]魏益民.食品安全学导论[M].北京:科学出版社,2009.

[14]李蓉.食品安全学[M].北京:中国林业出版社,2009.

[15]纵伟.食品卫生学[M].北京:中国轻工业出版社,2011.

[16]吴晓彤.食品检测技术[M].北京:化学工业出版社,2013.

[17]高雪丽.食品添加剂[M].北京:中国科学技术出版社,2013.

[18]徐思源.食品分析与检验[M].北京:中国劳动社会保障出版社,2013.

[19]彭珊珊.食品分析检测及其实训教程[M].北京:中国轻工业出版社,2011.

[20]姜黎.食品理化检验与分析[M].天津:天津大学出版社,2010.

[21]杨严俊.食品分析[M].北京:化学工业出版社,2013.

[22]丁晓雯,柳春红.食品安全学[M].北京:中国农业大学出版社,2011.

[23]张晓莺,殷文政.食品安全学[M].北京:科学出版社,2012.

[24]魏益民.食品安全学导论[M].北京:科学出版社,2009.

[25]李蓉.食品安全学[M].北京:中国林业出版社,2009.

[26]纵伟.食品卫生学[M].北京:中国轻工业出版社,2011.

[27]中国兽药典委员会编.兽药使用指南[M].北京:中国农业出版社,2010.

[28]中国药品生物制品检定所,中国药品检验总所编写.中国药品检验标准操作规范[M](2010年版).北京:中国医药科技出版社,2010.

食品安全分析

及检测技术研究

ISBN 978-7-5170-4736-0

定价：56.80 元

精细化学品化学

及应用研究

崔璐娟　雷　洪　何自强　编著

JINGXI HUAXUEPIN HUAXUE
JI YINGYONG YANJIU

中国水利水电出版社
www.waterpub.com.cn